東京図書

改訂版

日本統計学会公式認定
統計検定統計調査士対応

経済統計の実際

日本統計学会 編

まえがき

1990 年代以降,「証拠に基づいた政策・意思決定」(evidence based policy making)が世界的な潮流となっています。証拠の中心を成すのが統計データであり,なかでも経済統計を中心とした公的統計は,中央・地方の行政が施策を企画立案するうえで,また,国民・企業などが合理的に意思決定する際に欠かせぬものです。学術研究においても広く利用されています。現代において,政府等によって作成される公的統計は社会の情報インフラとして位置付けられますが,そこから目的に沿って有効な情報を引き出し,活用できなければ宝の持ち腐れといえます。

本書は,日本統計学会が実施する統計検定のうち,統計調査士の出題範囲に合わせて執筆したものです。本書を通して,経済・社会現象を把握するうえで必要とされる経済統計に関する基本的な知識を学ぶとともに,経済統計データを適切に利活用できる能力を身に付けることができます。さらに,統計調査士検定が,2022 年度から完全に CBT 方式に移行したことを機会に,CBT による受験形式の模擬問題も収録し,理解度を確認できるように配慮しています。

統計調査士検定は,公的統計に関して,基本的な内容を正確に理解し,適切に利用する能力を評価する検定試験です。統計調査士に合格することで,統計の役割,統計法規,公的統計が作成される仕組み等に加えて,主要な経済統計や社会統計のデータの利活用方法に関する正確な理解を証明することができます。

統計検定の趣旨

日本統計学会が2011年に開始した統計検定の目的の一つは，統計に関する知識や理解を評価し認定することを通じて，統計的な思考方法を学ぶ機会を提供することにあります。

統計検定の概要（2022年4月現在）

統計検定は以下の種別で構成されています。詳細は日本統計学会および統計検定センターのウェブサイトで確認できます。

1級	実社会の様々な分野でのデータ解析の遂行
準1級	各種の統計解析法の使い方と解析結果の正しい解釈
2級	大学基礎科目としての統計学の知識と問題解決の修得
3級	データ分析の手法の修得と身近な問題への活用
4級	データ分析の基本の理解と具体的な課題での活用
統計調査士	経済統計に関する基本的知識の修得と利活用
専門統計調査士	調査の実施に関する専門的知識の修得と調査データの利活用
データサイエンス基礎	問題解決のためのデータ処理と結果の解釈
データサイエンス発展	大学一般レベルにおけるデータサイエンスのスキルの修得

本書を通して，多くの読者が経済統計に関して正確な理解を深め，自らのおかれた立場で適切な意思決定が行えるようになることを期待します。

一般社団法人　日本統計学会
会　長　樋口知之
理事長　大森裕浩
一般財団法人　統計質保証推進協会
出版委員長　矢島美寛

改訂にあたって

改訂の趣旨　日本統計学会が2011年に開始した「統計検定」は，データを重視する社会へと大きく変化するなかで，年々，受験者が増えています。統計調査士においても，2019年3月からCBT(Computer Based Testing)方式による受験が可能となりました。また，統計検定の統計調査士の参考書となる『経済統計の実際』も2022年に初版が刊行され，第2刷まで刊行されました。

統計調査士の試験内容は大きく分けると，①統計の基本，②統計調査の実際，③公的統計の見方，④統計データの利活用，となっています。①，③については，公的統計の制度・法規，具体的な公的統計が対象となるため，変更が発生します。今回，公的統計および統計調査について変更がありましたので，それを反映しました。併せて，③公的統計の見方　の内容について，公的統計に関する記載で不充分な分野を大幅に追加しました。

統計検定の概要　（2024年4月現在）　統計検定は以下の種別で構成されています。詳細は日本統計学会および統計検定センターのウェブサイトで確認できます。

1級	実社会の様々な分野でのデータ解析の遂行
準1級	各種の統計解析法の使い方と解析結果の正しい解釈
2級	大学基礎科目としての統計学の知識と問題解決の修得
3級	データ分析の手法の修得と身近な問題への活用
4級	データ分析の基本の理解と具体的な課題での活用
統計調査士	統計に関する基本的知識と利活用
専門統計調査士	調査の実施に関する専門的知識の修得と調査データの利活用
データサイエンス基礎	問題解決のためのデータ処理と結果の解釈
データサイエンス発展	大学一般レベルにおけるデータサイエンスのスキルの修得
データサイエンスエキスパート	大学専門レベルにおける高度なデータサイエンスのスキルの修得

本書を通して，多くの読者が経済統計に関して正確な理解を深め，自らのおかれた立場で適切な意思決定が行えるようになることを期待します。

一般社団法人　日本統計学会
会　長　照井伸彦
理事長　川﨑能典
一般財団法人　統計質保証推進協会
出版委員長　矢島美寛

目　次

公的統計の見方と利用

1. 統計の意義と役割

この章での目標

- 統計の意義を理解する
- 統計の役割の変遷を知る
- 統計の種類ごとにその特徴と性格を理解し適切な利用に役立てる
- 統計と社会との関わりを通して統計の有用性を理解する

Key Words

- 統計とは
- 統計の歴史
- 公共財としての統計
- 公的統計と民間統計
- 調査統計，業務統計，加工統計
- 構造統計と動態統計

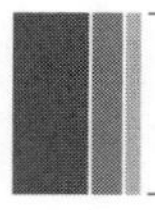

§ 1.1 統計とは

「統計」は明確に定義されないまま使われることがあり，狭い意味では，主として政府やその他の機関が国や社会の状態に関する数量的データを収集し，集計したものとされる。このような定義は，社会的事実に対して客観的な意味を持つ対象としての「集団」が存在し，その観察の結果として統計が作成されるとした，かつての社会統計学における認識を踏襲したものである。したがって，世論調査のように，対象に対する主観的な意見や判断を求める調査は統計調査には該当せず，その集計結果は統計とみなされなかった。

現在では，より広い認識に立って，一定の条件（時間・空間・属性）で規定された集団に関して，観察あるいは観測され，記録された数値データの集まりを統計とする捉え方が一般的である。目的に沿って収集され集計された結果にとどまらず，行政情報や観測データのように集計を目的とせずに記録されたデータに対しても，集団としての性質をあらわすものとして処理されると，統計が生成されることとなる。

統計が単なる数値データの集まりでないのは，統計として作成する過程を経て，そこから何らかの意味ある情報を引き出せることにある。たとえば，人口がどれぐらいであるかを捉えたいとき，いつの時点の，どの地域に居住している対象を集団とするかが明確に規定されれば，客観的に数値データから人口の実態を示すことができる。さらに，観察あるいは調査に際して，集団を構成する個人について性別・年齢等の属性が付与されていれば，得られたデータはより多くの情報を有することになる。

統計は数値データで表されているので，情報として紛れがなく，世界の誰もが共通に理解できるという特徴をもっている。統計は数値による情報という客観性が担保されることによって，実状の把握や情報に基づく判断，政策立案，意思決定，政策評価等に広範囲に活用される。また，統計が数値データであるので，国際比較が容易に可能となる。各国が統計を整備することは世界における責務であり，統計は当該国にとどまらず世界に開かれた共有の情報基盤となっている。

ティータイム …………………… 統計の意味するもの

「統計」は英語の"statistics"の訳語である。statisticsという言葉は，16〜17世紀のヨーロッパにおいてカトリック教会の権威が衰退し，封建的秩序が解体されるなかから近代的国家が形成されつつあった時代に登場した。statisticsという言葉ができるよりもはるか昔の古代からstatisticsに相当するものはあったが，当時はstatistics（統計）とは呼ばれなかった。

statisticsという言葉の歴史誕生をその語源からたどることができる。statisticsはstateという部分を含み，それには「国家」と「状態」の2つの意味がある。ラテン語では国家の実際の状況を明らかにするstatus（状態），イタリア語では時代もしくは国力を相互に比較するstatera（秤），ドイツ語では都市の力と冨を表すStadt（都市）であり，statisticsは国家の状態に関する知識を表すものと捉えられていた。ヨーロッパにおける近代国家の成立過程で国家間の対立，紛争が激化し，国力についての関心が高まったことが背景にある。

統計とstateの密接な関係は，英語以外のヨーロッパ各国の言葉から見て取れる。

ドイツ語	Statistik	フランス語	statistiques
イタリア語	statistiche	ギリシャ語	στατιστική
スペイン語	estadística	ロシア語	статистика

日本語の「統計」は元来の漢語では「統（す）べて計る」すなわち，単に合計ないし総計を意味するものである。明治初期にstatisticsの訳語として広く用いられるようになったが，そこには国家，状態の意味が含まれない。そのため，統計の訳語を巡って，森林太郎（鴎外）と杉享二の門下生の今井武夫の間で，統計学は科学であるのか方法論であるのか，統計学は因果関係を探求する方法かといった本質的な問題まで含めて一大論争が展開された。最終的には，「統計」という用語が次第に定着していった。明治後期には，日本の統計学関係の書籍である横山雅男『統計講義録』を通じて中国に伝わってそのまま根付き，今日では中国でも「统计」が使用されている。同様に，韓国でも「통계」（統計）である。

§ 1.2 統計の役割と歴史

フランスの統計学者のモーリス・ブロックの「国家の存するところに統計あり」に象徴されるように，統計は国家の基盤を成す情報である。国家が行政施策の企画立案のための基本的情報として活用することを目的に政府統計を作成したのは，19 世紀の近代国家の成立以降であるが，それよりはるか以前から，国家の情勢を把握するためのさまざまな調査が行われていた。

古代における統計の萌芽

人口は社会の実態であり，人口を調べることは国家の成立とともに始まり，その歴史は古い。エジプトでは紀元前3000 年頃にピラミッド建設のための人口調査が行われ，中国でもほぼ同じ時期に土地測量と人口調査が行われている。それ以降では，ユダヤの人口調査，ローマの人口調査等があり，古代の統計は為政者が主に徴税や兵役に利用するための情報収集の役割を持っていた。大化の改新以後の日本の租庸調の布制にもとづく庚午の年籍(人員調査) も同様である。いずれの国においても，統計をつくるうえで，調査の対象となる集団を把握できる統一的な権力が成立していた。

中世における統計の空白時代

宗教の権威が高まり，国家権力が衰退した中世のヨーロッパは統計の空白時代であり，11 世紀ノルマン征服後にイングランドについて人口，土地，家屋を調査した Domesday Book があるにとどまる。一方で，王朝の権力が維持されていた中国では人口調査が続けられていた。

近世における国家統計の誕生

近世になって各国が国力を競う中で，人口増加，産業振興は国家繁栄の基礎であるとの国家主義的な経済思想や経済政策の観点から，統計調査の重要性が増していった。ヴェニスでは 15 世紀頃から国家を知ることの政治に対して持つ意義が認識され，人口調査，家屋台帳，商業統計調査が実施され，次第に他の都市国家や他国へと伝播していった。英国でウィリアム・ペティが著書『政治算術』の中で統計データに基づいて人口や経済の実態をフランスやアイルランドと比較し，国力を評価したのは 17 世紀のことである。ドイツでも国家の基本をなす制度や人口，土地面積等の事項を記録し明らかにする国勢学ないし国状論と呼ばれる学問が創始され，18 世紀にはドイツ連邦諸邦はそれぞれ統計調査を開始した。日本では，1582 年に豊臣秀吉が税収把握のため太閤検地 (田畑，収穫高の調査) を行い，1721 年に徳川吉宗が諸大名の所領の国勢を知り対応を考えるため諸国の田畑，人口を調査した。

近代国家のもとでの政府統計の確立

1800 年にはフランスで統計局が設置され，近代的な人口調査や地籍調査が行われた。「統計はそれなしでは済まされない物事の予算である」は有名なナポレオンの言葉であり，行政の運営において統計がいかに重視されていたかが分かる。1801 年からイギリスでも人口調査が始まり，アメリカでは議員選出の基礎として，合衆国憲法に規定された近代的な人口センサスが 1790 年に実施された。近代国家の成立とともに，各国では国家の運営を科学的・合理的に行うために統計を必要とするようになり，これに伴い各国政府には統計局が整備された。また，統計の国際比較性についての関心が高まり，「近代統計学の父」とも称されるアドルフ・ケトレーの努力により国際会議が設置され，国際基準を制定するなどの動きが見られるようになった。日本では明治以降に太政官内に置かれた統計院のもとで政府統計が統括された。このように，統計は近代国家の運営にとって不可欠の道具となっていった。

現代における公共財としての統計に対する認識

統計が行政のためだけではなく，民主的な社会に不可欠の情報を広く国民に提供する公共財であるとの役割の変化が認識されるようになったのは 20 世紀末である。1990 年頃から自由主義諸国で政策運営の透明性の確保や客観的な政策評価を求める声が高まったこと，1991 年のソ連の崩壊に伴って，計画経済の各国は自由経済体制へと移行して，民主主義を支える上で欠かせぬ情報であると認識されたこと，経済のグローバル化に伴う企業活動の情報インフラとしての役割が高まったこと等が背景にある。

現代においては，統計に対して，行政においても，政策（意思）決定過程の透明性の確保，政策評価，事実に基づく政策立案（evidence-based policy making）のための新たな役割が求められている。

*統計の歴史について，竹内啓『歴史と統計学』(2018) 日本経済新聞社が膨大な参考文献を渉猟して詳細に記述している。日本の幕末以降については，島村史郎『日本統計発達史』(2008) 日本統計協会が変遷をたどっている。

§ 1.3 統計の種類

統計をいろいろな側面から区分することによって，統計の性質を理解し，適切に利用することができる。

1.3.1 作成主体による統計の区分

一般に利用されている統計には，政府が作成するものと民間が作成するものがある。それらは作成の目的が違ううえ，制度的に規定されたものかどうかという点で質的にも異なっている。

社会や経済の実態を把握する統計の作成には，多くの労力と多額の費用を要し，また，統計作成のために実施される統計調査は調査対象となる個人や企業等の協力を必要とする。そのため，我が国の主要な統計のほとんどが国や地方公共団体，日本銀行等の公的機関によって作成されている。2009 年に全面改正された統計法において，「国の行政機関，地方公共団体又は独立行政法人等が作成する統計」を**公的統計**と定義した。独立行政法人等には日本銀行も含まれている。それまでは，official statistics の訳語として政府統計あるいは官庁統計が使用されていたが，両者が対象とする範囲は必ずしも明確でなかった。さらに，統計法では，国の行政機関が作成する公的統計で特に重要なものを**基幹統計**と規定している。その他，一般統計調査による統計や都道府県・市町村や日本銀行等が作成する**届出統計**（届出を要する統計の通称）を含めて公的統計を構成する。公的統計は行政や国民が必要とする基本的な情報を網羅しているほか，統計法によって作成と提供に関して基本的事項が定められていて，正確で信頼性が高く，容易に入手できるなど有用性が高い。

一方，業界団体，企業，大学等の研究機関が作成する統計もあり，公的統計と対比して**民間統計**と称される。民間統計は商業目的から作成されるもの，政党支持率調査などかなりの費用と時間をかけて作成されるもののほか，大学の限られた予算で作られるものなど多様である。民間統計には公的統計とは違って，法律で守秘義務や公表の義務は課せられていないが，たとえば，インスタントラーメンに関する各種データは日本即席食品工業協会が作成，公表しているなど，公的統計から入手できないデータが利用できる。

1.3.2 作成方法による統計の区分

公的統計は統計の作り方によって調査統計，業務統計，加工統計の3種類に大きく区分される。

調査によって集められた情報から作成される統計を**調査統計**という。調査の対象となる世帯や企業に調査票を配布し，回収，集計して作成される。配布・回収の方法として，統計調査員が調査対象を訪問して調査する方法，調査票を郵送して調査する方法，インターネットを利用したオンライン調査の方法がある（詳しくは「第**3**章 統計調査の基本的知識 **3.7**節 調査方法」）。

統計調査には対象のすべてを調査する**全数調査**と一部を調査する**標本調査**がある。前者は悉皆調査あるいはセンサスとも称され，対象とする集団の構造に関する基本的な特徴を詳細に明らかにすることや，標本調査のための母集団情報を作成する目的で実施される。国勢調査，農林業センサス，経済センサスが代表的な全数調査である。後者は母集団から一部の標本を抽出して実施される。全数調査と比較して規模が小さいので，費用を少なく抑え，かつ早期に結果を公表できる利点がある。労働力調査，家計調査，生産動態統計調査が代表的な標本調査である（「第**3**章 統計調査の基本的知識」に詳述）。

国の行政機関や地方公共団体が保有する行政記録情報等から派生的に作られた統計は一般に**業務統計**と称される。行政記録情報等は法令の規定に基づいた申請，届出，登録，報告等や行政機関の日常的な業務活動の記録から蓄積される。たとえば，輸出・輸入の通関書類から作成される貿易統計や各種犯罪の認知件数や検挙件数等に関する犯罪統計は代表的な業務統計である。

調査統計や業務統計の情報を加工・再集計して作成される統計は一般に**加工統計**と称される。調査結果と行政記録からそれぞれ直接作成される調査統計と業務統計が一次統計と称されるのに対して，二次統計ともいわれる。多くの基礎資料をもとに作成される国民経済計算（SNA）や家計調査と小売物価統計調査などから作成される消費者物価指数が代表的な加工統計である。

1.3.3 構造統計と動態統計の区分

構造統計は特定の時点の状態を捉える統計であり，地域別・産業別など属性別に調査対象の詳細な情報を明らかにする。動態統計は経時的な変化を捉える統計であり，標本を用いた小規模な統計がほとんどである。

例題 1.1　統計は作成する主体によって公的統計と民間統計に区分される。公的統計と民間統計に関する説明として，最も適切なものを，次の①〜⑤のうちから一つ選びなさい。

① 統計はその多くが公的統計であり，行政などの公的利用に限定されている。
② 国の行政機関が国民の意見を数量的に把握する意識調査は，公的統計に含まれない。
③ 国の行政機関が民間調査機関に委託して作成する統計は，民間統計となる。
④ 公的統計の中の基幹統計は，統計調査によって作成される調査統計の数よりも，他の統計を加工することによって作成される加工統計の数の方が多い。
⑤ 基幹統計である国民経済計算の作成には，公的統計に加えて民間統計も資料として利用される。

（答）　正解は⑤である。

【解説】　①公的統計は統計の重要な分野を占めているが，公的利用のためだけにあるのではなく，民間での利用を含め，社会の情報基盤として広く利用されるべきものである。

②意識調査であっても，その調査結果を数量で表した結果表は統計に該当することから，国が行った意識調査の結果は公的統計となる。

③作成主体が行政機関であれば，統計の作成を自ら行ったか，他に委託したかどうかにかかわらず，公的統計となる。

④令和5年1月現在，53の基幹統計のうち加工統計は国民経済計算，産業連関表，生命表，社会保障費用統計，鉱工業指数，人口推計の6統計である。

⑤国民経済計算には，産業連関表を中心とする公的統計のほか，多くの民間機関のデータも用いられている。

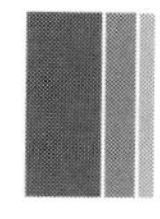

§ 1.4 統計と社会の関わり

情報をさまざまな局面で活用するデータの時代にあって，正確で多様なデータを提供する公的統計は多岐にわたって利用されている。

国の実状を知る

まず，日本の社会がどのような状態にあり，どのような方向に向かっているかを的確に知る必要がある。信頼できる統計を通して，はじめて人々の暮らし，企業の経済活動，財政状況，世界における立ち位置等を正確に把握し行動できる。1980 年代に英国サッチャー政権下で政府統計の予算と人員が大幅に削減された結果，統計の精度が著しく低下し，国民が統計データの伝える社会の姿に懐疑的になったことは，よく知られた失敗の例である。

行政おける企画・立案と政策評価

国や地方の行政を適切かつ効率的に運営するためにも，政策の企画・立案や評価に各種の統計は不可欠である。代表的な統計である国勢調査の利用状況でみると，多くの法律・政令でその使用が規定されている。議員定数の決定，地方交付税交付金の算定基準，都市計画，防災計画の策定などは関連法令に「国勢調査の結果によること」と規定している。行政政策でも少子高齢化に対応した政策の立案や街づくりの基礎資料などに用いられている。

国民・企業，研究者による活用

個人にとっては，消費・貯蓄等の生活設計，社会との関わり等において，合理的な意思決定のための不可欠の情報である。また，企業にとっては，中長期の事業計画，資金調達や投資等を適切に判断するための重要な指標である。身近なところでは，コンビニ・スーパーの立地計画等，利用例は多岐にわたる。さらに，研究者にとっては，実証的研究のためになくてはならないデータ源であり，研究成果は政策に活かされ，統計の改善に反映されている。

各種の情報の評価

近年，民間企業では携帯電話による位置情報，クレジットカードによる支出等の情報に基づいた統計やウェブモニター調査の結果等の利用が進展している。公的統計はこれらの情報の品質や精度を評価する基準となりうる。

ティータイム…………統計の捏造は社会を見えなくする

大恐慌下のソ連の工業生産

旧ソ連では公式統計のほとんどが歪められていた。下図のように大恐慌期の工業生産が意識的に水増しされていたことは1つの証拠である。

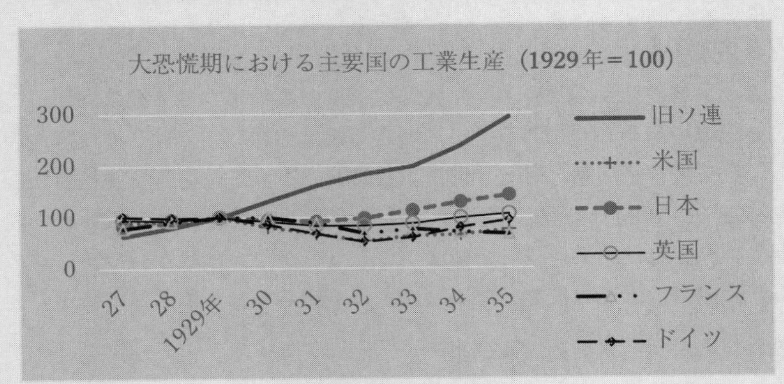

資料：League of Nations,Monthly Bulletin of Statistics

旧ソ連の現実は経済の停滞と社会の貧困であり，公表された統計データとはかけ離れていた。共産主義体制と新しい社会システムの成果と優越性を証明するという課題を担って，旧ソ連の統計はこのイデオロギー的で政治的な役割を黙々と果たしてきたのである。

吉田茂とマッカーサー

戦時中，終戦直後に有用な統計はほとんどなかった。企画院や軍需省等の統計収集機関は，資材，労務，資金等を奪い合うために「統計」数字を製造した結果，政府の行政組織すら統計を信頼しない状況となっていた。

終戦直後，当時の吉田茂外相はGHQのマッカーサー元帥に「450万トンの食糧を緊急輸入しないと国民が餓死してしまう」と訴えた。米国からは結局その6分の1以下の70万トンしか輸入できなかったが，それでも餓死者は出なかった。マッカーサーが「私は70万トンしか出さなかったが，餓死者は出なかったではないか。日本の統計はいい加減で困る」と難癖をつけたのに対して吉田は「当然でしょう。もし日本の統計が正確だったらむちゃな戦争などいたしません。また統計どおりだったら日本の勝ち戦だったはずです」と切り返した。これにはマッカーサーも腹を抱えて笑い出したという。

2. 統計法規

この章での目標

- 統計法の目的・理念について理解する
- 基幹統計，統計調査の種類について知る
- 調査票情報の利活用について知る
- 適正管理義務，守秘義務について理解する
- 他の統計関係法令について概要を知る
- 統計法と個人情報保護法令の関係について理解する

Key Words

- 社会の情報基盤
- 基幹統計，基幹統計調査，一般統計調査，届出を要する統計調査
- 行政記録情報
- 調査票情報，委託による統計作成，匿名データ
- 適正管理義務，守秘義務
- 統計法施行令，統計法施行規則，統計業務に関するガイドライン
- 個人情報保護法

§ 2.1 統計法の基本的内容

国が統計を作成する際に，次のような事項を確保することが求められる。

- 正確で信頼される統計であること。
- 体系的に整備され利用しやすい統計であること。
- 国民の負担を最小限度にとどめ効率的に統計を作ること。
- 統計の提供のみにとどまらず，調査票情報等の利活用を推進し，広範囲な統計情報に対するニーズに応えられるように図ること。
- 秘密の保護を徹底すること。

このような視点に立って，我が国の統計に関する基本法として**統計法**が定められている。統計法は，戦後 1947（昭和 22）年に制定され，その後 2007（平成 19）年に全面改正され，さらに，2018（平成 30）年および 2022（令和 4）年に統計利用を拡大する観点から改正された。現行の統計法の構成は次表のとおりである（巻末に統計法を掲載）。

平成 19 年 5 月 23 日法律第 53 号
最終改正：令和 4 年 6 月 17 日法律第 68 号

第1章　総則	第 1 条－第 4 条
第2章　公的統計の作成	
第1節　基幹統計	第 5 条－第 8 条
第2節　統計調査	
第1款　基幹統計調査	第 9 条－第 18 条
第2款　一般統計調査	第 19 条－第 23 条
第3款　指定地方公共団体又は指定独立行政法人等が行う統計調査	第 24 条－第 25 条
第3節　雑則	第 26 条－第 31 条
第3章　調査票情報等の利用及び提供	第 32 条－第 38 条
第4章　調査票情報等の保護	第 39 条－第 43 条
第5章　統計委員会	第 44 条－第 51 条
第6章　雑則	第 52 条－第 56 条の 2
第7章　罰則	第 57 条－第 62 条
附則	

ティータイム ……………………………… 旧統計法の制定

昭和20年の終戦時，日本は食糧難となり餓死者が出ることが予想されたが，実際にはそうはならなかった。これは当時の食料生産統計が不正確であったためと考えられ，政府統計の立て直しが急務と考えられた。立て直しの一環として，昭和22年3月26日に旧統計法が公布され，法律の施行は昭和22年勅令第163号で昭和22年5月1日とされた。統計法が審議・成立したのは，明治憲法下での最後の帝国議会（貴族院・衆議院）である。また，旧統計法は，条文に見出しが付けられた最初の法律である。

以下に，統計法の主なポイントについて説明する。

社会の情報基盤としての公的統計

統計法の全面改正において，公的統計（国の行政機関・地方公共団体などが作成する統計）を，単に行政が利用するだけではなく，社会全体が利用する情報基盤として位置付けている点が，統計法の全体を貫いている思想である。統計法の第1条に法の目的が以下のように記されている。

> 第1条　この法律は，公的統計が国民にとって合理的な意思決定を行うための基盤となる重要な情報であることにかんがみ，公的統計の作成及び提供に関し基本となる事項を定めることにより，公的統計の体系的かつ効率的な整備及びその有用性の確保を図り，もって国民経済の健全な発展及び国民生活の向上に寄与することを目的とする。

公的統計の作成と提供に関し基本となる事項を定める

公的統計の体系的かつ効率的な整備とその有用性の確保を図る

国民経済の健全な発展と国民生活の向上に寄与する

基本理念

行政機関等が作成する公的統計にはすべて次の基本理念が適用され，各行政機関は，基本理念を尊重し，公的統計の整備に臨むことが求められる（第4条)。4つの基本理念は，以下の通りである。

① 整備：公的統計は，行政機関等における相互の協力と適切な役割分担の下に，体系的に整備されなければならない。

② 作成：公的統計は，適切かつ合理的な方法により，かつ，中立性と信頼性が確保されるように作成されなければならない。

③ 提供：公的統計は，広く国民が容易に入手し，効果的に利用できるものとして提供されなければならない，

④ 秘密の保護：公的統計の作成に用いられた個人または法人その他の団体に関する秘密は，保護されなければならない。

公的統計の体系的整備と基本計画

公的統計を体系的・効率的に整備するため，「公的統計の整備に関する基本的な計画」（おおむね5年にわたる具体的な取組の工程表）を作成することが定められている（第4条)。この計画は，統計委員会の調査審議やパブリックコメントなどを経て，閣議決定され，公的統計の整備の根幹を成すものである。

基本計画で定められる事項は，最近の例では，新たなニーズに対応するための新規統計調査の創設，社会・経済等の環境変化に対応するための既存統計調査の調査事項の見直し，公的統計作成における行政記録活用の推進，および統計データの有効活用としての匿名データの作成・提供，オーダーメードによる統計作成，オンサイト利用の推進などである。

基幹統計

基幹統計とは，行政機関が作成する統計のうち，①法律で直接規定されている国勢統計と国民経済計算のほか，②総務大臣が，その統計を所管する行政機関の長に協議するとともにあらかじめ統計委員会の意見を聴いた上で指定した特に重要な統計をいう（第2条第4項，第5条～第8条)。

重要な統計とは，第2条によれば，次のように規定されている：

- 全国的な政策の企画立案や実施において特に重要な統計
- 民間における意思決定や研究活動のために広く利用されると見込まれる統計
- 国際条約や国際機関が作成する計画において作成が求められている統計，および国際比較を行う上において特に重要な統計

基幹統計にはその作成方法により，専ら統計調査の方法により作成される統計，統計調査以外の方法により作成される統計，の2種類がある。

表2.1　基幹統計の作成方法による類型区分

作成方法	基幹統計	総務大臣の関与	統計区分
統計調査の方法により作成	国勢統計など多数	総務大臣による承認など	調査統計
統計調査以外の方法により作成	国民経済計算、生命表など	総務大臣への作成方法の通知等	加工統計 業務統計

基幹統計の指定を行った際には，その旨を公示することとされており，令和6年4月1日現在，54統計が基幹統計となっている（巻末一覧表参照）。

基幹統計の結果は，速やかに公表されなければならない。公表に際しては，その利用において参考となる基本情報（当該基幹統計の目的，作成の方法，用語の定義，調査対象の範囲，報告を求めた事項およびその基準とした期日または期間，報告を求めた者，報告を求めるために用いた方法）も併せて公表することとされている。

また，刊行物だけでなく多様な媒体により提供するとともに，公共財として長期的かつ体系的な保存措置を講ずることが求められている。

国・地方公共団体などが行う統計調査

国の行政機関が行う統計調査は，基幹統計を作成するための**基幹統計調査**と，それ以外の**一般統計調査**に分けられる。また，指定独立行政法人等や指定地方公共団体が行う**届出を要する統計調査**（以下，「届出を要する統計調査」という）もある。

基幹統計調査

基幹統計を作成するための調査を基幹統計調査という。基幹統計調査は，行政機関が実施する統計調査の中で特に重要なものであり，大規模なものが多い。その適切な実施のためには，地方公共団体と一般国民等の協力を得る必要があるため，統計法では，基幹統計調査の企画，実施，作成，結果の公表などの一連の過程において以下のいくつかの規定をおいている。

○総務大臣による事前の承認（第9条－第12条）

基幹統計調査を実施する場合，行政機関の長は，定められた事項を記載した申請書を事前に総務大臣に提出し，審査を受け，その承認を受ける必要がある。変更または中止を行う場合にも改めて総務大臣の承認が必要である。

また，総務大臣は，申請された調査計画について，その判断に際して，統計委員会が「軽微な事項」と認める場合を除き，あらかじめ統計委員会の意見を聴かなければならない。なお，総務大臣は，当該基幹統計調査が法律の要件に適合しなくなったと認める場合には，当該行政機関の長に対し変更または中止を求めることができる。

○報告義務（第13条）

基幹統計調査を実施する場合，個人または法人その他の団体に対して報告の義務が課される。具体的な報告義務者については，基幹統計調査ごとに調査規則等 (政省令) で別途規定される。また，基幹統計調査を行う場合には，行政機関は被調査者に対して，当該統計調査が基幹統計調査である旨，報告義務がある旨等を示さなければならない（統計法施行令第5条)。

この報告義務は，基幹統計調査の重要性を踏まえて特に設けられたものであることから，統計法では，報告の拒否および虚偽の報告を禁じるとともに，これらの違反に対する罰金が定められている（第61条)。

○統計調査員（第14条）

行政機関の長は，基幹統計調査の実施のために必要があるときは，統計調査員を設置することができ，その詳細は各基幹統計調査規則等 (政省令) で規定される。なお，統計調査員の設置などに関する一部の事務を地方公共団体が行うことが統計法施行令で規定される場合，地方公共団体の長（都道府県知事等）が，統計調査員を設置することになる。

例題 2.1 統計調査員の守秘義務に関する説明として，最も適切なものを，次の①～⑤のうちから一つ選びなさい。

① 公的統計調査の統計調査員は，調査が終了した後でも，担当した調査業務に関する守秘義務がある。

② 公的統計調査の統計調査員は，非常勤の公務員として一時的に業務に携わるものなので，守秘義務があるのは原則として調査終了後の10年間となっている。

③ 国から委託を受けて民間調査機関が統計調査を行う場合，統計調査員は民間調査機関の職員として従事することになるので，統計法に定める守秘義務は適用されない。

④ 統計調査員は，同じ統計調査に従事する他の統計調査員に対しては，調査事務の円滑な実施を目的とする場合，調査対象者の氏名等の情報を提供してもよい。

⑤ 統計調査員は，学校など公的な機関からの要請があれば，統計調査の対象名簿から氏名等を提供してもよい。

（答） 正解は①である。

【解説】 統計調査員には統計法で守秘義務があり，勝手に他に漏らすことはできない。また、調査業務が民間調査機関に委託された場合でも、その業務に従事する者には守秘義務が係ることから，①は適切である。

○地方公共団体が行う調査事務（第16条および統計法施行令第4条）

基幹統計調査は，大規模な調査として行われることが多く，調査事務の一部を法定受託事務として，地方公共団体が行うことができるとされている。地方公共団体が行う事務の具体的な内容は，基幹統計調査ごとに，政令（国勢調査令，人口動態調査令，統計法施行令）で定められている。ただし，一般統計調査は適用外である。なお，地方公共団体で調査に要する経費は，国が全額支出する（地方財政法第10条の4）。

○かたり調査の禁止（第17条）

被調査者の情報を保護するとともに，公的統計制度に対する信用を確保するため，基幹統計調査について，その調査と紛らわしい表示や説明をして情報を得る行為（いわゆる「かたり調査」）を禁止しており，これに違反した者に対して，未遂も含めて罰金が定められている（第57条）。

一般統計調査 (第19条～第23条)

行政機関が実施する基幹統計調査以外の統計調査を一般統計調査という。一般統計調査に関わる計画の事前承認および手続は，おおむね基幹統計調査に関する規定に準じるが，軽微な変更を行う場合は，総務大臣の承認を受ける必要はない。

一般統計調査の結果については，特別の事情がある場合を除き，原則として速やかに公表することとされている。

届出を要する統計調査（第24条，第25条）

公的統計の体系的整備を図る上で，国の行政機関が行う統計調査に準じて取り扱うことが適切と考えられるものがある。このため，統計法施行令で指定された指定地方公共団体や指定独立行政法人等が実施する統計調査については，総務大臣に届け出なければならないとされている。令和5年1月時点で指定されているのは，都道府県・政令指定都市，日本銀行である。

「届出を要する統計調査」の実施者は，あらかじめ定められた事項を総務大臣に届け出る必要がある。また，総務大臣は，指定地方公共団体が実施する届出を要する統計調査が，基幹統計調査の実施に支障を及ぼすおそれがあると認めるときは，当該届出を要する統計調査の変更または中止を求めることができる。

なお，「届出を要する統計調査」の調査票情報に関する適正管理義務，守秘義務，利用制限については，基幹統計調査および一般統計調査と同様に統計法の規定が適用される。

コラム ▸▸ Column ……………………… 特定一般統計調査

2018年12月に毎月勤労統計調査における不適切な調査の実施が発覚し，大きな問題として扱われ，統計調査全般に関する品質管理も見直された。その一環として，法律事項ではないが，「統計行政推進会議申合せ」として，令和2年7月から，一般統計調査の中でも，特に重要な統計調査を「特定一般統計調査」と指定することとした。

「特定一般統計調査」については，重要かつ広範に利活用され，その品質が重要政策や多くのユーザー等に影響することから，統計リソースが限られるなか，各府省においてリソースを集中して品質管理を強化することとなった。

例題 2.2 国の行政機関が実施する統計調査について，最も適切なものを，次の①～⑤のうちから一つ選びなさい。

① 基幹統計調査と一般統計調査のいずれも，総務大臣がその実施計画について承認の可否を判断する際には，統計委員会の意見を聴かなければならない。

② 基幹統計調査は行政運営や社会経済のために重要な統計調査であるので，国の行政機関の長は，都道府県知事に対して実施事務に関し自由に指示することができる。

③ 国の行政機関が実施する統計調査は重要な統計調査であるので，そのすべての統計調査について，調査客体に対して，報告義務が課されている。

④ 国の行政機関が実施する基幹統計調査において，その業務に従事する統計調査員は，いずれについても一般職非常勤の国家公務員の身分を持つ。

⑤ 統計法は，基幹統計調査と紛らわしい表示や説明をして情報を得る行為（いわゆる「かたり調査」）を禁止しており，これに違反した者に対して，未遂も含めて罰金を定めている。

（答） 正解は⑤である。

【解説】 ①一般統計調査の実施計画は統計委員会の意見を聴く必要はない。②都道府県知事が行う事務は政令で定められている。③申告義務が課されているのは基幹統計調査である。④都道府県知事が統計調査員を設置する場合、身分は地方公務員になる。⑤は適切である。

統計データの利用促進

統計調査によって集められた情報のうち，文書や電磁的記録等に記録されている情報 (**調査票情報**) は，その本来の利用目的 (統計調査を実施する際に当初予定されていた統計を作成すること) 以外の目的に利用または提供することが原則として禁じられている。しかし，高度情報社会の進展，学術研究の発展等により，調査票情報の利用に関するニーズは高く，また，本来の利用目的以外の利用や提供が，公益に資する場合もある。

法または条例に特別の定めがある場合については，本来の利用目的以外に利用または提供することができるとされており (第40条第1項)，行政機関の長や指定独立行政法人等が行った統計調査に関する調査票情報について，法の中で次のような利用または提供が規定されている（表2.2を参照)。

(1) （調査実施者による）調査票情報の**二次利用**
(2) （調査実施者以外の行政機関等への）調査票情報の提供
(3) （調査実施者以外の研究者等への）調査票情報の提供
(4) **委託による統計の作成**
(5) **匿名データ**の作成・提供

このうち (1)〜(3) では，利用または提供の許される範囲が法律に明記され，その位置付けが明確にされている。そして，法律の規定の範囲内で，調査実施者の判断によって利用または提供することができる。

また，(4)，(5) では，作成・提供について統計法施行規則で規定されており，学術研究や高等教育等の発展等に資する場合に限られる。

なお，(3)〜(5) に関しては，その事務の全部を委託する場合は，独立行政法人統計センターに委託しなければならない，とされている（第37条)。

これらの調査票情報と匿名データの提供に関しては，適正管理義務，守秘義務，提供目的以外での利用の禁止の規定等が定められており，違反した場合は，法に基づく罰則が適用される。

表 2.2　調査票情報の利活用の概要一覧

利用形態	利用主体	利用内容	法律で規定される利用の要件など
（調査実施者による）調査票情報の二次利用（第 32 条）			
	調査実施者	統計の作成 統計的研究	・追加的集計・分析
		統計調査等に係る名簿作成	・当該統計調査から客体を抽出して実施する統計調査のための名簿作成
（調査実施者以外への）調査票情報の提供（第 33 条）			
	公的機関	統計の作成 統計的研究	・追加的集計
		統計調査等に係る名簿作成	・当該統計調査から客体を抽出して実施する統計調査のための名簿作成
	高度な公益性を有する研究等を行う者	統計の作成 統計的研究	・公的機関が委託する調査研究 ・科学研究費の補助のある調査研究 ・行政機関の長が認める統計の作成
（調査実施者以外への）調査票情報の提供（第 33 条の 2）			
	相当の公益性を有する統計の作成を行う者	学術研究又は高等教育の発展に資する統計の作成	・大学，公益社団／財団法人などが行う調査研究 ・大学の教員が行う調査研究 ・大学，公益社団／財団法人などが補助する調査研究 ・行政機関の長，地方公共団体の長が相当の公益性を有すると認めた学術研究 ・大学等の行う教育に直接に使用する

利用形態	利用内容	統計法施行規則で規定される利用の要件など
委託による統計の作成（第 34 条）		
	一般からの統計作成依頼に対して，いわゆるオーダーメード集計を行い，統計作成物を提供する。	・学術研究の発展に資すると認められる場合 ・教育の発展に資すると認められる場合 ・官民データ活用推進基本法により指定された重点分野に係る場合
匿名データの作成・提供（第 35，36 条）		
	一般の利用に供することを目的として調査票情報を特定の個人又は法人等の識別ができないように加工して提供する。	・学術研究の発展に資すると認められる場合 ・教育の発展に資すると認められる場合 ・国際社会における我が国の利益の増進及び国際経済社会の健全な発展に資すると認められる場合 ・官民データ活用推進基本法により指定された重点分野に係る場合

例題 2.3　統計法で規定する調査票情報の提供に関する説明について，最も適切なものを，次の①～⑤のうちから一つ選びなさい。

① 調査票情報を民間の利用希望者に提供する際には，統計委員会の意見を聴かなければならない。

② 一般統計調査は，基幹統計調査に比べて重要性の点では低くなるので，一般統計調査の調査票情報については，国の行政機関に限って，統計作成のために自由に使うことができる。

③ 統計法における「委託による統計の作成」とは，統計調査の実施機関が，他から委託を受けて統計を作成し，それを公表することをいう。

④ 統計法における「匿名データ」は，特定の個人や団体の識別ができないように調査票情報を加工してあるので，行政機関に対しては自由に提供することができる。

⑤ 公的機関が委託して行う調査研究については，公益性が高いので，その研究を受託する研究機関は，調査票情報の提供を受けることができる条件を満たす。

（答）　正解は⑤である。

【解説】　①調査票情報を民間の利用希望者に提供する際，統計委員会の意見を聴くことは定められていない。②一般統計調査の調査票情報だからといって，国の行政機関が自由に使うことはできない。③委託による統計の作成は，公表までは含んでいない。④匿名データは、行政機関だからといって自由に提供はできない。⑤は適切である。

統計基準

統計法では，公的統計の統一性や総合性を確保するための技術的な基準を設定することとしている（第28条）。**統計基準として，日本標準産業分類，日本標準職業分類，疾病、傷害および死因の統計分類，指数の基準時に関する統計基準，季節調整法の適用に当たっての統計基準**が統計委員会で設定されており，統計の作成においてはこれに従うこととされている。

被調査者の秘密の保護

秘密の保護を前提に国民から提出された調査票情報を厳正に取扱うことは，統計行政の根幹にかかわる事項である。このため，統計法では，統計調査に対する国民からの信頼を確保するため，「統計調査の実施等に係る」場合だけでなく，「調査票情報の提供を受けた者」に対しても，適正管理義務，守秘義務，罰則を規定している。

① 統計調査の実施等に係る適正管理義務，守秘義務（第39条，第41条等）
- 基幹統計調査，一般統計調査，届出統計調査に係る**調査票情報**
- 行政機関または指定届出独立行政法人等が作成した**匿名データ**
- 行政機関が他の行政機関から提供を受けた**行政記録情報**
- **事業所母集団データベース**の情報

などの情報に関して，統計調査の実施主体および業務の委託を受けた者に対して，適正管理義務，守秘義務，罰則を規定している。

② 調査票情報等の提供を受けた者の適正管理義務，守秘義務 (第42条，第43条等)
- 基幹統計調査，一般統計調査，届出統計調査に係る調査票情報の提供 (第33条，第33条の2) を受けた者
- 匿名データの提供 (第36条) を受けた者
- 上記の者からデータ処理について委託を受けた者

に対して，適正管理義務，守秘義務，提供目的以外の目的での利用・第三者提供の禁止，罰則を規定している。

統計委員会の設置

統計委員会は，公的統計全般に関する審議機関として総務省に設置され，13名以内の委員で構成される。統計に関する基本的事項，基本計画，基幹統計調査の変更などの諮問案に関して調査審議を行うほか，必要な場合は総務大臣の諮問がなくても公的統計の改善等に関して必要な意見を述べるなど，公的統計の整備において重要な役割を果たしている。また，統計委員会委員等を補佐するため，国の行政機関の職員を幹事に任命している（第44条～第51条）。

事業所母集団データベースなど

統計の正確で効率的な作成と被調査者の負担軽減を図るため，次の3つの規定が定められている。

① 総務大臣による事業所母集団データベースの整備・提供 (第27条)
② 行政機関が保有する行政記録情報の提供要請・利用 (第29条第1項)
③ 行政機関，地方公共団体その他の関係者に対する協力要請 (第29条第2項，第30条，第31条)

コラム ▸▸ Column　旧統計法と新統計法

旧統計法は平成19年に現在の統計法に全面改正されたが，以下に，新旧統計法の違いをいくつか説明する。

①旧統計法の下では，統計法と統計報告調整法の2つの法律で公的統計を規定していたが，新統計法では，この2つの法律が1本化された。
②旧統計法の下では，旧統計法が規定した重要統計である「指定統計」，その作成のための「指定統計調査」，統計報告調整法が規定した「承認統計調査」（指定統計調査以外）という概念だったが，新統計法の下では，統計法が規定する「基幹統計」，「基幹統計調査」，「一般統計調査」という概念になっている。
③旧統計法は戦中を経て戦後直ぐの「統計が事実を写さない時期」に制定されたこともあり，第1条（目的）「この法律は，統計の真実性を確保し，統計調査の重複を除き，統計の体系を整備し，……」の冒頭で，「正確な」を超えて，「真実な」統計を作成することをうたっている。以下、全体を通して，いかに信頼できる統計を作成するかを規定していて，「統計法」というよりいわば「統計調査法」と呼ぶのが適当な規程となっている。しかし，新統計法では，第1条の目的が「この法律は，公的統計が国民にとって合理的な意思決定を行うための基盤となる重要な情報であることにかんがみ，……」とされ，統計が社会の情報基盤として広く使われることに主眼が置かれている。60年を経て，統計の作成の重視から，利用の視点への大きな転換がはかられたといえる。条文でも，統計についてのほか，調査票情報等の利活用について多く割り当てられている。

例題 2.4　統計法に関する説明について，最も適切なものを，次の①～⑤のうちから一つ選びなさい。

① 国の行政機関が実施する統計調査の種類には，基幹統計調査，一般統計調査，「届出を要する統計調査」の 3 つがある。
② 国の行政機関から調査票情報等に関する業務を委託された民間業者は，公的機関ではないので，統計法における「調査票情報等の適正な管理」は適用されない。
③ 基幹統計の指定は，内閣総理大臣が統計委員会の意見を聴いて行う。
④ 統計法は，統計が社会の情報基盤であるとの理念から，公的統計のみならず，民間統計についても，公表に関する規定を適用している。
⑤ 基幹統計には，専ら統計調査の方法により作成される統計，統計調査以外の方法により作成される統計の 2 種類がある。

（答）　正解は⑤である。

【解説】　「届出を要する統計調査」は指定地方公共団体および指定独立行政法人等である。民間委託されても適正管理は伴う。基幹統計の指定は総務大臣である。統計法では民間統計まで公表の規定はおいていない。したがって，⑤は適切である。

§ 2.2　統計法に関連する他の法規

統計に関する法規は，統計機関の組織等を定めた法規（各府省設置法，同組織令，同組織規則など），統計作成等に関する法規（**統計法**，**統計法施行令**，**統計法施行規則**，**統計調査条例**など），統計調査の実施に関する法規（各府省の**調査令**や**調査規則**，地方公共団体の調査規則など）がある。また，**個人情報保護法**との関係も重要である。

統計法施行令

統計法の施行に必要な規定や，統計法からの委任に基づく事項などを定めた政令である。以下に，統計法施行令の条文のいくつかの事例を示す。

- 第1条：統計法で「独立行政法人等」の用語が記されているが，独立行政法人以外で統計法の規定に該当する法人を具体的に列挙している。
- 第4条：基幹統計調査の実施において地方公共団体へ委託する業務が法定受託事務であることを記し，その具体的内容を別表で列挙している。
- 第7条，第8条：届出を要する統計調査の対象機関を指定している。令和5年1月時点で，都道府県，指定都市，日本銀行が対象となっている。

統計法施行規則

統計法の施行に必要な規定や，統計法からの委任に基づく事項などを定めた総務省令である。たとえば，統計法施行規則第35条は，統計法の規定を受けて，匿名データの提供を受けられる「統計の作成等」の要件である「相当の公益性を有する」を具体的に次のように規定している。

- 学術研究の発展に資する
- 教育の発展に資する
- 国際社会における我が国の利益の増進と国際経済社会の健全な発展に資する
- 官民データ活用推進基本法により指定された重点分野に係る統計の作成等

統計業務に関するガイドライン

法律，政省令レベルではなく，各府省統計主管課長等会議申合せ，などの合意事項等をガイドラインとして定めている。詳しくは，総務省政策統括官（統計制度担当）のホームページを参照されたい。

https://www.soumu.go.jp/toukei_toukatsu/index/seido/houki.htm

個人情報保護法（平成15年法律第57号）との関係

統計法第52条では，

- 基幹統計調査と一般統計調査の調査票情報に含まれる個人情報
- 指定独立行政法人等が行った統計調査の調査票情報に含まれる個人情報
- 事業所母集団データベースに含まれる個人情報
- 他の行政機関から提供を受けた行政記録情報に含まれる個人情報

について，個人情報保護法第5章の規定の適用を除外する旨が定められている。

なお，統計法第52条において適用除外とされているのは，あくまで統計調査により集められた個人情報であり，基本的には調査客体に係る個人情報が適用除外になるものと解される。したがって，統計調査員に関する個人情報など統計調査の過程で行政機関が保有することとなった個人情報は個人情報保護法第5章の適用を受けると解される。

また，「個人情報保護法」は専ら，民間において個人情報を大量かつ組織的に取り扱う者に対する規律を定めている。このため，行政機関や地方公共団体が統計調査を行う際には，基本的に個人情報保護法との関係は生じないが，調査事務や集計事務を民間委託する場合には，業務を受託した民間業者は個人情報保護法に規定される各種義務を守る必要がある。

なお，例えば病院を対象に行う統計調査で，病院が他者である患者の情報を申告して良いか？ という問題が考えられるが，個人情報保護法第27条第1項第1号では，法令に基づいて申告する場合には，第三者提供の適用除外が定められているので、個人情報を報告することは問題ない。

情報公開法との関係

「行政機関の保有する情報の公開に関する法律」（平成11年法律第42号）は，基本的に行政機関が保有するすべての文書を対象とする。一方，統計法では，統計調査で集められた個人や法人の秘密は保護されなければならない。そこで，情報公開法に基づく開示請求があった場合，「行政機関が保有する統計調査関係文書の公開に関するガイドラインについて」に沿って，開示・不開示の判断を行う。

参考資料：総務省政策統括官（統計制度担当）ホームページ
https://www.soumu.go.jp/toukei_toukatsu/index/index.htm

コラム ▸▸ Column ……●国連統計委員会，公的統計の基本原則

【国連統計委員会】

国際連合には統計委員会という機関がある。これは1947年に設立され，国際的な統計システムの頂点に位置する存在であり，経済社会理事会に付属する機能委員会の役割を担う機関である。統計委員会はメンバー国の国家統計機関のトップが一堂に会する会議であり，特に，国際レベルでの各種統計活動に関する最もハイレベルな機関である。また，国連統計部を監督している。所管事項は以下の事項について，経済社会理事会を支援することである。

1. 各国の統計の開発及び比較可能性の改善の促進
2. 専門機関の統計事業の促進
3. 事務局の中枢統計事務の改善
4. 統計情報，解釈及び普及に関する国連諸機関への助言
5. 統計及び統計方法全般の改善の促進
6. 経済社会理事会の要請に応じて研究，勧告，情報提供その他の活動の実施

【公的統計の基本原則】

国際連合では「公的統計の基本原則」（United Nations Fundamental Principles of Official Statistics）を定めており，前文と10の個別原則からなる。これは，各国の政府統計部局が，一定の専門的・科学的基準に適合した適切で信頼できる公的統計をするため遵守するべき国際的な基準として定められた。最初は1994年に国連統計委員会において採択された。その後，2013年2月の同委員会において，同原則の前文の改定が行われ，さらに，本改定を踏まえた同原則は，同年7月の経済社会理事会において採択され，翌2014年1月の国連総会に於いて，我が国も共同提案国となって決議を得たところである。詳しくは以下のHPをご覧いただきたい。

https://www.soumu.go.jp/toukei_toukatsu/index/kokusai/gensoku.html

3. 統計調査の基本的知識

この章での目標

- 我が国の統計機構について知る
- 統計調査の企画から公表までの流れについて理解する
- 標本設計の概要について学ぶ
- 日本標準産業分類などの統計基準について知る

Key Words

- 統計機構（集中型と分散型）
- 統計調査の企画・実施
- 標本設計（全数調査・標本調査，標本抽出法）
- 統計基準（産業分類，職業分類など）
- 調査方法（調査員調査，郵送調査，オンライン調査）
- 統計の公表（政府統計の総合窓口（e-Stat））

§ 3.1 統計機構と統計調査の流れ

我が国の統計機構

各国の行政機関が統計調査を実施し，統計の作成・公表等を行う際の組織や仕組み（これを「統計機構」という）については，各国の事情や歴史的経緯によって，さまざまな形態がある。このような**統計機構**は，大きく**分散型**（Decentralized）と**集中型**（Centralized）の２つのタイプに分けることができる（表3.1）。

表 3.1　分散型と集中型の統計機構

	分散型	集中型
概要	・統計の機能を各行政機関に分散	・統計の機能を１つの機関に集中
特徴	・各行政機関の所管行政の統計ニーズに的確，迅速に対応 ・所管行政の知識を統計に生かすことが可能 ・統計の体系的整備に難あり（類似の統計の重複，相互比較の困難等）	・統計の体系的整備が図りやすい ・統計技術の蓄積，および専門性の深化に適している ・行政ニーズへの迅速・的確な対応が難しい
諸外国の例	アメリカ，フランス，日本など	カナダ，オーストラリアなど

分散型の統計機構においては，国内の各行政機関に，統計の機能（統計調査の実施，統計の作成・分析・提供等）を分散させている。各行政機関は所管する行政分野で必要な情報に対応した統計を的確・迅速に作成することが可能であるが，一方で，各行政機関で類似の統計が重複することや，各統計を相互に比較することが容易でないことが生じがちである。

これに対して，集中型の統計機構においては，統計の機能を特定の機関に集中させており，これによって統計の体系化が図りやすく，また，統計の専

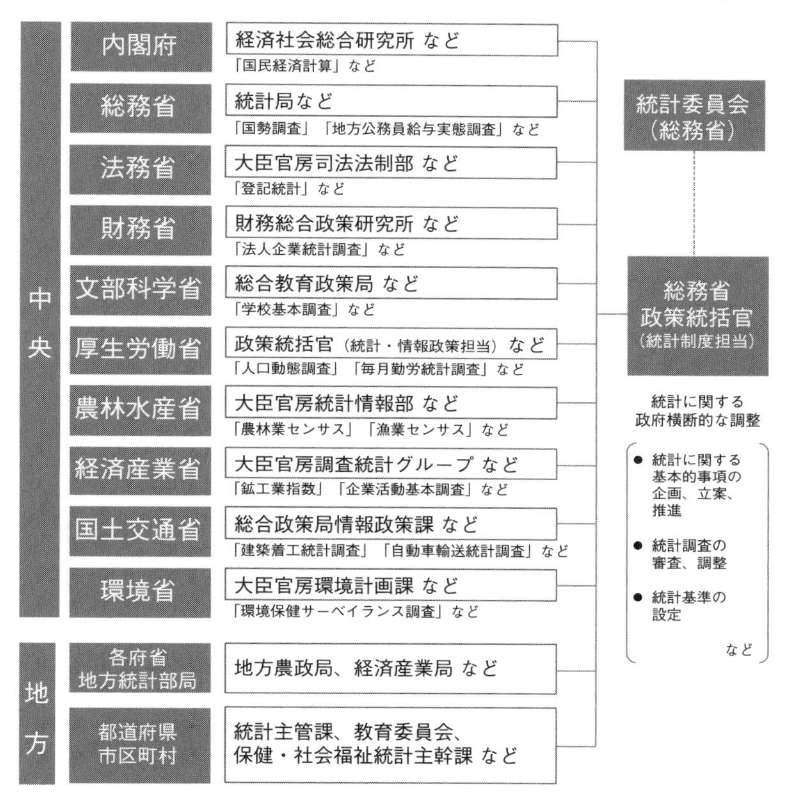

図 **3.1** 我が国の主要な統計行政機構
（総務省政策統括官（統計制度担当）のウェブサイトから引用）

門知識が蓄積していくという有効性がある。一方で，各行政機関がそれぞれの分野で有する専門的知識を統計の作成に十分に活かせないことが起こりうる。

我が国では，分散型の統計機構のもとで各府省に統計主管部局が置かれている。総務省統計局が国勢の基本に関する統計や各府省にまたがる統計を作成し，その他の府省が所管する行政と密接に関連した統計を作成している（図 3.1）。

たとえば，農林水産省では農林業センサス，漁業センサスなどの農林水産行政に関する統計調査を実施しており，文部科学省では学校基本調査などの統計調査を実施している。なお，国勢の基本に関する国勢調査や各府省の所管にまたがる，就業構造基本調査，労働力調査，家計調査などの統計調査は，総務省統計局が実施しており，我が国の経済の状況を体系的に記録する国民経済計算（SNA）などは内閣府が作成している。

総務省政策統括官（統計制度担当）

我が国は分散型の統計機構となっているので，各府省が行政ニーズに対応してさまざまな統計調査を実施しており，その結果，統計調査の重複，重要な調査の欠落，統計の相互比較の困難が生じる可能性がある。そこで，各府省が作成する統計を横断的に調整するための総合調整機能が必要となる。このような各府省の統計業務の調整，統計体系の整備を図るための機関として，総務省に，局長級の分掌職である政策統括官（統計制度担当）が置かれており，各府省が実施する統計調査の計画の審査・承認等のほか，統計の比較に資する統計基準（日本標準産業分類，日本標準職業分類など）の整備等の役割を担っている。

総務省政策統括官（統計制度担当）では，このほかに，統計関係法令の制定・改廃，社会経済の変化に対応した統計の整備・推進，公的統計の整備に関する基本的な計画案の策定など，統計制度に関する基本的事項の企画・立案等の業務を行っている。

統計委員会

統計委員会は，公的統計に関する専門的かつ中立的・公正な第三者機関として総務省に設置されており，基幹統計や統計に関する基本計画等について，総務大臣等からの諮問を受けて審議を行い，答申する。また，必要な場合には，総務大臣の諮問がなくても公的統計・統計制度の発達や改善に関する意見を述べることができる。

統計委員会は，統計法に定める事項に関する調査審議を行うこと，関係大臣に必要な意見を述べることなど，公的統計の整備において重要な役割を果たしている。基幹統計調査の変更，基本計画案の作成，統計基準の作成など，統計行政に関する重要事項については，統計法に基づき，あらかじめ，統計委員会の意見を聴くこととされている。

表 3.2 統計委員会の部会構成

部会名	所掌事務
企画部会	統計及び統計制度の発達及び改善に関する基本的事項のうち特に重要な事項，基幹統計を作成する機関に対する協力要請に関する事項，3つ以上の部会に関連する横断的な課題に関する事項，及び他の部会の所掌に属さない事項
国民経済計算体系的整備部会	国民経済計算に関する事項，産業連関表に関する事項，及び国民経済計算の改善に資する統計の整備に関する事項
人口・社会統計部会	人口及び労働統計並びに家計，住宅，厚生，文化及び教育など国民生活・社会統計に関する事項
産業統計部会	農林水産，鉱工業，公益事業及び建設統計に関する事項
サービス統計・企業統計部会	通信，運輸，商業，貿易，物価，サービス，流通，環境，財政及び金融統計並びに企業経営及び企業・事業所全般を対象とする統計などの企業統計に関する事項
統計基準部会	統計基準に関する事項
統計制度部会	政省令の制定又は改廃に関する事項，基幹統計調査に係る匿名データに関する事項
統計作成プロセス部会	統計作成プロセスの水準の向上に関する事項

統計委員会は学識経験のある者を委員とし，内閣総理大臣が任命する。統計委員会には，令和5年1月時点で，8つの部会が設置されており，諮問の内容に応じて，対応する部会で審議が行われる（表3.2）。

統計法に基づき，統計委員会に意見を求めなければならない事項については，以下のとおりである。

【統計委員会に意見を求めなければならない事項】

- 公的統計基本計画の案を作成するとき（総務大臣）
- 国民経済計算の作成基準を定めるとき（内閣総理大臣）
- 基幹統計を指定するとき（総務大臣）
- 行政機関の長から基幹統計の承認の申請があったとき（総務大臣）
- 基幹統計調査の変更・中止の求めをするとき（総務大臣）
- 行政機関の長に基幹統計作成方法の改善を意見するとき（総務大臣）

- 統計基準を作成するとき（総務大臣）
- 基幹統計の作成に必要な協力を求めるとき（総務大臣）
- 基幹統計調査に係る匿名データを作成するとき（行政機関の長）
- 統計法に基づいて政令・省令を定めるとき（総務大臣）

（※括弧内は意見を聴く主体）

例題 3.1　統計委員会に関する説明について，適切でないものを，次の①～⑤のうちから一つ選びなさい。

① 統計委員会は，公的統計に関する専門的かつ中立的・公正な第三者機関として内閣府に設置されている。

② 統計委員会は，統計法に定める事項に関する調査審議を行うこと，関係大臣に必要な意見を述べることなど，公的統計の整備において重要な役割を果たしている。

③ 基幹統計調査の変更など，統計行政に関する重要事項については，統計法に基づき，あらかじめ，統計委員会の意見を聴くこととされている。

④ 統計委員会は，学識経験のある者のうちから委員を内閣総理大臣が任命する。

⑤ 統計委員会は，必要な場合には，総務大臣の諮問がなくても公的統計・統計制度の発達や改善に関する意見を述べることができる。

（答）　正解は①である。

【解説】　統計委員会は，公的統計に関する専門的かつ中立的・公正な第三者機関として総務省に設置されており，内閣府には設置されていないことから①は適切でない。他の選択肢の内容は適切である。

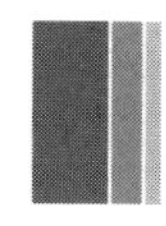

§ 3.2 統計調査の企画

統計の目的

統計調査の実施に際しては，事前に，統計の目的を明確にしたうえで，それに沿って調査の企画・設計を行う必要がある。これに関して，各府省が作成する主要な基幹統計の目的を示したものが，表 3.3 である。このような具体的な目的を踏まえて，調査の企画段階において，調査対象，調査単位，調査の実施時期，調査事項，調査方法などを検討することとなる。

表 3.3 主要な基幹統計の目的

府省	基幹統計の名称	目的
内閣府	国民経済計算	我が国経済の全体像を国際比較可能な形で明らかにする
総務省	国勢統計	国内の人口および世帯の実態を把握し，各種行政施策その他の基礎資料を得る
	住宅・土地統計	住宅および住宅以外で人が居住する建物に関する実態ならびに現住居以外の住宅および土地の保有状況その他の住宅等に居住している世帯に関する実態を調査し，その現状と推移を全国および地域別に明らかにすることにより，住生活関連諸施策の基礎資料を得る
	労働力統計	就業・不就業の実態を明らかにして，雇用政策等各種行政施策の基礎資料を得る
	小売物価統計	国民の消費生活に必要な商品の小売価格およびサービスの料金についてその毎月の動向および地域別，事業所の形態別等の物価を明らかにする
	家計統計	国民生活における家計収支の実態を毎月明らかにする
	科学技術研究統計	科学技術に関する研究活動の状態を明らかにする
	就業構造基本統計	国民の就業構造を全国的および地域別に明らかにする
	全国家計構造統計	世帯の所得分布および消費の水準，構造等を全国的および地域別に明らかにする
	社会生活基本統計	国民の社会生活の基礎的事項を明らかにする
	人口推計	五年ごとに作成する国勢統計の間の人口の状態を明らかにする
財務省	法人企業統計	我が国における法人の企業活動の実態を明らかにする
文部科学省	学校基本統計	学校教育行政に必要な学校に関する基本的事項を明らかにする
	学校保健統計	学校における幼児，児童，生徒，学生および職員の発育および健康の状態ならびに健康診断の実施状況および保健設備の状況を明らかにする

表 3.3　主要な基幹統計の目的（続き）

府省	基幹統計の名称	目的
厚生労働省	人口動態統計	出生，死亡，死産，婚姻および離婚の実態を明らかにする
	毎月勤労統計	雇用，給与および労働時間の変動を全国的および都道府県別に明らかにする
	医療施設統計	医療施設の分布および整備の実態ならびに医療施設の診療機能の状況を明らかにする
	患者統計	医療施設を利用する患者の傷病の状況等の実態を明らかにする
	賃金構造基本統計	労働者の種類，職種，性，年齢，学歴，勤続年数，経験年数等と，賃金との関係を明らかにする
	国民生活基礎統計	保険，医療，福祉，年金，所得等厚生行政の企画および運営に必要な国民生活の基礎的事項を明らかにする
	生命表	全国の区域について，日本人の死亡および生存の状況を分析する
農林水産省	農林業構造統計	農林行政に必要な農業および林業の基礎的事項を明らかにする
	漁業構造統計	水産行政に必要な漁業の基礎的事項を明らかにする
	作物統計	耕地および作物の生産に関する実態を明らかにする
	農業経営統計	農業経営体の経営および農産物の生産費の実態を明らかにする
経済産業省	経済産業省 生産動態統計	鉱工業生産の動態を明らかにする
	商業動態統計	商業を営む事業所および企業の事業活動の動向を明らかにする
	経済産業省 企業活動基本統計	企業の活動の実態を明らかにする
	鉱工業指数	鉱工業製品を生産する国内の事業所における生産，出荷および在庫に係る諸活動ならびに各種設備の生産能力および稼働状況を明らかにする
国土交通省	港湾統計	港湾の実態を明らかにし，港湾の開発，利用および管理に資する
	建築着工統計	全国における建築物の建設の着工動態を明らかにする
	建設工事統計	建設工事および建設業の実態を明らかにする
	船員労働統計	船員の報酬，雇用等に関する実態を明らかにする
	自動車輸送統計	自動車輸送の実態を明らかにする
	法人土地・建物 基本統計	国および地方公共団体以外の法人が所有する土地および建物の所有および利用ならびに当該法人による土地の購入および売却についての基礎的事項を全国的および地域別に明らかにする
総務省および 経済産業省	経済構造統計	すべての産業分野における事業所および企業の活動からなる経済の構造を全国的および地域別に明らかにする
	サービス産業動態統計 （令和7年1月以降）	サービス産業の事業活動の動態を明らかにする
10府省	産業連関表	生産活動における産業相互の連関構造ならびに生産活動と消費，投資，輸出等との関連および生産活動と雇用者所得，営業余剰等との関連を明らかにする

各府省のウェブサイトを参考に作成

調査対象と調査単位

調査の設計においては，調査の企画段階で設定した統計の目的を基に，適切な調査対象を設定する。調査対象は，個人，世帯，企業など，さまざまである。このような統計調査の対象となる集団を構成する要素を**統計単位**と称し，調査の実務においては，必要に応じて**調査単位**が設定される。調査単位は，調査対象を漏れなく，重複なく，正確にとらえるための手段として設定される。調査単位は，統計単位と同一の場合もあれば，異なる場合もある。

たとえば，総務省「社会生活基本調査」のように，個人を対象（統計単位）とした統計調査においては，実務上，世帯を単位（調査単位）として調査が行われることが多い。また，財務省「法人企業統計調査」のように，企業の活動を会社単位で把握することを目的とした統計調査においては，統計単位と調査単位は一致し，経済産業省「工業統計調査」においても，現場の事業所の活動を事業所ごとに調査する場合は，統計単位と調査単位は場所的単位である事業所で一致する。他方，経済産業省「海外事業活動基本調査」のように親会社に対して，傘下の全ての海外現地法人企業の事業活動を一括して調査する場合は，統計単位は海外現地法人企業であり，調査単位は本社のある親会社となる。

このほかに，厚生労働省「人口動態調査」や総務省「地方公務員給与実態調査」では，個人が統計単位，地方公共団体が調査単位となっており，また，国土交通省「港湾調査」では港湾が統計単位，港湾管理者等が調査単位となっている。このように，調査の特性に応じて，さまざまな調査単位が設定されている。

調査の設計においては，把握すべき調査対象・調査単位を考慮しつつ，調査の範囲，調査の実施時期・周期などを設定することになる。調査の対象とその範囲は，各統計調査の調査計画に記載されており，政府統計の総合窓口（e-Stat）から検索することができる。

事業所の定義

企業の経済活動に関する場所的な調査単位である**事業所**（establishment）の定義は，**日本標準産業分類の一般原則**（以下，「一般原則」という）において示されている。各府省が実施する，事業所を対象とした統計調査については，一般原則において示されている事業所の定義を基に調査対象を選定し，統計調査を行うこととなる。日本標準産業分類の詳細については，**3.6** 節を参照されたい。

日本標準産業分類における事業所とは，経済活動の場所的単位であって，原則として，次の2つの要件を備えているものをいう（「一般原則」の「第2項 事業所の定義」から引用）。

(1) 経済活動が単一の経営主体の下において一定の場所すなわち一区画を占めて行われていること。

(2) 財又はサービスの生産と供給が，人及び設備を有して，継続的に行われていること。

すなわち，事業所とは，一般に，工場，製作所，事務所，営業所，商店，飲食店，旅館，娯楽場，学校，病院，役所，駅，鉱業所，農家等と呼ばれるものである（図3.2）。

これに加えて，以下のことが，事業所の要件として定められている。

- 1つの構内における経済活動が，単一の経営主体によるものであれば原則として1つの事業所とし，1つの構内であっても経営主体が異なれば，経営主体ごとに別の区画としてそれぞれを1つの事業所とする。
- 1つの区画であるかどうかが明らかでない場合は，売上台帳，賃金台帳等経営諸帳簿が同一である範囲を1つの区画とし，1つの事業所とする。

このほか，多種多様な経済活動の態様に合わせて，いろいろな取扱いが規定されている。さまざまな経済活動に関して，事業所の定義に照らして事業所の分け方の事例を示したものが図3.3である。

事業所とは

ここでいう事業所とは、物の生産や販売、サービスの提供などの経済活動が

①単一経営主体のもと（グループ企業は含めません）で
②一定の場所を占めて
③従業者と設備を有し
④継続的に行われているもの

をいいます。
同じ組織であっても、**場所が異なる場合は、「場所ごと」にそれぞれ別の事業所とします。**
管理事務や補助的な経済活動を行っている場合も、事業所に含めます。

◆ 事業所の例

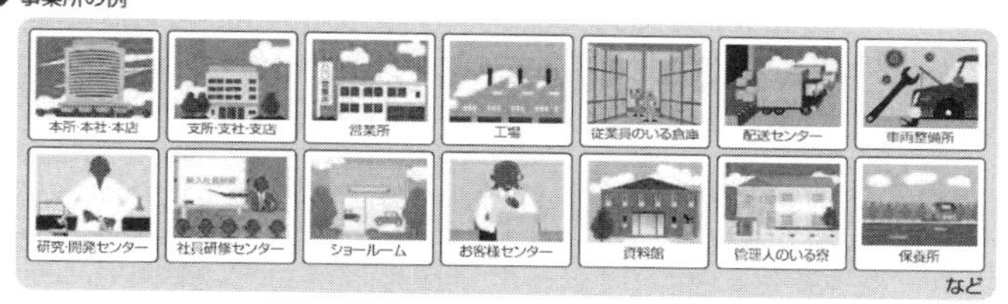

図 3.2　事業所の定義
（令和３年「経済センサス‐活動調査」記入の仕方から引用）

事業所の区切り方について

① 事業所は、原則として、場所（同一区画）ごとに、それぞれ別の事業所としますので、道路を隔てた別棟において事業を行っている場合は、それぞれ別の事業所とします。
② 同じ建物でも入口が完全に異なっている場合は、別の場所にあるものとみなして、それぞれ別の事業所とします。
③ ただし、近接していて、経営諸帳簿が一緒で分けることができない場合は、１つの事業所とします。
※経営諸帳簿とは、賃金支払台帳、売上台帳、現金出納帳、出勤管理簿などをいいます。

① 本棟と別棟は、それぞれ別の事業所
本棟
別棟

② 入口が異なっているのでそれぞれ別の事業所

③ 経営諸帳簿が一緒で分けることができないので１つの事業所

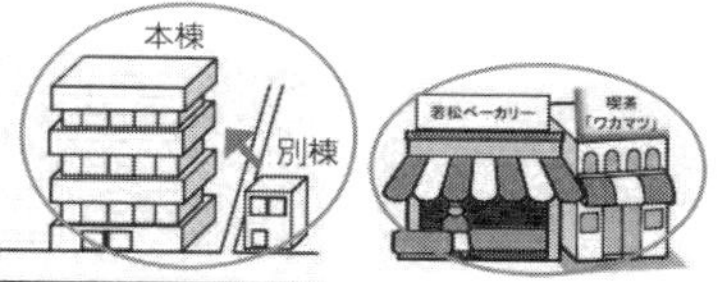

・同一ビルの中に同一会社の本社と支社、営業所などがある場合は、それぞれを別の事業所とします。
※部や課などの単位で１つの事業所とはしません。

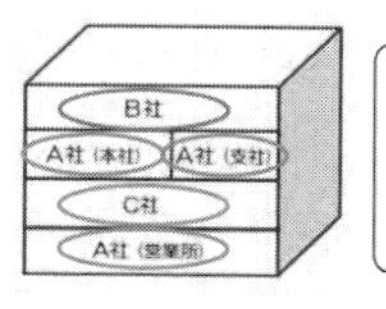

この例の場合、
A社の事業所は3つ
（本社、支社、営業所）
B社の事業所は1つ
C社の事業所は1つ
となります。

・また、本社、支社などが複数階にまたがる場合でも、階では区切らずに、本社、支社などの単位ごとに1つの事業所とします。
※部や課などの単位で1つの事業所とはしません。

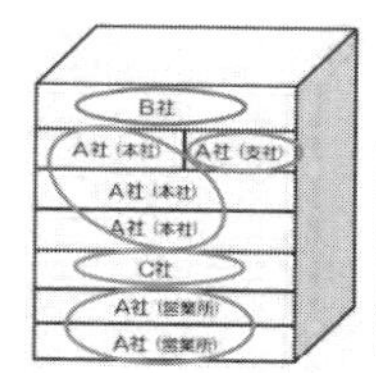

この例の場合、
A社の事業所は3つ
（本社、支社、営業所）
B社の事業所は1つ
C社の事業所は1つ
となります。

図 3.3　さまざまな経済活動における事業所の分け方
（令和３年「経済センサス‐活動調査」記入の仕方から引用）

世帯の定義

個人に関する統計調査では，ほとんどが世帯を調査単位として実施される。統計調査における世帯とは，「①住居及び生計を共にする者の集まり，②一戸を構えて住んでいる単身者，③独立して生計を営む単身者」と定義される。以下にいくつかの事例を示す（国勢調査での例）。

(1) 一戸建ての住宅の場合
- 家族で住んでいる場合･･･家族で1つの世帯とする
- 一人で住んでいる場合･･･一人で1つの世帯とする

(2) 二世帯居住用の住宅の場合
それぞれの居住部分が「住宅の要件」を備えていれば，各戸ごとに1つの世帯とする。
「住宅の要件」とは，次のa～eのすべてを満たしていること。
a：壁などの固定的な仕切りで完全に遮断されていること
b：専用の居住室
c：専用の出入り口
d：専用の炊事用流し（台所）
e：専用のトイレがあること

(3) テラスハウスなど長屋建て，アパート・マンションなどの場合
各戸ごとに1つの世帯とする。ただし，友人と共同で一戸に住んでいる場合は，一人ひとりを1つの世帯とする。

(4) 下宿屋や，間借り・下宿している人がいる一般の住宅の場合
- 家主の家族･･･家主の家族で1つの世帯とする。
- 単身で下宿や間借りしている人･･･一人ひとりを1つの世帯とする。
- 夫婦，親子など家族で下宿や間借りしている人･･･その家族ごとに1つの世帯とする。

統計調査の企画・実施と調査事務の管理

統計調査の企画から公表までの事務は，概ね，

「企画」⇒「準備」⇒「実施（実査）」⇒「審査・集計」⇒ 公表

という流れで行われる（図 3.4）。

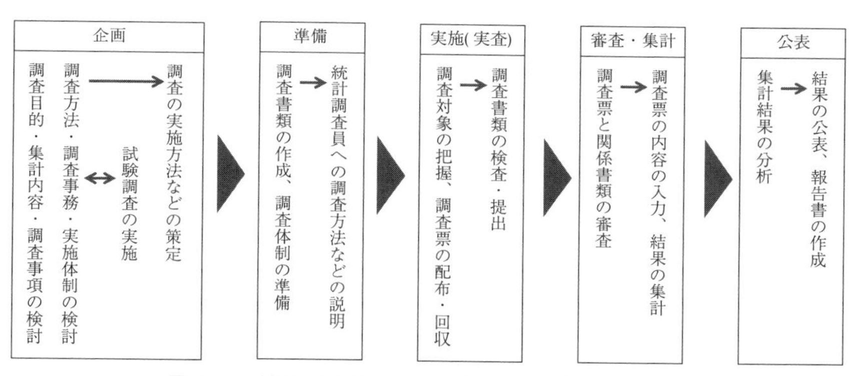

図 3.4　統計調査の企画から結果の公表までの流れ

上記の事務の流れの各段階において，以下のような作業が行われる。

- 企画：調査の目的，調査の対象，調査単位，調査の実施時期，調査事項，調査方法，調査日程，実施方法，必要経費などを決定
- 準備：企画の内容を基に，調査票や記入の仕方などの調査書類を作成し，調査に必要な実施体制を整備し，地方自治体・統計調査員・民間事業者等へ調査方法などを説明
- 実施（実査）：国・地方自治体の職員，統計調査員，民間事業者等による調査対象の把握，調査票の配布・回収，調査書類の検査・提出
- 審査・集計：国・地方自治体，統計調査員，民間事業者等における調査の各段階での調査票の審査・補記・訂正，調査票の内容の入力，入力内容の検査，結果の集計
- 公表：集計結果の分析，解説の作成，インターネット等による結果の公表，報告書の作成

このうち，統計調査の方向性を決める重要なプロセスである企画の段階では，以下の点に留意して対応する必要がある。

【統計調査の企画段階における留意事項】

- 統計調査を実施しなければならないか，既存のデータを利用することによって必要なデータが得られるのではないかを検討する。
- 調査の目的をよく吟味し，目的に沿う形で集計内容，調査事項，調査実施時期，調査方法などを決定する。
- 調査にかかる経費と結果精度のバランスを取って，経費の範囲内で目的の精度を達成できるよう，調査の計画を立てる。
- 調査対象者の記入負担，調査員の業務量・能力等を勘案して，調査事項，集計内容などを検討する。
- 調査の内容，調査方法などを踏まえ，必要となる事務内容を検討し，調査の各段階で行うべき事務の内容を事前に検討しておく。
- 調査票や調査方法が適切なものとなっているかを検討するために，必要に応じて試験調査の実施を検討する。

例題 3.2　統計調査の企画に関する説明について，最も適切なものを，次の①～⑤のうちから一つ選びなさい。

① 統計調査の企画に際しては，調査の目的はあまり明確にせず，調査を実施しながら臨機応変に調査の目的を修正することが望ましい。

② 統計調査の企画に際しては，記入者の負担を考慮することなく調査の目的を優先し，できるだけ多くの調査事項を設定するのがよい。

③ 統計調査の質問項目に専門用語は使用せず，平易な言葉や表現を用いて，簡潔かつ明確になるようにすることが大切である。

④ 調査の実施方法については，正確性を確保する観点から，全数調査での実施を第一に検討すべきである。

⑤ 統計調査員が調査票を配布・取集する方法で行う調査は，調査対象を訪問しても面接できずに調査が実施できないことが多いため，国の統計調査において，現在ではほとんど行われていない。

（答） 正解は③である。

【解説】 統計調査によって統計を作成する際の事務についての理解を問う問題である。統計調査の企画に当たっては，最初に調査の目的を明確にする必要があり，①は適切でない。調査項目は，回答者の負担を考慮した適切な数にする必要があり，②は適切でない。個々の調査の目的に応じて調査の方式を選択する必要があることから，④は適切でない。基幹統計調査では，調査員調査を導入しているものがあることから，⑤は適切でない。③は適切な記述である。

統計調査の流れ

統計調査は，さまざまな系統により実施されている（図3.5）。国の実施する基幹統計調査では，たとえば，国勢調査などの大規模調査・周期調査については，

国 ⇒ 都道府県 ⇒ 市区町村 ⇒ 調査員

という系統で調査が行われる。このほかに，保健所や福祉事務所を経由する調査（人口動態調査，患者調査など）や，教育委員会を経由する調査（学校教員統計調査，社会教育調査など），国の出先機関（財務局，経済産業局，地方農政局など）を経由する調査もある。経済センサスのように，都道府県を経由する調査員調査と国が直接実施する郵送調査・オンライン調査を併用する場合もある。

国や地方公共団体が実施する統計調査については，実施過程の一部が民間事業者に委託されることがある。たとえば，国から直接，調査対象に調査票を配布し回収する過程で，郵送調査やオンライン調査の方式を採用する際には，当該調査に関する業務の一部を民間事業者に委託する場合がある（図3.5における⑨および⑨′の系統）。統計調査によっては，調査員調査の全てを民間委託する場合もある。なお，民間事業者による調査員調査を実施する場合であっても，その調査員には守秘義務が課せられることとなる。

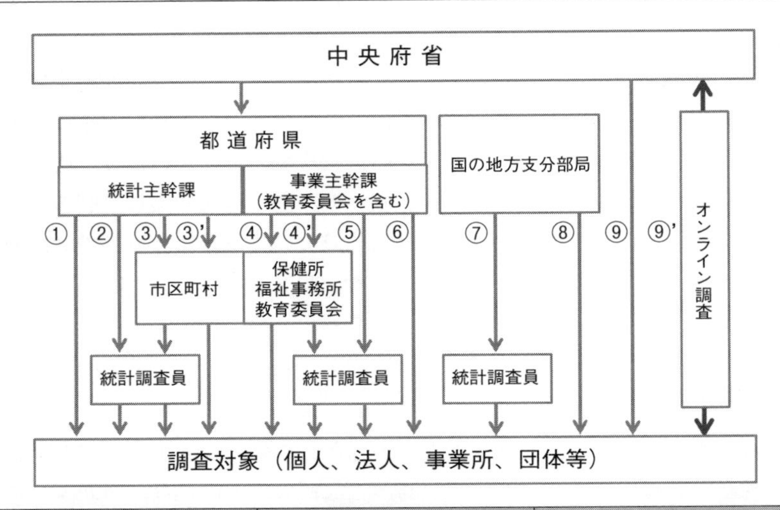

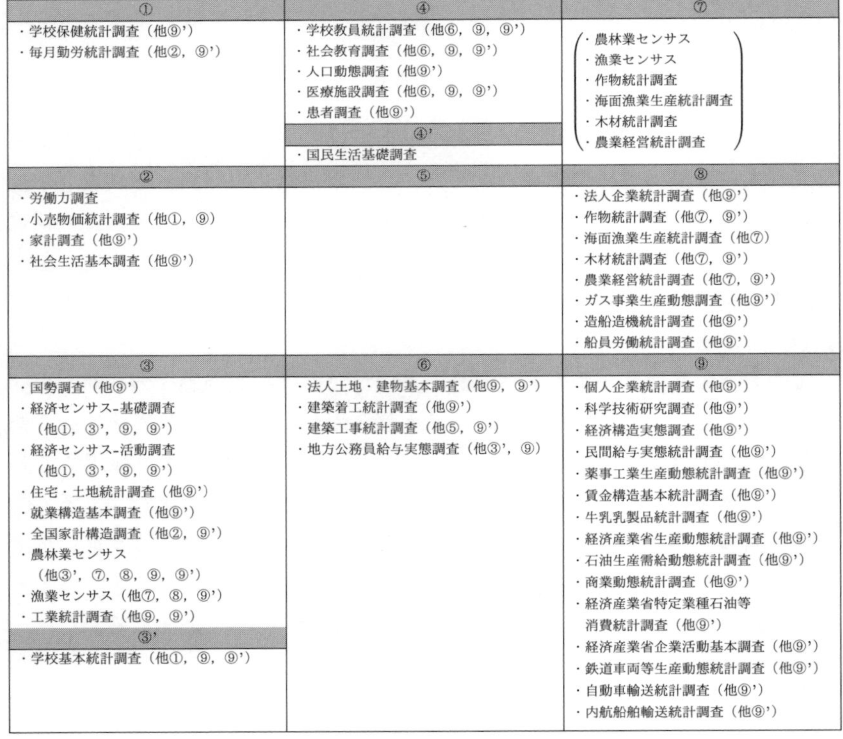

①	④	⑦
・学校保健統計調査(他⑨') ・毎月勤労統計調査(他②,⑨')	・学校教員統計調査(他⑥,⑨,⑨') ・社会教育調査(他⑥,⑨,⑨') ・人口動態調査(他⑨') ・医療施設調査(他⑥,⑨,⑨') ・患者調査(他⑨') **④'** ・国民生活基礎調査	・農林業センサス ・漁業センサス ・作物統計調査 ・海面漁業生産統計調査 ・木材統計調査 ・農業経営統計調査
②	**⑤**	**⑧**
・労働力調査 ・小売物価統計調査(他①,⑨) ・家計調査(他⑨') ・社会生活基本調査(他⑨')		・法人企業統計調査(他⑨') ・作物統計調査(他⑦,⑨') ・海面漁業生産統計調査(他⑦) ・木材統計調査(他⑦,⑨') ・農業経営統計調査(他⑦,⑨') ・ガス事業生産動態調査(他⑨') ・造船造機統計調査(他⑨') ・船員労働統計調査(他⑨')
③	**⑥**	**⑨**
・国勢調査(他⑨') ・経済センサス-基礎調査 (他①,③',⑨,⑨') ・経済センサス-活動調査 (他①,③',⑨,⑨') ・住宅・土地統計調査(他⑨') ・就業構造基本調査(他⑨') ・全国家計構造調査(他②,⑨') ・農林業センサス (他③',⑦,⑧,⑨,⑨') ・漁業センサス(他⑦,⑧,⑨') ・工業統計調査(他⑨,⑨') **③'** ・学校基本統計調査(他①,⑨,⑨')	・法人土地・建物基本調査(他⑨,⑨') ・建築着工統計調査(他⑨') ・建築工事統計調査(他⑤,⑨') ・地方公務員給与実態調査(他③',⑨)	・個人企業統計調査(他⑨') ・科学技術研究調査(他⑨') ・経済構造実態調査(他⑨') ・民間給与実態統計調査(他⑨') ・薬事工業生産動態統計調査(他⑨') ・賃金構造基本統計調査(他⑨') ・牛乳乳製品統計調査(他⑨') ・経済産業省生産動態統計調査(他⑨') ・石油生産需給動態統計調査(他⑨') ・商業動態統計調査(他⑨') ・経済産業省特定業種石油等 消費統計調査(他⑨') ・経済産業省企業活動基本調査(他⑨') ・鉄道車両等生産動態統計調査(他⑨') ・自動車輸送統計調査(他⑨') ・内航船舶輸送統計調査(他⑨')

図 3.5　国の実施する基幹統計調査の流れ(令和5年1月現在)

§ 3.3 標本設計

全数調査と標本調査

統計調査は，大きく，**全数調査**（悉皆調査）と**標本調査**の2つに区分される。全数調査は，調査の対象となっている集団（**母集団**）の統計単位を全て調べる調査であり，国勢調査や経済センサスなどが全数調査で実施されている。これに対して，標本調査は，母集団の一部を抽出して調査し，そこから母集団の状況を推定して結果を得るための調査である。

全数調査は，調査対象の全て（母集団）を調査するので，ある時点における母集団の特性を正確に把握することが可能である。また，全体を細分化して，市区町村や企業規模・産業小分類階級などの詳細な区分で集計することも可能になるなどのメリットがある。他方で，調査の実施や集計に要する費用や労力が多大となり，集計に時間がかかるといったデメリットがある。

標本調査は全数調査と比較して，母集団の一部を標本として抽出して調査するので，全数調査と比べて，調査の費用・労力を削減でき，さらに，集計に要する時間も少なく，結果公表の早期化につながるというメリットがある。また，調査員の数が少なくて済むので，調査員の十分な訓練が可能となり，質の高い調査員の確保につながる。ただし，標本調査においては，母集団の一部を標本として抽出することによる誤差（**標本誤差**）が生じるので，誤差の管理や，誤差を抑えるための推定の工夫などが必要となる。

標本調査の概要

標本調査を行う際に，母集団を構成する要素を抽出するときに用いる単位を**抽出単位**という。たとえば，家計調査では，全国の世帯を対象（母集団）として調査を行うが，標本抽出の際に，まずは調査対象となる市町村を抽出し，その中から国勢調査の結果に基づく調査区を抽出し，そこから世帯を抽出して調査を行う。この場合，各段階で，市町村，調査区，世帯が抽出単位となっている（こうした多段階の抽出方法については**3.4**節以降を参照）。このほかに，調査の目的に応じて，事業所や法人，学校や農業経営体など，さまざまな抽出単位が設定される。調査の対象となる母集団は，全国の世帯のように抽象的に定めることができるが，実際に調査を行う際には，具体的な抽出単位の情報から構成される名簿や台帳が必要となる。このような名簿・台帳などを，「標本抽出枠（サンプリング・フレーム）」という。たとえば，国勢調査の調査区リスト，経済センサス等により整備された事業所リスト，事業所母集団データベース，住民基本台帳などが標本抽出枠として用いられる。

標本抽出を行う際に，ある抽出単位が選ばれる確率を，その抽出単位の「抽出確率」という。このような抽出確率を基に，母集団の特性に関する推定が行われる。このような推定方法の詳細については，「**3.4**節　結果の推定と調査誤差」を参照。

標本調査における標本抽出法

標本抽出の方法は大きく，**無作為抽出**と**有意抽出**の2つの方法に区分できる。無作為抽出法は，母集団から標本を抽出する際に，抽出単位ごとに与えられる抽出確率を用いて標本を抽出する方法である。これに対し，有意抽出は，典型的・代表的と考えられる標本を主観的に抽出する方法である。

標本調査では，母集団の一部を標本として抽出して全体を推定することによる誤差が生じる。これを**標本誤差**といい，くじの当たりはずれに例えられる。無作為抽出では，抽出確率に基づき，標本誤差を調査結果から推定し，管理することが可能である。有意抽出では，抽出確率が明らかではないことから，標本誤差の測定や管理を行うことはできない。有意抽出は，試験調査などで特定の調査対象に対する調査方法の妥当性を確認したい場合などに用いられる。

単純無作為抽出法は，どの抽出単位が抽出される確率も等しい抽出法のことである。単純無作為抽出法をそのまま適用した場合，(1) 標本が特定の層に偏る可能性（推定結果が偏る可能性）と，(2) 標本が広範囲に散らばる可能性（調査員の移動等の負担増加）の，2つのデメリットがある。そこで，これらの課題に対応するために，層化抽出や多段抽出などの方法が適用される。

実際の統計調査では，標本抽出枠から無作為に抽出するのではなく，系統抽出法を用いて抽出単位を抽出することがある。**系統抽出法**とは，抽出単位に一連番号を付け，標本抽出枠において無作為に決めた一連番号の起点から抽出単位を等間隔に抽出する方法である。

層化抽出法は，母集団をいくつかの部分母集団（層）に分けて各層から標本を抽出する方法であり（図 3.6），標本がどの層からも満遍なく抽出されるので，偶然による標本の偏りを避けることができる。層を作成するため，ある調査項目についての層化を効果的にするためには，その項目について同質なものを同じ層に，異質なものを異なる層にする必要がある。層の設定には，母集団の特性に関する情報が必要となるが，これには**抽出枠**（フレーム）が用いられる。

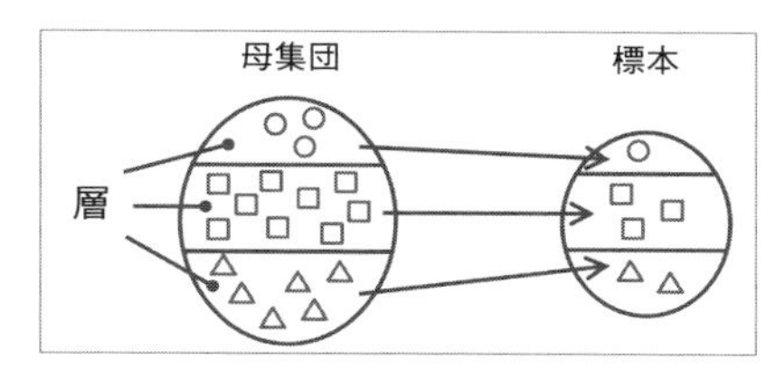

図 **3.6**　層化抽出法のイメージ

多段抽出法は，複数の段階に分けて標本を抽出する方法であり（図 3.7），標本が散らばりすぎずに，ある程度まとまるので，調査員の移動等の負担軽減（調査コスト減）につながるものの，その分，誤差は大きくなる可能性がある。たとえば 2 段抽出では，1 段目の抽出で調査区を抽出し，2 段目の抽出で世帯を抽出する形で標本抽出が行われる（3 段階で抽出を行う場合もある）。層化抽出法と多段抽出法は，組み合わせて用いられる場合があり，層化した上で，さらに多段抽出法を行う方法を，**層化多段抽出法**という。

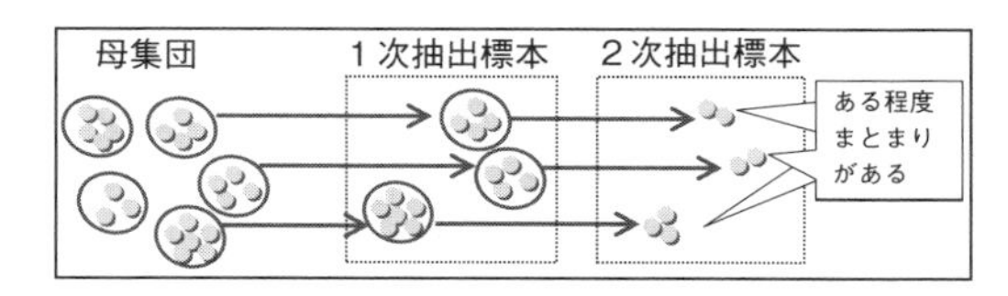

図 **3.7**　多段抽出法のイメージ

集落抽出法は，多段抽出法と似ているが，1 次抽出標本に含まれる対象の全てを調査する方法であり（図 3.8），事前に名簿を作る必要がない（担当地域内を全て調査するので）というメリットがあるものの，集落間のばらつきが大きい場合には，結果の精度が低下するというデメリットがある。

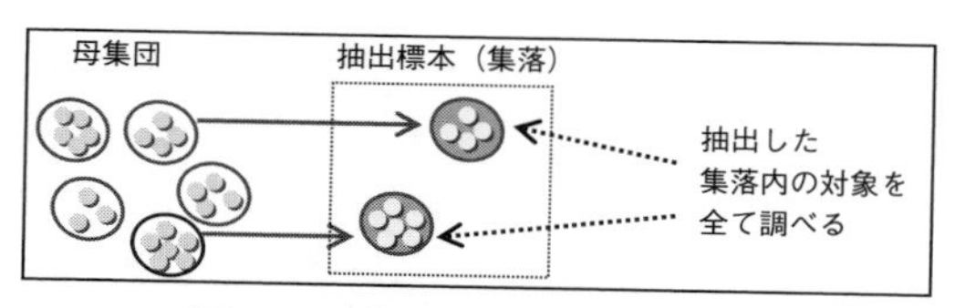

図 3.8　集落抽出法のイメージ

標本調査の実例

各府省の実施する統計調査，特に調査員調査については，層化抽出法と多段抽出法などを組み合わせた形で行われることが多い。各府省の実施する主要な統計調査における標本抽出法について示したものが，表3.4である。

表 3.4　主要な統計調査の標本抽出法

統計調査の名称	抽出方法の概要
家計調査 （総務省）	【層化3段抽出法】 ■第1段：全国の市町村を人口規模により層化し，全国計168層の各層から1市町村ずつ抽出する。 ■第2段：抽出した市町村について，調査を行う単位区を無作為に抽出する。 ■第3段：抽出した各単位区内の全居住世帯の名簿を作成した上で，2人以上の世帯については1単位区から6世帯，単身世帯については2単位区から1世帯を無作為に抽出する。
労働力調査 （総務省）	【層化2段抽出法】 ■第1段：全国の国勢調査調査区について，地域ごとに住居の形態や産業・従業上の地位別の就業者構成により層化し，各層から調査区を抽出する。 ■第2段：抽出した各調査区内の全住戸の名簿を作成した上で，1調査区当たりの抽出住戸数がほぼ15になるように，系統抽出法で住戸を抽出する。
国民健康・栄養調査 （簡易調査時） （厚生労働省）	【層化抽出法＋集落抽出法】 ■第1段：国民生活基礎調査で設定された約2,000の調査区について，産業特性等の状況により層化し，各層から300の単位区を無作為に抽出する。 ■第2段：抽出した各単位区内の全世帯に対して調査を行う。

§ 3.4 結果の推定と調査誤差

結果の推定（線形推定，比推定）

抽出された標本を基に，母集団の母数（平均，標準偏差，比率，総和等）を推定するための算式を推定量と呼ぶ。推定量を具体的な標本データで計算したものが**推定値**である。

推定にはさまざまな方法があるが，公的統計においてよく用いられるのは**線形推定**と**比推定**である。母集団の総和を推定する場合，抽出率の逆数（乗率・ウエイト）を標本の総和に乗ずることにより，母集団の総和を推定する方式を線形推定という。

集団全体についてのより正確な値が別途，外部の補助情報などから得られる場合には，線形推定の結果を改善できる可能性がある。比推定は，このような考え方に基づいて推定を行う方式である。線形推定では，たとえば，労働力調査の標本の結果から，就業者数や完全失業者数などのほかに，15 歳以上人口も推定することができる。ところが，15 歳以上人口の結果は，人口推計などにより，別途，より正確な結果が補助情報として得られる。標本による 15 歳以上人口の結果が，人口推計の結果より大きい（小さい）場合には，その内訳である就業者数などの結果も大きく（小さく）なる可能性が高い。そこで，標本と補助情報として 15 歳以上人口の比率を線形推定値に乗ずることにより，推定結果の精度を改善できる可能性がある。このような推定の方式を，比推定という。比推定が精度の改善につながるためには，標本の結果が大きい（小さい）ほど補助情報の値も大きく（小さく）なる。つまり，両者が正の相関関係にあることが必要である。

標本誤差と非標本誤差

標本調査における誤差には，**標本誤差**と**非標本誤差**がある。標本誤差は，標本を抽出することから生じる誤差である。標本調査においては，標本誤差を避けることはできないが，標本が確率的に抽出されている場合には，その大きさを調査結果から推定し，管理することはできる。標本誤差は，標本調査の方式ごとに導かれる理論式を用いたり，標本を同質な複数の部分（副標本）に分け，それらを用いて推定したり，ブートストラップ法などのシミュレーションの手法で求めたりすることができる。標本誤差の推定結果を過去の値と比較することにより，調査の精度を管理することができる。

非標本誤差は，標本誤差以外の原因による誤差のことである。非標本誤差は，調査実施上の誤差（把握漏れ，回答誤りなど），集計における誤差（符号付けの誤り，計算の誤りなど）など，調査全体の実施・運営から生じる誤差である。標本誤差が標本を大きくすれば減少するのに対して，非標本誤差は標本の大きさと必ずしも関連するものではなく，全数調査であっても生じうる。非標本誤差は，調査対象への丁寧な説明，職員等による調査票の審査，実査・集計プロセスの管理，職員，調査員の研修・訓練，調査票の設計の工夫などを丁寧に実施することにより避けることができる。

コラム ▸▸ Column …………………… **標本数と標本サイズ**

標本抽出を行う際に，当該標本に含まれる抽出単位の数を表現しようとして，「標本数」という表現を用いている例があるが，これには注意が必要である。この場合の抽出単位の数は，**標本サイズ**（Sample size）と表現すべきである。また，この場合の標本数は1である（図3.9左）。標本数が5とは，抽出する標本の数が5であることを意味する（図3.9右）。

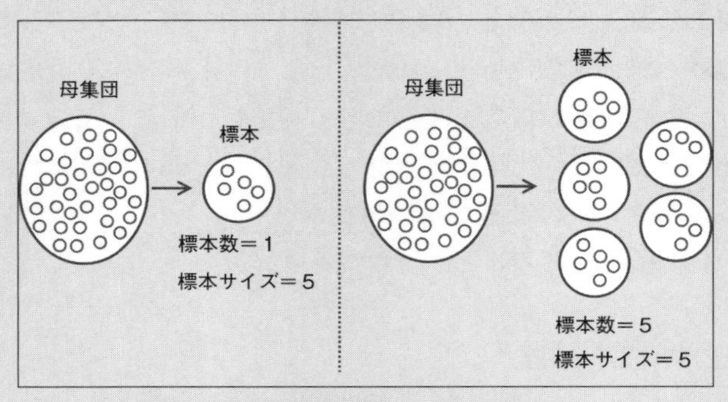

図**3.9**　標本数と標本サイズの違い

§3.5 調査事項

調査票の設計

調査票の設計においては，調査の目的や調査計画に沿った形で，調査事項や調査票の形式を検討する必要がある。また，調査対象が調査の内容を理解し，適切な回答をすることができるように，調査事項に関する専門的な用語の定義や回答の方法などを，わかりやすい形で調査票に記載することが肝要である。ただし，予算や実務上の制約等により，調査票のスペースに制約があり，調査事項を補足する情報が十分に記載できない場合には，用語の定義や記入例などの詳細を説明した「調査票の記入の仕方」などの書類を別途作成・配布するなどの措置を講ずるのが適切である。

調査票は，その設計の方式によって，いくつかの種類に分類することができる。調査票の対象の数によって，**単記票**と**連記票**に分けることができる。単記票は，1つの調査票に1つの調査対象に関する事項を記入するものであり，連記票は，1つの調査票に2つ以上の調査対象に関する事項を記入するものである。たとえば，図3.10の国勢調査の調査票では，世帯主のほか，当該世帯に属する全員について，世帯員ごとに回答する連記票となっている。単記票と連記票のどちらの形式を用いるかについては，調査事項の多さや複雑さなどの要素に応じて決められる。

また，調査票の設計において，単一の調査票を用いる**ショートフォーム**と調査事項を追加した，あるいは複数の調査票を用いる**ロングフォーム**を組み合わせた方式がある。この方式では，2種類の調査票（ロングフォームとショートフォーム）を用意し，調査対象ごとにこれらの調査票を使い分ける。ロングフォームとショートフォームを組み合わせた方式により，効率的な調査が可能となり，調査全体としての記入者負担の軽減につながることが期待される。

調査事項の設定

調査票に記載する調査事項は，調査開始後に変更することは困難であるので，調査の設計の初期の段階で，調査計画や調査の目的に沿うよう，慎重に検討しなければならない。また，調査すべき事項が決定した際には，それらを適切な質問の形で調査票に記載する必要がある。この場合の質問の形式には，**プリコード型**と**アフターコード型**がある。

プリコード型とは，質問事項に対して，あらかじめ回答をいくつかの選択肢に分類しておき，調査対象に該当する選択肢を選ばせる方式である。その際に，質問に対して，「はい」または「いいえ」を選ばせる方式を「二項択一型質問」という。また，3つ以上の選択肢を用意して，その中から該当する選択肢を選ばせる方式を，「多項選択型質問」という。プリコード型では，提示した選択肢から該当するものを選ぶことにより，調査に要する時間や負担の軽減，集計時間の短縮につながると期待される。ただし，あらかじめ用意した選択肢に該当するものがない場合もあり，それに備えて，「その他」のような質問事項を設けたり，別途詳細な事項を回答させたりすることもある。

アフターコード型は，自由回答型とも呼ばれ，質問事項に対して，回答の選択肢を提示せず，調査対象が自由に具体的な内容を記入する方式である。この方式では，調査対象に応じた詳細な事項を記入することが可能になるものの，集計に際して，回答の分類を行う必要があり，この作業に時間を要する。図3.10に示す国勢調査の調査票では，男女の別や世帯主との続き柄などの多くの項目でプリコード型が採用されているが，勤め先の事業の内容や本人の仕事の内容に関してはアフターコード型が採用されており，その記入内容を基に，事後に産業や職業の分類格付けが行われる。

調査対象が調査の内容を正確に理解し，回答が円滑に行われるよう，質問事項は，わかりやすく簡潔な形で，明確に記載する必要がある。また，質問の順序も重要である。最初または最後の方の質問には，基本的な事項（氏名，性別，世帯主との続き柄など）を配置する。これらの基本的な事項はフェイス事項とも呼ばれる。関連性のある質問事項は可能な限りまとめて配置し，回答がしやすいように誘導することの工夫が求められる。

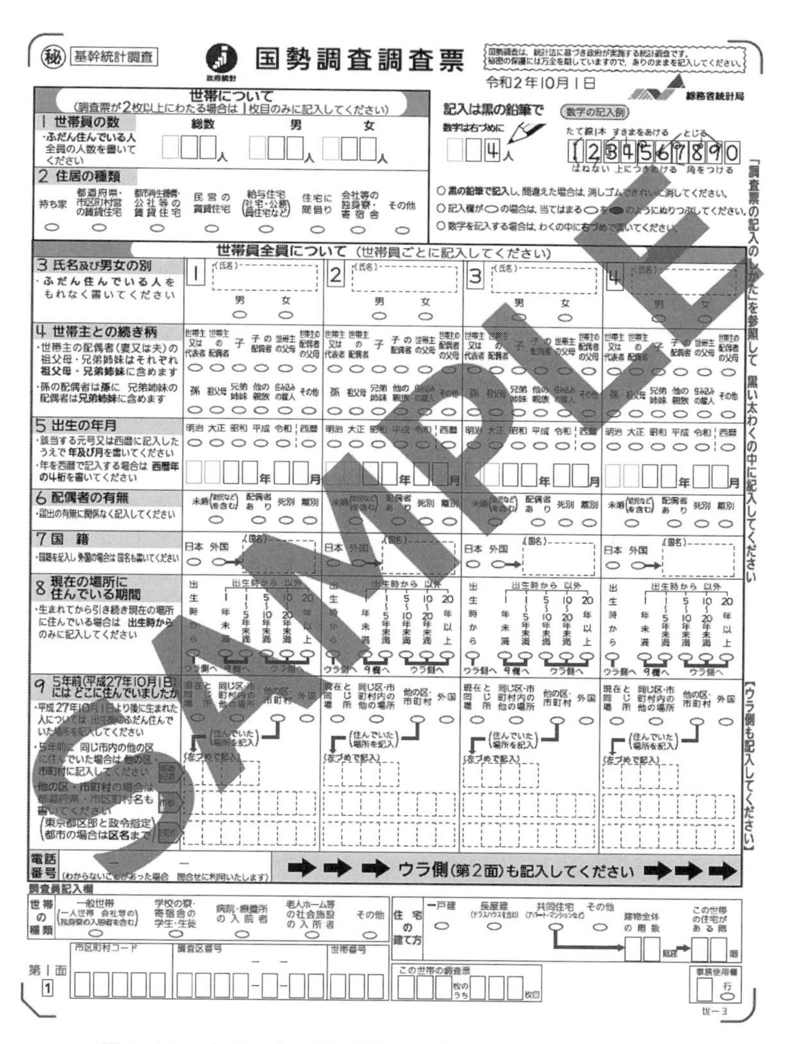

㊙ 基幹統計調査　　**国勢調査調査票**

国勢調査は、統計法に基づき政府が実施する統計調査です。秘密の保護には万全を期していますので、ありのままを記入してください。

令和2年10月1日　　総務省統計局

世帯について
（調査票が2枚以上にわたる場合は1枚目のみに記入してください）

1 世帯員の数
・ふだん住んでいる人全員の人数を書いてください
総数　□□□人　男　□□□人　女　□□□人

2 住居の種類
持ち家 ○　都道府県・市区町村営の賃貸住宅 ○　都市再生機構・公社等の賃貸住宅 ○　民営の賃貸住宅 ○　給与住宅（社宅・公務員住宅など） ○　住宅に間借り ○　会社等の独身寮・寄宿舎 ○　その他 ○

記入は黒の鉛筆で
数字は右づめに　□□4人
数字の記入例
たて線1本　すきまをあける　とじる
1 2 3 4 5 6 7 8 9 0
はねない　上につきぬける　角をつける

○ 黒の鉛筆で記入し、間違えた場合は、消しゴムできれいに消してください。
○ 記入欄が ○ の場合は、当てはまる ○ を ● のようにぬりつぶしてください。
○ 数字を記入する場合は、わくの中に右づめで書いてください。

「調査票の記入のしかた」を参照して　黒い太わくの中に記入してください

世帯員全員について（世帯員ごとに記入してください）

3 氏名及び男女の別
・ふだん住んでいる人をもれなく書いてください
1（氏名）男 ○ 女 ○　2（氏名）男 ○ 女 ○　3（氏名）男 ○ 女 ○　4（氏名）男 ○ 女 ○

4 世帯主との続き柄
・世帯主の配偶者（妻又は夫）の祖父母・兄弟姉妹はそれぞれ祖父母・兄弟姉妹に含めます
・孫の配偶者は孫に　兄弟姉妹の配偶者は兄弟姉妹に含めます
世帯主又は代表者 ○　世帯主の配偶者 ○　子 ○　子の配偶者 ○　世帯主の父母 ○　世帯主の配偶者の父母 ○
孫 ○　祖父母 ○　兄弟姉妹 ○　他の親族 ○　住み込みの雇人 ○　その他 ○

5 出生の年月
・該当する元号又は西暦に記入したうえで年及び月を書いてください
・年を西暦で記入する場合は西暦年の4桁を書いてください
明治 ○　大正 ○　昭和 ○　平成 ○　令和 ○　西暦 ○　□□□□年□□月

6 配偶者の有無
・届出の有無に関係なく記入してください
未婚 ○　死別など（を含む） ○　配偶者あり ○　死別 ○　離別 ○

7 国籍
・国籍を記入し外国の場合は国名も書いてください
日本 ○　外国 ○→（国名）

8 現在の場所に住んでいる期間
・生まれてから引き続き現在の場所に住んでいる場合は出生時からのみに記入してください
出生時から ○　1年未満 ○　1〜5年未満 ○　5〜10年未満 ○　10〜20年未満 ○　20年以上 ○
ウラ側へ　9欄へ　ウラ側へ

9 5年前（平成27年10月1日）にはどこに住んでいましたか
・平成27年10月1日より後に生まれた人については出生時のふだん住んでいた場所を記入してください
・5年前に同じ市内の他の区に住んでいた場合は他の区・市町村に記入してください
・他の区・市町村の場合は都道府県・市区町村名も書いてください
（東京都区部と政令指定都市の場合は区名まで）
現在と同じ場所 ○　同じ区・市町村内の他の場所 ○　他の区・市町村 ○　外国 ○
（住んでいた場所を記入）（左づめで記入）

【ウラ側も記入してください】

電話番号　　―　　―
（わからないことがあった場合　問合せに利用いたします）

➡➡➡ ウラ側（第2面）も記入してください ➡➡➡

調査員記入欄
世帯の種類：一般世帯（一人世帯　会社等の独身寮の入居者を含む） ○　学校の寮・寄宿舎の学生・生徒 ○　病院・療養所の入院者 ○　老人ホーム等の社会施設の入所者 ○　その他 ○
住宅の建て方：一戸建 ○　長屋建（テラスハウスを含む） ○　共同住宅（アパート・マンションなど） ○　その他 ○　建物全体の階数 □□階建　この世帯の住宅がある階 □□階

第1面　1　市区町村コード　調査区番号　世帯番号
この世帯の調査票　□□□枚のうち□□□枚目
事務使用欄　行
世―3

SAMPLE

図 **3.10**　令和2年国勢調査の調査票（サンプル）（表面）

（https://www.stat.go.jp/data/kokusei/2020/pdf/chosahyo.pdf）

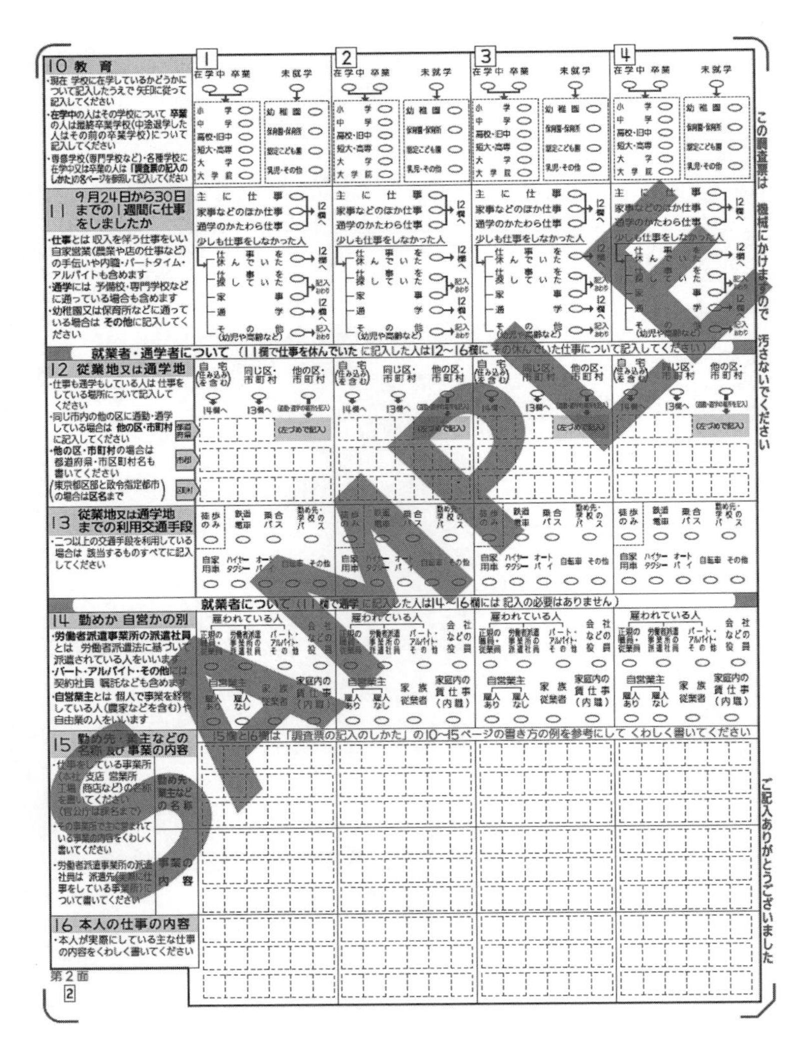

SAMPLE

10 教育
- 現在 学校に在学しているかどうかについて記入したうえで 矢印に従って記入してください
- **在学中**の人はその学校について **卒業**の人は最終卒業学校（中途退学した人はその前の卒業学校）について記入してください
- 専修学校（専門学校など）・各種学校に在学中又は卒業の人は **「調査票の記入のしかた」**の8ページを参照して記入してください

1　2　3　4
在学中　卒業　未就学
小学　中学　高校・旧中　短大・高専　大学　大学院
幼稚園　保育園・保育所　認定こども園　乳児・その他

11 9月24日から30日までの1週間に仕事をしましたか
- **仕事**とは 収入を伴う仕事をいい 自家営業（農業や店の仕事など）の手伝いや内職・パートタイム・アルバイトも含めます
- **通学**には 予備校・専門学校などに通っている場合も含めます
- 幼稚園又は保育所などに通っている場合は **その他**に記入してください

主に仕事　家事などのほか仕事　通学のかたわら仕事 → 12欄へ
少しも仕事をしなかった人
仕事を休んでいた → 12欄へ
仕事を探していた　家事 → 記入おわり
通学 → 12欄へ
その他（幼児や高齢など）→ 記入おわり

就業者・通学者について（11欄で仕事を休んでいた に記入した人は12～16欄に その休んでいた仕事について記入してください）

12 従業地又は通学地
- 仕事も通学もしている人は 仕事をしている場所について記入してください
- 同じ市内の他の区に通勤・通学している場合は **他の区・市町村**に記入してください
- **他の区・市町村**の場合は 都道府県・市区町村名も書いてください（東京都区部と政令指定都市の場合は区名まで）

都道府県　市郡　区町村
自宅（住み込みを含む）→ 14欄へ　同じ区・市町村 → 13欄へ　他の区・市町村（通勤・通学の場所を記入）（左づめで記入）

13 従業地又は通学地までの利用交通手段
- 二つ以上の交通手段を利用している場合は 該当するものすべてに記入してください

徒歩のみ　鉄道・電車　乗合バス　勤め先・学校のバス　自家用車　ハイヤー・タクシー　オートバイ　自転車　その他

就業者について（11欄で通学 に記入した人は14～16欄には 記入の必要はありません）

14 勤めか 自営かの別
- **労働者派遣事業所の派遣社員**とは 労働者派遣法に基づいて派遣されている人をいいます
- **パート・アルバイト・その他**には 契約社員 嘱託なども含めます
- **自営業主**とは 個人で事業を経営している人（農家などを含む）や自由業の人をいいます

雇われている人：正規の職員・従業員　労働者派遣事業所の派遣社員　パート・アルバイト・その他
会社などの役員
自営業主：雇人あり　雇人なし
家族従業者　家庭内の賃仕事（内職）

15欄と16欄は「調査票の記入のしかた」の10～15ページの書き方の例を参考にして くわしく書いてください

15 勤め先・業主などの名称 及び 事業の内容
- 仕事をしている事業所（本社 支店 営業所 工場 商店など）の名称を書いてください（官公庁は課名まで）　勤め先・業主などの名称
- その事業所で主に営まれている事業の内容をくわしく書いてください
- 労働者派遣事業所の派遣社員は 派遣先（実際に仕事をしている事業所）について書いてください　事業の内容

16 本人の仕事の内容
- 本人が実際にしている主な仕事の内容をくわしく書いてください

この調査票は 機械にかけますので 汚さないでください
ご記入ありがとうございました

第２面 2

令和２年国勢調査の調査票（サンプル）（裏面）

例題 3.3　統計調査における調査票の設計について，適切でないものを，次の①～⑤のうちから一つ選びなさい。

① 調査票に記載する調査事項は，調査の実施状況を踏まえて，調査開始後も柔軟に変更するという姿勢が重要である。

② プリコード型の質問事項では，用意した選択肢に該当するものがない場合に備えて，「その他」の質問事項を設けるなどの対応が必要になる。

③ アフターコード型の質問事項は，調査対象に応じた詳細な事項を記入することが可能になるものの，集計に際して，回答の分類を行う必要がある。

④ 調査票の最初の方に配置される基本的な調査事項（氏名，性別，世帯主との続き柄など）は，「フェイス項目」とも呼ばれる。

⑤ 調査票の設計に当たっては，関連性のある質問事項は可能な限りまとめて配置し，回答がしやすいような工夫が求められる。

（答）　正解は①である。

【解説】　調査票に記載する調査事項は，調査を開始した後に変更することは困難であることから，調査の設計の初期の段階で慎重にその内容を検討する必要がある。したがって，①は適切でない。

§ 3.6　統計基準（産業分類，職業分類など）

統計基準の概要

公的統計調査を実施し，統計を作成する際に，調査事項の定義や，結果の表示についての基準がなければ，統計の相互比較が困難となり，調査結果の利便性の低下につながる。そのため，我が国の公的統計に関しては，**統計基準**が設定されており，各府省はこれらの統計基準に従って統計調査の実施や統計の作成を行うことが義務づけられている。

統計基準とは，「公的統計の作成に際し，その統一性又は総合性を確保するための技術的な基準」（統計法第2条第9項）である。統計基準の設定に関しては，統計法において，総務大臣が定めることとされており，統計基準を定めようとするとき，変更・廃止しようとするときには，あらかじめ統計委員会の意見を聴かなければならないとされている。これまでに統計基準として設定されているものには，統計分類に関する統計基準，**経済指標に関する統計基準**，**季節調整法の適用に当たっての統計基準**がある（表3.5）。

表3.5　統計基準の種類

名称	概要
日本標準産業分類	公的統計を産業別に表示する場合の分類
日本標準職業分類	公的統計を職業別に表示する場合の分類
疾病・傷害及び死因の統計分類	公的統計を疾病，傷害及び死因別に表示する場合の分類
指数の基準時に関する統計基準	指数の基準時を原則として西暦年の末尾に0又は5が付く年ごとに更新すること等を定めた基準
季節調整法の適用に当たっての統計基準	統計データの季節調整を行う際の手法，公表事項等について定めた基準

標準統計分類

標準統計分類は，公的統計において共通に用いられることを目的として作成されるものであり，統計法に基づく統計基準として設定されているものと，統計基準としては設定されていないものがある。

日本標準産業分類は，産業の範囲を確定し，公的統計を産業別に表章する際に用いるための分類である。日本標準産業分類における産業とは，同種の経済活動を営む事業所の総合体として定義される。大分類・中分類・小分類・細分類という階層的な構造になっている（表3.6）。

表 3.6　日本標準産業分類の大分類の内容と中分類・小分類・細分類の項目数

大分類の内容	中分類	小分類	細分類
A　農業，林業	2	11	33
B　漁業	2	6	21
C　鉱業，採石業，砂利採取業	1	7	32
D　建設業	3	23	55
E　製造業	24	177	598
F　電気・ガス・熱供給・水道業	4	10	20
G　情報通信業	5	20	45
H　運輸業，郵便業	8	33	63
I　卸売業，小売業	12	66	205
J　金融業，保険業	6	24	72
K　不動産業，物品賃貸業	3	15	28
L　学術研究，専門・技術サービス業	4	23	42
M　宿泊業，飲食サービス業	3	18	30
N　生活関連サービス業，娯楽業	3	23	69
O　教育，学習支援業	2	16	36
P　医療，福祉	3	18	41
Q　複合サービス事業	2	6	10
R　サービス業（他に分類されないもの）	9	34	67
S　公務（他に分類されるものを除く）	2	5	5
T　分類不能の産業	1	1	1
（計）20	99	536	1,473

（令和５年６月改定）

大分類項目がアルファベット，中分類項目が２桁，小分類項目が３桁，細項目分類が４桁の数字で表される。たとえば，パンの製造業であれば，以下のような分類になる。

大分類　E　製造業
中分類　09　食料品製造業
097　パン・菓子製造業
0971　パン製造業

日本標準職業分類は，公的統計において，職業別に表示する場合の統計基準として，個人が従事している仕事の類似性に着目して分類し，それを体系的に配列したものである。日本標準職業分類における職業とは，個人が行う仕事で，報酬を伴うかまたは報酬を目的とするものとして定義されている。大分類 ・中分類・小分類という階層的な構造になっている（表3.7）。

表3.7　日本標準職業分類の大分類の内容と中分類・小分類の項目数

大分類の内容	中分類	小分類
A 管理的職業従事者	4	10
B 専門的・技術的職業従事者	20	91
C 事務従事者	7	26
D 販売従事者	3	19
E サービス職業従事者	8	32
F 保安職業従事者	3	11
G 農林漁業従事者	3	12
H 生産工程従事者	11	69
I 輸送・機械運転従事者	5	22
J 建設・採掘従事者	5	22
K 運搬・清掃・包装等従事者	4	14
L 分類不能の職業	1	1
（計） 12	74	329

（平成21年12月統計基準設定）

大分類項目がアルファベット，中分類項目が2桁，小分類項目が3桁の数字で表される。たとえば，理容師であれば，以下のような分類になる。

大分類　E　サービス職業従事者

中分類　38　生活衛生サービス職業従事者

　　　　381　理容師

疾病，傷害及び死因の統計分類は，公的統計において，疾病，傷害及び死因別に表示する場合の統計基準であり，世界保健機構（WHO）が定める「疾病及び関連保険問題の国際統計分類（ICD）」に基づくものである。

以上が，統計基準として設定されている統計分類であるが，このほかに統計基準としては設定されていない標準統計分類として，商品別に表示するための分類である「日本標準商品分類」と，主として国民経済計算の作成や産業連関表等でサービスの生産物別に表示するための分類である「サービス分野の生産物分類」がある。

例題 3.4　統計法に定める統計基準に関する説明について，適切でないものを，次の①～⑤のうちから一つ選びなさい。

① 「日本標準商品分類」は，公的統計を商品別に表示する場合の分類であり，統計法に基づく統計基準として指定されている。

② 「日本標準職業分類」は，公的統計を職業別に表示する場合の分類であり，統計法に基づく統計基準として指定されている。

③ 「日本標準産業分類」は，統計調査の対象における産業の範囲の確定，および公的統計を産業別に表示する場合の分類であり，統計法に基づく統計基準として指定されている。

④ 「疾病，傷害及び死因の統計分類」は，公的統計を疾病，傷害及び死因別に表示する場合の分類であり，統計法に基づく統計基準として指定されている。

⑤ 「指数の基準時に関する統計基準」は，指数間の相互利用や比較等に支障が生じることを防ぐための基準であり，統計法に基づく統計基準として指定されている。

（答）　正解は①である。

【解説】　統計法において指定されている統計基準の内容について問う問題である。各選択肢に示されている統計基準のうち，「日本標準商品分類」については，統計法に基づく統計基準として指定されていないことから，①は適切でない。

§ 3.7 調査方法

調査員調査

統計調査の主な方法として，**調査員調査**，**郵送調査**，**オンライン調査**がある。調査員調査は，統計調査員が調査対象を直接訪問して調査を行う方法である。統計調査員が調査票等を調査対象に直接に配布することにより，調査対象と面接して，統計調査の趣旨や記入方法などについて詳細に説明することができる。そのため，調査への理解が得られやすく，質問の内容を調査対象に理解してもらいやすいことから，調査票の回収率や記入内容の正確性が高くなるというメリットがある。一方で，他の方法（郵送調査等）と比較して経費がかかる，調査員の選任，指導，研修等の手間がかかる，調査対象が不在の場合に回答が得られないといったデメリットがある。

調査員調査は，誰が調査票に記入するかによって，**自計式調査**と**他計式調査**に分けることができる。自計式調査は，調査対象者自身が調査票に記入する方式である。自計式調査の場合，統計調査員が記入方法を説明した上で調査票を配布し，後日，記入された調査票を回収することから，**訪問留置き調査**とも呼ばれる。他計式調査は，統計調査員が調査対象に質問をしながら，調査対象の回答を，統計調査員が調査票に記入するものであり，**聞き取り調査**とも呼ばれる。

郵送調査

郵送調査は，調査票を調査対象に郵送し，調査対象が記入した調査票を返送する方式である。郵送調査によって調査票の配布・回収までの一切を行う場合もあれば，調査員が調査票の配布を行い，回収を郵送とする場合や，調査票を郵送し，回収の働きかけを統計調査員が行うといったように，調査員調査と組合わせて実施される場合がある。とくに，経済センサスなどの企業を対象とした調査では，企業の特性に合わせて（個人企業や大規模企業など），調査員調査と郵送調査，後述するオンライン調査を組み合わせて実施する場合がある。

郵送調査は，遠隔地であっても調査が容易であり，広い地域において調査が可能であり，調査員調査と比較して経費が少なく，調査対象の都合に合わせて調査票が記入できるので統計調査員が訪問しても不在の場合に回答が得られないといった状況を回避できる，というメリットがある。一方で，郵送の際に調査対象に関する住所録・名簿が必要である，調査の趣旨を口頭で説明できないので，調査員調査と比較して調査への協力が得られにくいため，督促を頻繁に行う，疑義照会を行う等の努力をしないと，回収率が下がる・無回答が生じやすい，質問の内容を理解しない誤回答の可能性がある，というデメリットがある。

事業所を対象とする調査については，事業所母集団データベースの整備が進んだことから，郵送調査を実施しやすい環境にあり，民間委託による郵送調査も行われるようになってきている。

オンライン調査（インターネット調査）

オンライン調査は，インターネットを使用して実施する調査である。オンライン調査は，調査対象ごとにあらかじめ，システムにログインするための ID とパスワードを付与し，それを統計調査員が直接配布する，あるいは郵送により配布して，インターネットを介して回答する方法である。回答者の都合のよい時間帯に回答ができるので，回収率の向上につながる，電子調査票の入力チェック機能によりデータの入力ミスを防ぐことができる，というメリットがある。一方で，調査員調査と比較して調査への協力が得られにくく，回収率が下がる・無回答が生じやすい，質問の内容を理解しない誤回答の可能性があるというデメリットがある。

オンライン調査の実施に当たっては，厳格なセキュリティが確保された実施環境の整備が必要である。総務省統計局では，政府統計オンライン調査総合窓口（オンライン調査システム）の整備・提供を行っており，さまざまな統計調査について，電子調査票により調査を実施できる環境を整備している（図 3.11）。

郵送調査を実施し，調査対象の希望に合わせてオンライン調査による回答も可能にする方式を採用する場合もある。このように，オンライン調査を郵送調査と併用して実施することにより，回答手段の選択が広がることから，回収率の向上に結び付くと考えられる。

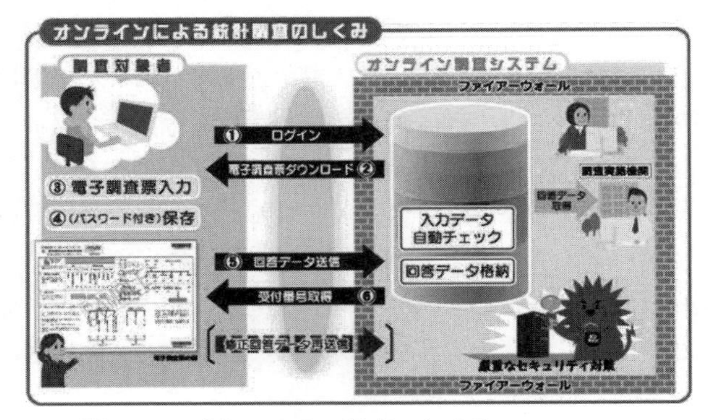

図 **3.11**　「オンライン調査のしくみ」
（総務省統計局ウェブサイトから引用）

例題 3.5　「政府統計オンライン調査総合窓口（オンライン調査システム）」は，調査対象者の負担軽減，調査の効率的な実施に資するため，電子調査票を用いてオンラインにより政府の統計調査に回答できるシステムである。オンライン調査システムの説明として，最も適切なものを，次の①〜⑤のうちから一つ選びなさい。

① 電子調査票の入力・中断・保存・送信は，平日・土曜日には実施可能であるが，日曜日・祝日には実施できない。
② 電子調査票の入力ミスを防ぐチェック機能はない。
③ 電子調査票を送信した後でも，入力した内容に間違いがあったと気づいた場合，調査対象者は電子調査票の入力内容を修正できる。
④ 電子調査票の提出完了を知らせる通知機能はない。
⑤ 提出された電子調査票は，調査実施府省の職員であれば，その調査の担当者以外でも閲覧できる。

（答）　正解は③である。

【解説】　「政府統計オンライン調査総合窓口（オンライン調査システム）」の機能についての問題である。③はオンライン調査システムにより，回答者の利便性向上，セキュリティの確保，統計調査業務の効率化等が期待される。電子調査票送信後の修正機能について説明しており，適切である。

§3.8 審査と補定

実査の段階における審査

審査とは，調査対象の把握から統計表作成までの各段階の内容が，調査の設計者の指示（判定基準）と比較して，適合しているか否かを判定し，適合していない場合には，内容の確認や補正を行うことをいう。審査は大きく，実査段階の審査と集計段階の審査に分けることができる。

実査段階の審査では，統計調査員による審査（回収した調査票の確認，調査対象への確認や質問による訂正等），市町村・都道府県職員による審査（調査員から提出された調査票の確認等），国などの調査実施者による審査（調査票の受付時の確認等）がある。このような段階を経て審査を終えた調査票は，集計の作業に送られる。

調査における誤りは，その発生時点や場所に近いほど，調査対象への確認もしやすく，事実に即した確認・訂正が可能となるので，調査対象に近い段階での調査員による審査は，統計の正確性を確保する上で重要である。その場合，調査員によって審査の内容が大きく変わることのないよう，**調査の手引き**などに基づき，統一された共通の方法で行う必要がある。

集計の段階における審査

集計の段階では，人手による審査のほかに，コンピュータ・プログラムによる審査（データ・チェック）も行われる。集計段階の審査では，あらかじめ定められたチェックの方式やチェック項目に基づき，データの確認が行われる。主な審査の種類には，以下のようなものがある。

【主なデータ・チェックの種類】

- オフコード・チェック：調査項目において定められている規定コード（男＝1，女＝2など）について，規定コード以外のものが記入されていないかを確認
- クロス・チェック：各調査事項間の関連性に着目し，記入内容の矛盾や

不合理な記入内容がないかを確認

- シーケンス・チェック：一連番号などが昇順（降順）などで並んでいるか，欠番がないかを確認
- レンジ・チェック：価格のように値に幅があるものに関して，あらかじめ上限・下限を設定し，記入された内容が許容範囲にあるかを確認
- トータル・チェック：内訳の合計値が全体の値に一致するかを確認

補定（補完）

統計調査においては，無回答や無記入により，調査対象や調査項目の一部についての情報を得られない場合がある。このような欠落した値を欠測値という。欠測値を何らかの補助情報などにより補完することを，**補定**（Imputation）という。欠測値の補定を行う際に，実施している統計調査における調査票の情報を用いて補定を行う方法を**ホットデック法**（Hot-deck imputation）と呼び，他の情報（前回の調査結果，外部の補助情報など）を用いて補定を行う方法を**コールドデック法**（Cold-deck imputation）と呼ぶ。

たとえば，事業所を対象とした統計調査では，産業・地域の平均値や，前回の調査結果，行政記録情報などにより欠測値の補定が行われる場合がある。また，世帯や個人を対象とした統計調査では，属性が類似している他の世帯または個人を選定し，それらの結果を用いて補定を行う場合がある。

コラム ▸▸ Column …………… 製表とデータ・クリーニング

企業による市場調査や，社会学におけるアンケート調査において，調査票の回収後に，回答内容に不備がないかをさまざまな段階で点検する。誤りがある場合に，その内容を訂正し，データの内容をより正確なものにしていく作業のことを，データ・エディティング（Data editing），データ・クリーニング（Data cleaning），データ・クレンジング（Data cleansing）などと呼ぶ。

公的統計では，このようなデータ・エディティング（Data editing）に加えて，欠測値がある場合の補定（Imputation）や，その後の集計などの工程も含むより広い概念として，「製表」という用語が用いられている。したがって，たとえば統計調査に関する業務の内容を英語に翻訳する際に，「製表」を単純にTabulationと訳してしまうと，誤解を生む可能性があるので，注意が必要である。

例題 3.6　統計調査の審査におけるデータ・チェックに関する説明について，最も適切なものを，次の①～⑤のうちから一つ選びなさい。

① クロス・チェックでは，各調査事項間の関連性に着目し，記入内容の矛盾や不合理な記入内容がないかをチェックする。

② オフコード·チェックでは，あらかじめ他の資料により調査票の枚数を入手しておき，これを実際の調査票と突き合わせることで確認を行う。

③ トータル・チェックでは，調査項目において定められた規定コード（男＝1，女＝2など）について，規定コード以外のものが記入されていないかを確認する。

④ シーケンス・チェックでは，価格のように値幅があるものに関して，あらかじめ上限，下限を設定し，記入された内容が許容範囲にあるかを確認する。

⑤ レンジ・チェックでは，一連番号が昇順，降順で並んでいるか，欠番がないかを確認する。

（答）　正解は①である。

【解説】　統計調査の審査におけるデータ・チェックの内容について問う問題である。①は適切である。②はトータル・チェック，③はオフコード・チェック，④はレンジ・チェック，⑤はシーケンス・チェックを説明したものであり，いずれもチェックの名称と説明の内容が合っていないので，不適切である。

§ 3.9 統計の公表

統計表の見方

統計データを表の形式で見やすく表現したものが統計表である。統計表には，統計の種類によってさまざまなものがあり，一般的に，以下の図 3.12 のような構成になっている。

表題は，統計表の内容を表すタイトルであり，表題を見て統計表の内容がわかるようにする必要がある。表頭・表側は，統計表における数字の意味を示すものであり，表体の各セルは，表頭・表側に対応する数値を記載する部分である。表側頭には，表側の事項を表す名称が入る。統計表やその中の数値等についての補足説明のために，注が設けられる場合がある。

なお，何らかの理由でセル内の数値が記載されない場合には，その理由を

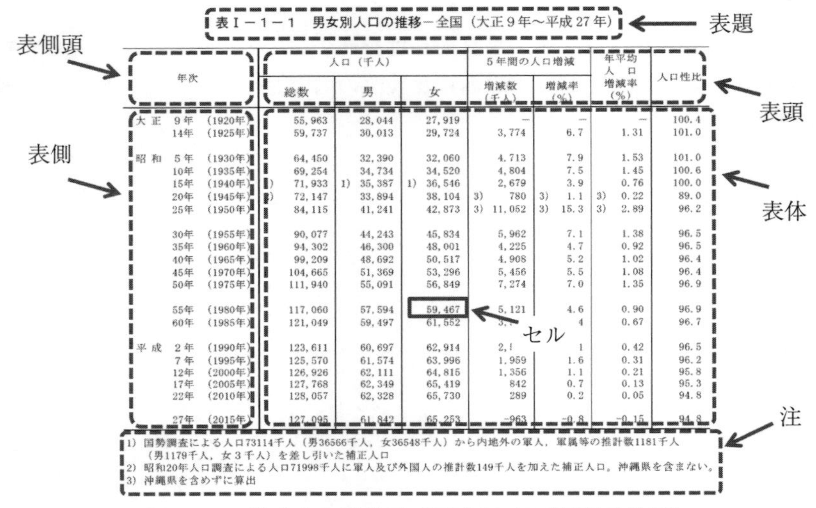

表 I－1－1　男女別人口の推移－全国（大正 9 年～平成 27 年）

年次	人口（千人）			5年間の人口増減		年平均人口増減率（%）	人口性比
	総数	男	女	増減数（千人）	増減率（%）		
大正　9年（1920年）	55,963	28,044	27,919	−	−	−	100.4
14年（1925年）	59,737	30,013	29,724	3,774	6.7	1.31	101.0
昭和　5年（1930年）	64,450	32,390	32,060	4.713	7.9	1.53	101.0
10年（1935年）	69,254	34,734	34,520	4,804	7.5	1.45	100.6
15年（1940年）	) 71,933	1) 35,387	1) 36,546	2,679	3.9	0.76	100.0
20年（1945年）	) 72,147	33,894	38,104	3) 780	3) 1.1	3) 0.22	89.0
25年（1950年）	84,115	41,241	42,873	3) 11,052	3) 15.3	3) 2.89	96.2
30年（1955年）	90,077	44,243	45,834	5,962	7.1	1.38	96.5
35年（1960年）	94,302	46,300	48,001	4,225	4.7	0.92	96.5
40年（1965年）	99,209	48,692	50,517	4.908	5.2	1.02	96.4
45年（1970年）	104,665	51,369	53,296	5,456	5.5	1.08	96.4
50年（1975年）	111,940	55,091	56,849	7,274	7.0	1.35	96.9
55年（1980年）	117,060	57,594	59,467	5,121	4.6	0.90	96.9
60年（1985年）	121,049	59,497	61,552	3,[illegible]	4	0.67	96.7
平成　2年（1990年）	123,611	60,697	62,914	2,[illegible]	1	0.42	96.5
7年（1995年）	125,570	61,574	63,996	1,959	1.6	0.31	96.2
12年（2000年）	126,926	62,111	64,815	1,356	1.1	0.21	95.8
17年（2005年）	127,768	62,349	65,419	842	0.7	0.13	95.3
22年（2010年）	128,057	62,328	65,730	289	0.2	0.05	94.8
27年（2015年）	127,095	61,842	65,253	−963	−0.8	−0.15	94.8

1）国勢調査による人口73114千人（男36566千人，女36548千人）から内地外の軍人，軍属等の推計数1181千人（男1179千人，女3千人）を差し引いた補正人口
2）昭和20年人口調査による人口71998千人に軍人及び外国人の推計数149千人を加えた補正人口。沖縄県を含まない。
3）沖縄県を含めずに算出

図 3.12　統計表の具体例（平成 27 年国勢調査結果）

表 3.8　数値が記載されない場合の記号とその意味

記号等	意味
0（または 0.0）	該当する数値は存在するが，表章単位未満の数値であるもの
–	定義上，該当する数値が存在しないもの
...	数値が得られない（不詳・不明等の）場合
X	秘匿処理を行った場合
数値に p を付与する	暫定的な数値である場合
数値に r を付与する	数値を改訂した場合

示すために，表 3.8 のような記号等が用いられる場合がある。

統計の公表資料では，結果の理解に資するよう，統計表のみならず，さまざまなグラフ・図（棒グラフ，帯グラフ，円グラフ，統計地図など）が併せて用いられる。

統計の公表手順

基幹統計については，統計法において，インターネットその他適切な方法により速やかに公表することが求められている。また，基幹統計については，利用者の利便性に資するために，統計結果の公表期日と公表方法について，あらかじめインターネット等により公表することとされている。さらに，統計法に基づき，当該基幹統計の結果だけではなく，その利用の際に参考となる基本的な情報（調査の目的，作成の方法，用語の定義，調査対象，調査事項，調査期日，調査方法等）についても，併せて公表することとされている。

政府統計の総合窓口（e-Stat）

政府統計の総合窓口（e-Stat）は，総務省統計局が整備し，提供する政府統計のポータルサイトであり，各府省が公表する統計データを 1 つにまとめ，統計データの検索，地図上への表示などの機能を備えている（URL; `https://www.e-stat.go.jp/`）（図 3.13）。各府省が実施する統計調査結果は，必ずしも e-Stat を通じて公表する必要はなく，各府省のホームページや，冊子等の形で公表されている統計データもあるが，令和 5 年 2 月時点で 692 統計と，かなりの数の統計データが e-Stat を通じて公表されている。

図 3.13　政府統計の総合窓口（e-Stat）

（URL; `https://www.e-stat.go.jp/`）

e-Stat では，主要な統計分野やキーワード等による検索機能が備わっており，一部の統計データについては，機械判読可能な形式で取得が可能な **API**（Application program interface）機能が提供されている。さらに，e-Stat にはグラフの作成機能を備えており，たとえば，検索したデータから人口ピラミッドを作成したり，地域別に項目を抽出し，グラフ表示を行ったり，**統計 GIS**（Geographic Information System）機能を用いて，地図上に統計データを表示したりすることができる。

このほか，e-Stat では，日本標準産業分類や日本標準職業分類などの統計分類の情報や，調査の計画（調査名，調査の目的・概要など）についても公表している。

例題 3.7　公的統計の結果の公表に関する取扱いについて，最も適切なものを，次の①～⑤のうちから一つ選びなさい。

① 基幹統計だけでなく一般統計についても，統計法に基づき，結果の公表期日をあらかじめインターネット等で公表する必要がある。

② 政府統計の総合窓口（e-Stat）は，総務省政策統括官（統計基準担当）が整備・提供する政府統計のポータルサイトである。

③ 基幹統計については，統計法で，インターネットその他適切な方法により速やかに公表することが求められている。

④ 各府省が作成する公的統計は，政府統計の総合窓口（e-Stat）において公表することが義務付けられている。
⑤ 政府統計の総合窓口（e-Stat）では，機械判読可能な形式でデータを取得できるAPI機能の提供は行われていない。

（答） 正解は③である。

【解説】 基幹統計の公表については，統計法第8条において，「行政機関の長は，基幹統計を作成したときは，速やかに，当該基幹統計及び基幹統計に関し政令で定める事項を，インターネットの利用その他の適切な方法により公表しなければならない」と定められており，③が適切である。

ティータイム ……統計ダッシュボードとキッズすたっと

総務省統計局では，政府統計の総合窓口（e-Stat）のほかに，統計データをわかりやすく提供するための機能である「統計ダッシュボード」と「キッズすたっと」を整備し，提供している。

統計ダッシュボードは，主要な統計データをグラフ等に加工して一覧表示し，視覚的に分かりやすく，簡単に利用できる形で提供するシステムである。失業率，消費者物価指数，国内総生産などの主要な統計の最新の値が表示され，長期の時系列のグラフも簡易な操作で利用可能であり，我が国の現在の状況を簡単に一覧できる機能が提供されている（図 3.14）。

また，「キッズすたっと」は，小学生・中学生向けに統計データの検索サイトを提供するもので，自分の住んでいる地域や，授業に出てくるキーワードなどから統計データを探すことができる。

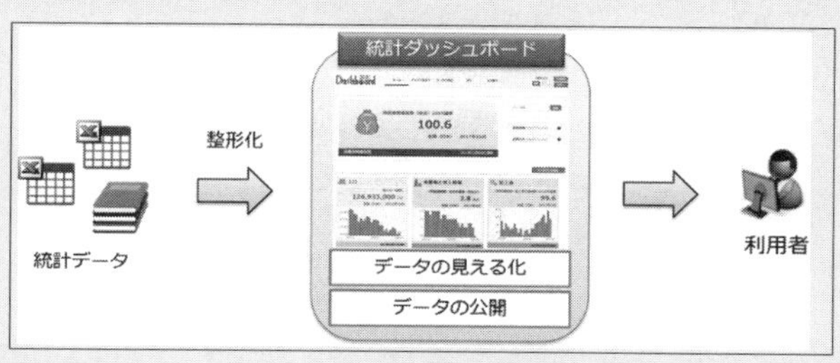

図 3.14 「統計ダッシュボードとは」（総務省統計局ウェブサイトから引用）

4. 統計調査員の役割・業務

この章での目標

- 統計調査員に関する制度を知る
- 統計調査員の役割，業務内容を理解する

Key Words

- 統計調査員の役割
- 統計調査員の身分，登録調査員
- 調査票の配布・回収，調査票の審査・点検
- 守秘義務

§4.1 統計調査員の役割・位置付け

統計調査員の役割

統計調査員による統計調査においては，調査対象は，多くの場合，統計調査員が訪問して，初めて，自分が調査対象になっていることや調査の内容について知ることになる。このため，世帯や事業所といった調査対象の中には，その調査について知らなかったり，仕事が忙しかったりなどで，統計調査への協力が難しいことがある。そこで，統計調査員が調査対象と直に応対して，統計調査への理解と協力を得ることが重要になる。

また，統計調査員は，調査対象を訪問し，調査票の記入依頼や調査票の回収・審査を行うという，統計調査の仕事の中でも基本的で重要な役割を担っている。

統計調査員が回収した調査票は，統計としてまとめられ，統計調査の結果として世の中に公表され，国や地方公共団体をはじめさまざまなところで広く利用されている。このため，統計調査員一人一人の取組は，統計の信頼性や正確性を左右することとなり，統計調査の結果を利用して実施される施策の方向性にも影響を与える。

このように，統計調査員は，統計調査の実施に当たり，不可欠であり，極めて重要な役割を果たしている。

統計調査員の法的位置づけ

現在の統計法（第14条）では「行政機関の長は，その行う基幹統計調査の実施のため必要があるときは，統計調査員を置くことができる」とされ，統計法上では，基幹統計調査の業務に従事する者として統計調査員が規定されている。

ティータイム ………… 国勢調査の調査員は国家公務員

都道府県や市区町村も加わる大規模な基幹統計調査では，統計調査員は，通常は非常勤の地方公務員になる。昔から例外的に，国勢調査の統計調査員だけは，大臣任命による非常勤の国家公務員になっている。

統計調査員の身分

統計調査員は，基幹統計調査の都度，総務大臣等や都道府県知事から任命される。統計調査員の身分については，以下のとおり，その任命権者によって異なる。

○国（大臣または国の機関の長）が任命する統計調査員
　……　一般職の非常勤の国家公務員

○都道府県知事が任命する統計調査員
　……　特別職の非常勤の地方公務員

なお，統計調査員の業務は一時的なものであるため，職務の特殊性から，一般の公務員とは異なった取扱いがされており，たとえば，営利事業の従事制限はない。

統計調査員の報酬

統計調査員には，調査活動に従事した対価として，法律や条例の規定に基づき，報酬が支払われる。この報酬は，通常，調査員手当といわれている。報酬額は，国家公務員の給与を日額に換算した各府省統一の単価をベースとし，これに各統計調査における統計調査の業務量に応じた稼働日数を乗じる形で定められている。

統計調査員の災害補償

統計調査員は非常勤の公務員になるので，調査活動中 (任命期間中) に交通事故など災害に遭った場合には，一般の公務員と同様に，法律（国家公務員災害補償法，地方公務員災害補償法）や条例の規定に基づいて，療養補償，休業補償，障害補償，介護補償，遺族補償など，公務災害補償が適用される。

守秘義務

統計調査の項目には他人に知られたくない事項も含まれているので，調査対象から正しい内容を申告してもらうために，統計調査員には，統計法で秘密の保護が義務づけられており（守秘義務），秘密を漏えいした場合などには，罰則が適用される。

統計調査員の募集

統計調査員は，統計調査の都度，都道府県，市区町村の広報などを通じて募集が行われる。募集には以下のような方法がある。

(1) 公募による方法

広く一般から希望者を募集する方法で，新聞・テレビなどのマスメディア，インターネットのホームページ，広報紙，シルバー人材センター，大学等を通じて行う。

(2) 推薦による方法

第三者から適当と思われる人を推薦してもらう方法で，よく推薦される者としては，地区の代表者（町内会長，区長，自治会長，青年会長等），商店街組合，住宅団地・マンションの管理事務所の責任者，統計調査員経験者，その他調査関係者等が挙げられる。

(3) 登録調査員の中から選任する方法

公募または推薦により集められた，あらかじめ統計調査員となる意思を有する者の登録を行い（以下「登録調査員」という），必要に応じて「登録調査員」の中から任命する。

(4) その他

過去に行った大規模な統計調査で任命した統計調査員の中から選任する。

ティータイム ……………………… 統計調査員制度の沿革

我が国で統計調査員が最初に設置されたのは明治27年農商務統計で，現在のような業務を行う統計調査員が置かれたのは大正9年第1回国勢調査の時からである。戦後昭和22年に制定された旧統計法（第12条）で，「政府，地方公共団体の長又は教育委員会は，その行う指定統計調査のために必要があるときは，統計調査員をおくことができる」と規定され，これが現在の統計法に引き継がれている。

登録調査員制度

公募による統計調査員の選任が難しくなってきたことから，総務省では，昭和47年度から統計調査員確保対策事業を実施している。

この事業は市区町村において，統計調査員希望者をあらかじめ登録しておき，研修などによりその資質の向上を図り，また，安全対策に関する講習などを行って，各種統計調査の実施に際して必要とする統計調査員を容易に確保することを目的としている。

登録調査員は，都道府県や市区町村の広報誌やインターネットのホームページなどによって公募する場合，統計調査員や統計調査員経験者などが推薦する場合などがある。登録に当たっては，統計調査員の仕事の希望者に対して，面接を行い，統計調査の業務に従事できる期間や時期，希望する区域などを聞く。登録調査員に対しては，統計調査員通信の配布，研修会等を通じて必要な統計情報の提供や実務知識の付与を行っている。

統計調査員の採用基準

統計調査員の採用基準等については，個々の統計調査ごとに定められており，全ての統計調査員に共通する採用基準はない。しかし，採用に当たっては以下の事項を考慮すべきである。

(1) 統計調査の職務を遂行するという熱意があること

担当する統計調査の趣旨や統計調査員の仕事の重要性を理解し，正しい統計を作るという熱意と気概のあることが，統計調査員としての仕事を全うできる条件である。

(2) 調査方法などの手続きを正しく理解し，これを忠実に実行できる者であること

統計調査の性質上，特殊な調査方法であることや，専門的な事項を調査することがあり，これらを正しく理解できることが必要である。また，一見簡単に見える調査手続きや調査内容でも，定められたとおり実行しなければ，調査結果がゆがんでしまうため，定められた通りきちんと実行できる者であることが必要である。

(3) 調査対象からの信頼を得られる者であること

統計調査は，調査対象の理解がなくては正しい結果を得られない。回答を得るには，まず，調査対象から信頼されることが大事である。したがって，たとえば，調査に当たって誤解を招きやすい税務関係者，警察関係者，選挙運動に直接関わる者は避けた方がよいといえる。また，調査内容には，他人には知られたくない秘密に関する事項も含まれるので，調査により知り得た秘密を守れると認められる者であることが重要である。

(4) 時間的な余裕の持てる者であること

調査対象が，統計調査に応じられる時間には，制限があるのが通例である。したがって，統計調査員は，この調査対象の時間に合わせて活動する必要があるため，時間的余裕のある者が望ましいといえる。

なお，現役の公務員が統計調査員を希望する場合，職務専念義務等の問題があるが，所属長の許可をもらって手続き等を行えば，従事することはできる。

例題 4.1　公的統計の統計調査員に関して，適切でない記述を，次の①～⑤のうちから一つ選びなさい。

① 公的統計の統計調査員は，総務大臣等や都道府県知事から統計調査の都度任命される非常勤の公務員である。

② 公的統計の統計調査員には，調査活動に従事した対価として，報酬（調査員手当）が支払われる。

③ 公的統計の統計調査員には，調査活動中に災害（交通事故など）に遭っても，公務災害補償の適用はない。

④ 公的統計の統計調査員は，統計法で秘密の保護が義務づけられている。

⑤ 公的統計の統計調査員は，秘密を漏らした場合の罰則として，罰金が科せられる。

（答）　正解は③である。

【解説】　統計調査員にも公務災害補償は適用されるので，③は適切でない。

§4.2 統計調査員の業務

統計調査員の業務の流れは次の図のようになる．

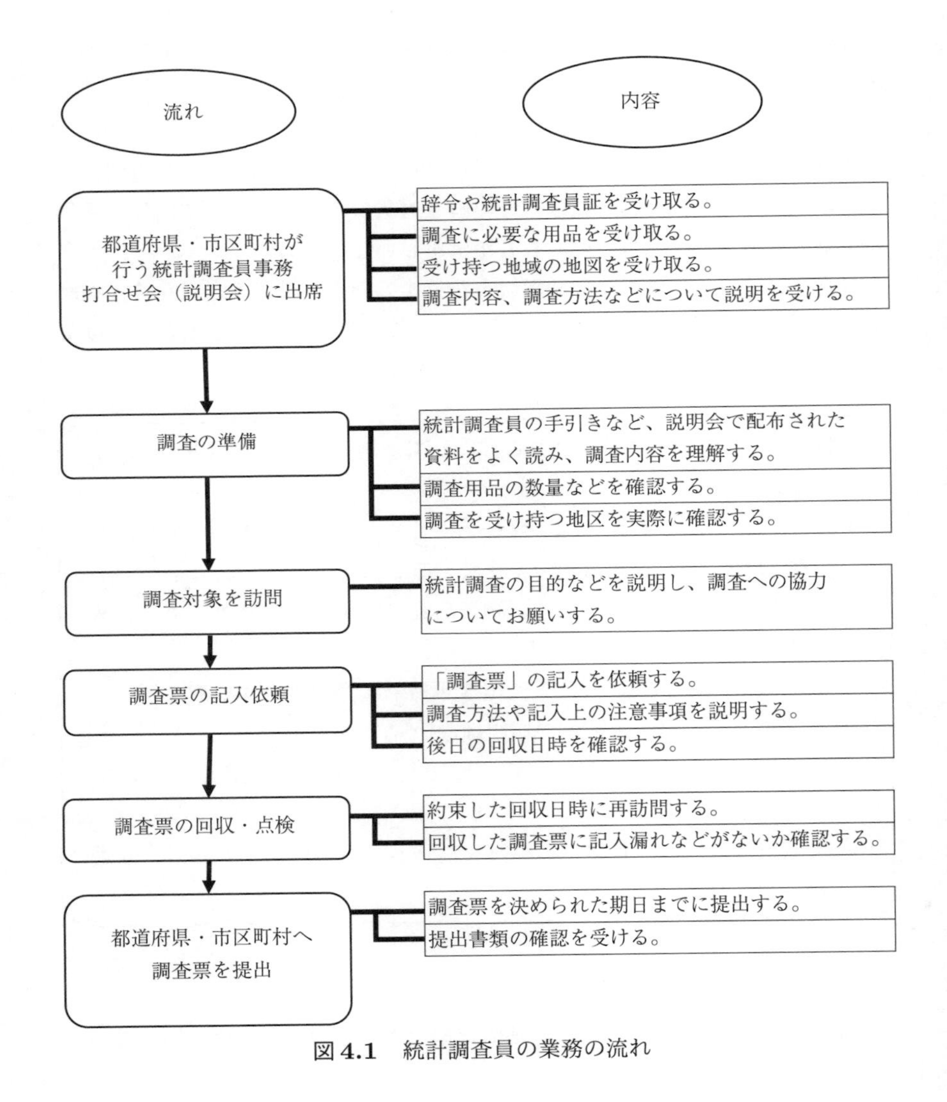

図4.1　統計調査員の業務の流れ

説明会出席

説明会（事務打合せ会）は，都道府県や市区町村によって開催される。その統計調査の目的，調査票の記入要領，調査対象の範囲，担当する調査区（個々の統計調査員が調査活動を行う担当区域のこと）の確認など，統計調査員が知っておかなければならないことが説明される。安全対策等についても説明される。また，その調査のために必要な書類や用品の配布も行われる場合があることから，必ず，説明会には出席する必要がある。

調査対象の確認

調査によっては，調査対象があらかじめ指定されていて，確認するのに手間がかからない場合もある。しかし，多くの場合は，担当する調査区を巡回して，調査ごとに指示された調査対象を漏れなく確認し，調査区地図や調査対象名簿を作成，補充する。調査対象は「世帯」であったり，「事業所・企業」であったりする。統計調査員は，説明会（事務打合せ会）で指示された定義に従って，調査対象を確認する。調査区を巡回する際は，必ず統計調査員証を携帯する。

なお，この段階で，「調査のお願い」などの依頼状を配布して調査の実施を事前に知らせる場合もある。

調査には，(1) 聞き取り調査 (他計方式) と (2) 留め置き調査 (自計方式) の2つの方法がある。以下では，比較的多く利用される (2) 留め置き調査（自計方式）の方法について説明する。

調査票配布・記入指導

留め置き調査では，調査票の配布，回収で少なくとも2回は調査対象を訪問する必要がある。調査期間に余裕があれば，別途に訪問して記入指導等を行う場合もある。なお，この方法では，調査対象自らが調査票に記入することから，記入漏れ，誤記入等が起こる可能性があり，取集時における検査では，この点に注意する必要がある。

最初の訪問では，

- 調査の趣旨を説明して調査票への記入を依頼する。
- 調査票を配布して記入の仕方を説明する。
- 調査対象からの質問に答える。

などを通じて，調査対象に快く調査に協力してもらうことが重要である。

また，調査対象は，生活のリズムも考え方も違いさまざまである。統計調査員は，それぞれの状況に応じて，訪問する時間を考え，また，調査対象にその統計調査の趣旨や目的などについてよく理解してもらい，調査票に正しく記入してもらうよう説明することが必要である。

回収・内容確認・検査

調査票を配布した各調査対象を再度訪問して，記入された調査票を回収する。調査票を配布するときに再訪問の日時を約束した場合には，その日時に訪問する。

調査対象から調査票を受け取ったら，その場で内容に記入漏れなどがないか確認し，もし，記入漏れや記入誤りがあれば，調査対象に確認や質問をして訂正などを行う。なお，調査票が，調査用品である調査票提出用の封筒などに封入されて提出された場合は，封筒は絶対に開封せず，調査票の記入内容の確認なども行わず，そのまま市町村へ提出する。取集した調査票は，置き忘れたり，ひったくり，盗難等に遭ったりすることのないよう細心の注意を払う。

統計調査員は調査終了後，自分の担当地域の調査票を集めて，封入されていない場合，必要な枚数の調査票があるかどうか，各調査票には漏れなく正しく記入されているかどうかなど，指示された検査を行う。この場合，疑義のある事項が発見された場合には，必ず調査対象に照会の上，補筆訂正することが必要である。

なお，国勢調査においては，平成17年の第18回国勢調査から，国民のプライバシー意識の高まりを踏まえて調査票の封入による提出方式を採用している。こういった場合は，統計調査員は世帯から封入して提出された調査票を絶対に見てはいけない。

調査票等の再検査

収集した調査票の記入内容については，帰宅後，できるだけその日のうちに再検査するようにする。そして，不明な点があった場合には，再度訪問するか，電話で調査対象に確認する。検査には次の 3 つの作業がある。

- 調査票の再検査
- 調査票の調査員記入欄への記入
- 調査票と調査対象者名簿との照合・補正

調査票は紛失することはもちろん，家族を含めて他人の目に触れたり，ブログやツイッターなどの SNS での投稿や発言により調査内容を他に漏らしたりすることが絶対にないよう，管理には十分注意する必要がある。

調査票の提出と提出後の再検査

調査票や調査関係書類の検査が終わると，最後にそれらを都道府県あるいは市区町村に提出する。提出にあたっての注意事項は次のとおりである。

(1) 提出期限は必ず守る･･･病気，事故，調査拒否，調査書類の紛失等で間に合わなくなる恐れがある場合には，直ちに指導員または市区町村に連絡を行う。早ければ早いほどその対策が容易になる。

(2) 調査関係書類（調査票や調査対象名簿，調査区地図など）は直接持参する･･･調査票などは調査対象の秘密に属する事項が記載されていることや，市区町村職員が受け取る際に，確認作業が行われるが，代わりの人では，それに十分に応えることができないことから，必ず統計調査員自身が持参して提出することが必要である。

原則として，調査票を都道府県あるいは市区町村に提出すれば，統計調査員の仕事は終わりだが，後日，提出した調査票について都道府県あるいは，市区町村や指導員などから照会がある場合には，その指示に従う。

例題 4.2　統計調査員の業務に関する説明について，最も適切なものを，次の①～⑤のうちから，一つ選びなさい。

① 調査票の回収時に，密封して提出された調査票については密封のまま，記入内容の点検など行わず，市役所に提出した。
② 調査票配布時に，自分が統計調査員であることを調査対象に既に示しているため，調査票の回収時には調査員証を身に付けていなかった。
③ 調査対象と約束した調査票の回収日時に急用ができたため，調査対象に連絡して了解を得て，自分の家族に調査票の回収を行わせた。
④ 担当する調査地域の中で，よく知っている友人の世帯が調査世帯であったので，調査票は配布せず，自分で記入した。
⑤ 自宅には回収した調査票の審査を行う場所がなかったため，自宅近くの図書館で調査票の審査を行った。

（答）　正解は①である。

【解説】　①は適切である。②身分証は常に携帯する必要がある。③家族による代理の回収は適切でない。④他人の調査票に自分で勝手に記入してはいけない。⑤他人から見られやすい環境での調査票の審査は適切でない。

5. 統計の見方

この章での目標

- 経済・社会における統計の位置づけを把握する
- 統計を適切に使用するために，主な経済・社会統計の内容を知る
- 統計を規定する主要な事項の基本概念を理解する
- 結果表章における区分・分類を理解する
- 統計の利用に際しての留意点を理解する
- 加工統計と指数・推計について理解する
- 統計を正しく活用する上で必要な知識を獲得する

Key Words

- 就業概念，従業上の地位に関する区分，雇用者の定義
- 構造統計と動態統計
- 国勢統計，人口動態統計，人口推計，住民基本台帳
- 労働力統計，就業構造基本統計，毎月勤労統計，賃金構造基本統計
- 国民生活基礎統計，社会生活基本統計，住宅・土地統計
- 家計統計，全国家計構造統計，家計消費状況調査
- 経済構造統計，法人企業統計，企業活動基本調査
- 国民経済計算，産業連関表
- 景気動向指数，日銀短観，消費者物価指数，鉱工業指数
- 貿易統計，国際収支統計，金融統計，財政統計

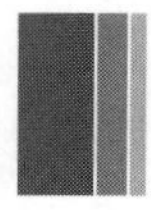

§ 5.1 経済・社会統計の概要と主要な事項の基本概念

5.1.1 経済・社会統計の概要

経済の仕組みと統計がどのように関連しているか，また，社会の状況をどのような統計で捉えることができるかについて説明する。

経済社会の活動の担い手である経済主体として，世帯と企業と政府がある。世帯は政府に所得税，消費税，社会保険料などを納付し，政府は世帯に対して各種の補助金や年金，労働保険等の社会保障を給付する。企業は法人税や事業税を政府に納付し，政府からは各種の助成金や補助金が給付される。世帯，政府，企業がそれぞれ保有する人的資源や資金を交換する場として市場がある。

政府は，租税等の収入に加えて，国債を発行して市場から資金を調達し，社会全体に公共サービスの提供や社会インフラの整備を行う。世帯は市場を通して政府あるいは企業に労働を提供し，その報酬として給与等の所得を得る。また，市場を通して政府の発行する国債や企業の発行する社債や株式等を購入することによって，資金を政府，企業に提供し，見返りに利子・配当を受け取る。企業は市場を通して労働を購入し，賃金を支払う他，生産・販売のために財貨・サービスを取引する。一方，国内と海外との間でも，財貨・サービスの海外への輸出，あるいは海外からの輸入という形で取引が行われ，その他，海外から，そして海外への直接投資，証券投資等の金融的な取引が行われる。

このような活動や取引の実態が経済統計で把握される。経済の仕組みと統計との関連を図5.1に示す。

国民経済計算や経済指数は，経済活動の全容を把握するための統計である(**5.6**節)。世帯については，世帯の構造や人口の構成・変動を明らかにする人口統計がある(**5.2**節)。国民生活の状況を生計，住まい，健康，時間の過ごし方について捉える各種の統計がある(**5.4**節)。労働に関する統計は，世帯から捉える労働供給側の統計と，逆に労働を需要する企業から捉える統計の2種類がある(**5.3**節)。企業に関する統計は，労働統計の他に，企業活動を全体的に捉える統計と個別産業ごとに詳細に捉える統計がある (**5.5** 節)。政府活動に関しては，一般会計や特別会計などをまとめた財政統計，あるいは税収に関する国税庁統計，国債の発行等に関する国債統計などがある。金融取引に関しては，資金循環統計や市場の取引に関する統計がある。海外との取引に関しては，貿易統計や国際収支統計がある (**5.7** 節)。

以上の経済社会の実情を知るための統計の主要なものについて，**5.2**〜**5.7** 節で解説する。

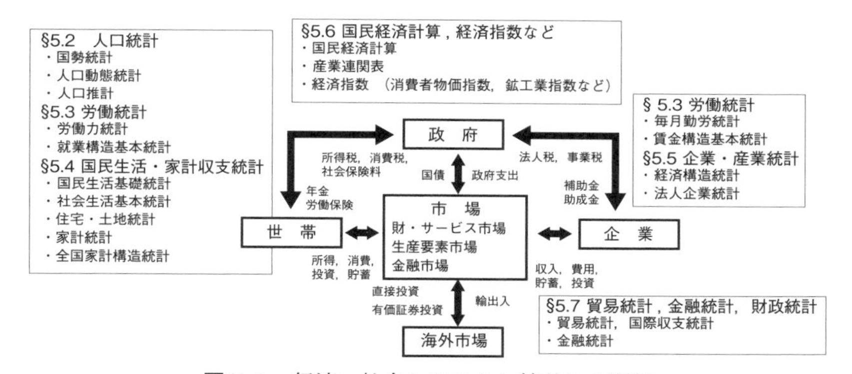

図 5.1　経済・社会システムと統計との関係

経済活動とは別の側面から，国民生活のいろいろな領域について，統計がどのように体系づけられるかの枠組みを示した代表的なものとして，国連の作成した **SSDS**（**社会人口統計体系**）がある。図 5.2 は，国連の SSDS に従って，消費・貯蓄等の経済活動以外の個人と世帯の活動について，体系的に構成した概念図である。世帯が置かれた自然環境・経済基盤・行政基盤に立って，学校，雇用，文化・スポーツ施設，居住環境，医療機関，福祉・社会保障制度，治安・防災環境の場が提供される。一方，右の方に個人や世帯が行動するための資源として，就労時間・啓発時間と生活時間を示している。それらの時間を配分して，学習や労働や余暇の活動を行う他，必要に応じて住まいや医療等のための行動に時間を振り向ける。その結果，一国の教育水準，雇用水準，文化水準，居住水準，健康水準などが定まるとしている。

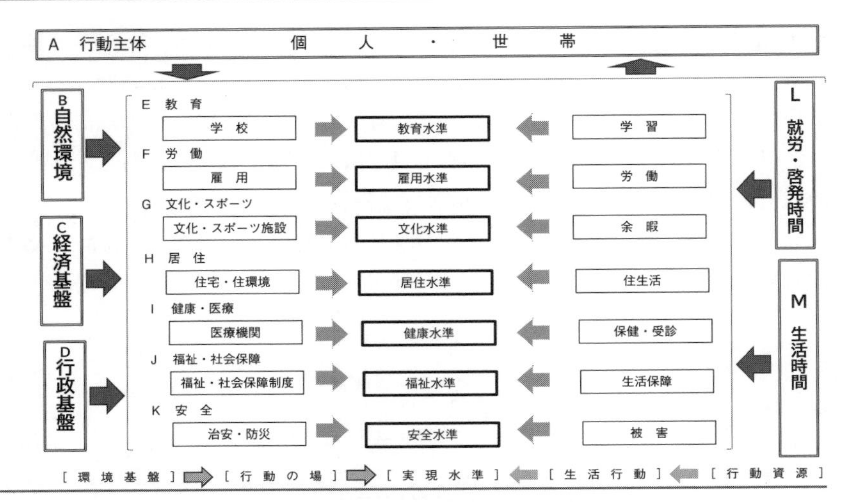

図 **5.2**　社会・人口統計体系の概念図

5.1.2　統計の主要な事項の基本概念

5.1.2.1　統計調査における基本的属性

調査対象と分析目的

調査対象と分析概念・法制度との関係を整理したのが，表5.1である。

表 5.1　調査対象と分析概念・法制度との関係

分析単位	調査単位	法制度単位
企業	事業所・会社（グループ）	会社
家族・家計	世帯	戸籍

企業活動を分析するために把握したい単位は通常，企業であり，多くの場合，法制度上の単位である会社がほぼ相当する。一方，調査単位は会社またはその傘下にある事業所である。これらの関係については，「**5.6.1 項 企業活動**」で詳しく説明する。企業活動を分析したいなら，会社を調査単位として，事業所の活動は調査の一環とすれば良いのに，なぜ成しえなかったのか。それは，統計調査を実施するために必要な会社の名簿の情報源として，

税務原簿が長らく利用できなかったことによる。そのため，統計調査員が全国を足で回って，目視で確認できる場所的単位である事業所を調査し，調査結果から会社の情報を確認するという，非効率な調査の仕組みを構築せざるを得なかった歴史的な経緯がある。

個人や家計の活動については，法制度上の単位である戸籍や住民票の台帳で得られる情報と相応しないことが多々あり，世帯の定義に従って調査せざるを得ない。その主な背景は，転居をしても届け出をしない人がいることによる。また，家族を分析したいときにも，家族の定義と範囲が漠然としていて明確にできないため，世帯から接近せざるを得ない。

フェィス事項

統計調査においては，調査事項として基本的属性ともいえる項目が設けられている。このような項目は，調査対象の実態そのものを把握するために調査されるものではなく，主に調査対象を区分するために用いられる。**フェィス事項**とも呼ばれ，調査結果がこれらの事項の区分に従って表章されることによって，有用な情報を引き出すことができる。フェィス事項となる基本的属性の項目はどの統計調査にも設けられている。

世帯・個人を対象とした調査においては，性，年齢，続き柄，配偶関係，就業状態，勤め先の事業の種類などが設けられることが多い。事業所・企業を対象とした調査においては，名称，所在地，経営組織，主な事業の内容，従業者規模などが設けられることが多い。

これらのフェィス事項を区分として，世帯・個人が対象の統計では，性別，年齢階級別，世帯主の属性別，産業別等に，事業所・企業が対象の統計では，地域別，経営組織別，産業別，従業者階級別等に，対象の実態や活動状況が結果表章される。

5.1.2.2 就業，雇用の概念と定義

労働に関する調査事項において，捉えたい就業の状況は各統計で同じではない。また，世帯から捉える労働供給側の統計と労働を需要する企業から接近する統計では定義を整合しづらい。労働に関して調査している複数の統計を組み合わせて利用する際，十分な注意が必要である。

労働に係る統計調査における就業概念

就業状態を把握する際，統計調査において2種類の方式がある。一つは，1週間または1日というある特定の期間にどのような行動を行っていたかで定義する**アクチュアル方式**であり，**労働力方式**ともいう。もう一つは，ふだんの状態で定義する**ユージュアル方式**であり，**有業者方式**ともいう。

アクチュアル方式は，一定期間の実際の行動で就業か非就業かを決めることができるので，定義は明確である。ただし，ふだん失業している人や学生が，たまたまその期間に少しでもアルバイトをすると就業したことになってしまう。これに対して，ユージュアル方式はふだんの状態という定義なので，多少あやふやに思えるが，むしろ我々の普通の感覚にあっているといえる。この2つの方式は，いずれも国際労働機関ILOの決議で定義されている。我が国では，国勢調査，労働力調査はアクチュアル方式で調査していて，就業構造基本調査はユージュアル方式で調査している。

アクチュアル方式では，労働に適した15歳以上の人口のうち，調査期間中に収入を伴う仕事に多少でも従事した**就業者**と，求職中であった**完全失業者**の合計を**労働力人口**と呼び，一国における働く意思と能力を持つ人の総数を表す。一方，**非労働力人口**には家事，通学をしている者や高齢者などが該当する。

休業者は，収入を伴う仕事をもっているが，調査期間中に仕事をしなかった者をいい，失業者とは区別される。完全失業者は，「調査期間中に仕事をしなかった」，「すぐに就業できる」，「調査期間中に求職活動を行っている」，これら3つの条件をすべて満たす者を指す。なお，労働力調査では，2018年から完全失業者に関する3番目の要件について，求職活動期間を調査期間の1週間から調査期間を含む1か月に拡大して，単なる「**失業者**」の概念を新たに定義している。併せて，就業者でも失業者でもない者のうち，仕事を探しているが，すぐには働くことができない者や，働きたいが仕事を探していない者といった，潜在的に就業することが可能な者を**潜在労働力人口**と定義し，求職状況によって，拡張求職者と就業可能非求職者に区分している。

他方，ユージュアル方式では，ふだんの状態で収入を目的とした仕事を持っている（あるいは，予定がある）者を**有業者**と称し，ふだんは全く仕事をしていない（あるいは，臨時的にしか仕事をしていない）者である**無業者と区分している。図 5.3 に**就業概念**を整理して示してある。

〈就業状態の区分〉　アクチュアル方式とユージュアル方式

・アクチュアル方式（労働力方式）・・・特定の期間における実際の行動様式で就業状態を定義
国勢調査，労働力調査で採用

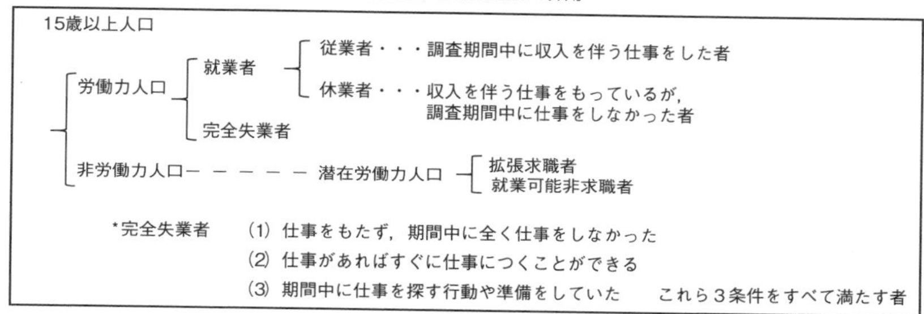

・ユージュアル方式（有業者方式）・・・ふだんの活動状況で就業状態を定義
就業構造基本調査で採用

15歳以上人口
- 有業者・・・ふだんの状態で収入を目的とした仕事を持っている（予定がある）者
- 無業者・・・ふだんは全く仕事をしていない（臨時的にしか仕事をしていない）者

図 5.3　就業概念

統計調査における労働者の区分

労働関係の統計調査における労働者の区分には，仕事をしている人に対して，**従業上の地位に関する区分**と雇用者の**雇用期間による区分**と非正規雇用等に関する区分がある。それぞれにおいて，よく似た名称の区分が労働供給側の統計と労働需要側の統計で微妙に違っていることに注意する必要がある。

労働供給側である世帯を対象とした統計調査では，世帯員が分かる情報は，せいぜい雇い主との雇用契約書に基づいたものにとどまっており，通常は自らの記憶で回答できる範囲にしないと記入してもらえない。一方，事業所や企業を対象とした労働需要側の統計調査では，労働基準法によって労働者名簿や賃金台帳の作成が義務づけられているので，それらに基づいて労働者の状況を正確に把握できる。調査に回答するための情報量が両者でかなり相違しているため，回答に無理のないように，名称などの定義を違ったものにせざるを得ないことになる。

また，非正規雇用に含まれる対象に関しては，何を基準とするかによって名称が異なる。雇用契約期間によって臨時労働者などを指す場合や，契約形態の違いによって登録型の派遣労働者を含める場合もあり，労働時間による区分で短時間労働者，あるいはパートタイム労働者が対象である場合や，一般的な呼称としてのアルバイトもありえる。

従業上の地位に関する区分

次の図5.4は，従業上の地位に関する区分について，主要な統計調査間での対応関係を示している。

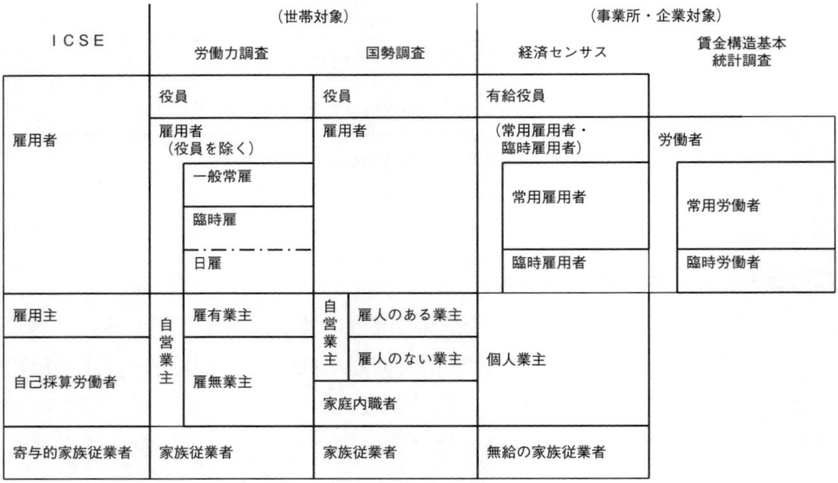

ICSE	（世帯対象）		（事業所・企業対象）	
	労働力調査	国勢調査	経済センサス	賃金構造基本統計調査
雇用者	役員	役員	有給役員	
	雇用者（役員を除く）	雇用者	（常用雇用者・臨時雇用者）	労働者
	一般常雇		常用雇用者	常用労働者
	臨時雇			
	日雇		臨時雇用者	臨時労働者
雇用主	自営業主：雇有業主	自営業主：雇人のある業主	個人業主	
自己採算労働者	自営業主：雇無業主	自営業主：雇人のない業主		
		家庭内職者		
寄与的家族従業者	家族従業者	家族従業者	無給の家族従業者	

注：労働力調査における常雇，臨時雇，日雇の名称は2017年12月結果まで長期にわたって表章していた区分

図5.4　従業上の地位に関する区分

表の左側の区分と名称は，2018年に国際労働統計家会議において採択された「従業上の地位に関する国際分類（INTERNATIONAL CLASSIFICATION BY STATUS IN EMPLOYMENT; ICSE）」である。日本の区分もICSEに準拠しているので，対応関係が大きく相違することはなく，大きく

雇用者，自営業主，家族従業者に区分されている。賃金構造基本統計調査で雇用者ではなく，労働者の名称を使っている大きな理由は，たんに，労働省が実施する統計調査だからといってよい。

一見すると，調査対象が世帯である以前の労働力調査，国勢調査と事業所・企業である経済センサス，賃金構造基本統計調査の間で大きな差がないように感じられるが，次の図5.5で雇用者の区分について詳しく見ると，違いが理解できる。図5.5の労働力調査についての一般常雇・臨時雇・日雇は，2017年12月結果の表章まで長期にわたって使用されていた名称であり，現在は用いられていないが，事業所・企業を対象とした統計調査における常用雇用者・臨時雇用者の名称と対比しうるものである。両者で類似した名称でも定義が異なっていたことを理解できる。

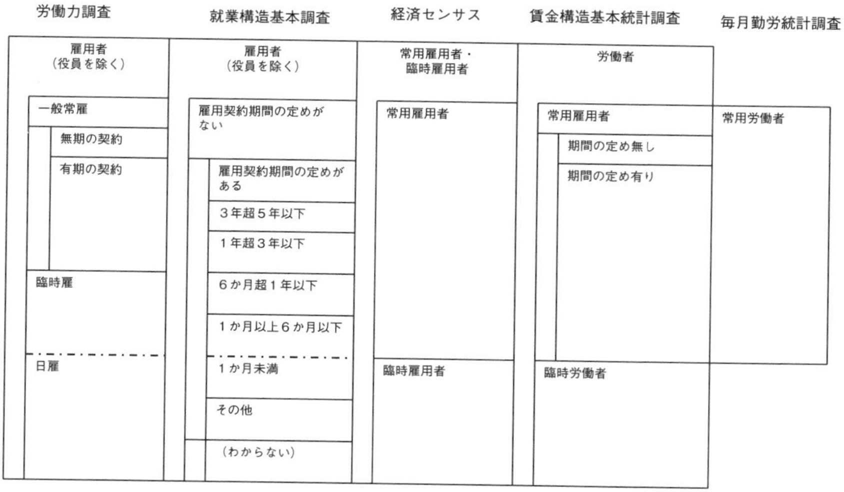

注：労働力調査における常雇，臨時雇，日雇の名称は2017年12月結果まで長期にわたって表章していた区分

図5.5　従業員の地位に関する，雇用契約期間による区分

雇用期間による区分

雇用期間の違いによる名称の定義は，事業所・企業を対象とした統計調査

と，世帯を対象とした統計調査とで長期にわたって相違していた。

事業所・企業を対象とした統計調査における定義は，

常用雇用者　期間を定めずに雇用されている者，あるいは，1か月を超える期間を定めて雇用されている者，あるいは，調査日前の2か月間でそれぞれ18日以上雇用されている者

臨時雇用者　常用雇用者の定義に当てはまらない者をいい，1か月以内の期間を定めて雇用されている者，あるいは日々雇用されている者などが該当

一方，世帯を対象とした統計調査について，事業所・企業を対象とした統計調査における名称と対照させると，労働力調査における2017年12月までの（現在は下記の名称は使用していない）定義では，

一般常雇　（いっぱんじょうやとい；常用雇用者の用語の短縮ではない）1年を超える，または雇用期間を定めない契約で雇われている者

臨時雇　1か月以上1年以内の期間を定めて雇われている者

日雇　日々，または1か月未満の契約で雇われている者

いずれも，事業所・企業を対象とした統計調査と比べて雇用期間の長さが相違していた。経済センサス，賃金構造基本統計調査，毎月勤労統計調査等の事業所・企業を対象とした統計調査ではほぼ共通しているが，労働力調査等の世帯を対象とした統計調査とは概念を異にして定義していた。

5.1.2.3　結果の表章と留意点

産業分類と職業分類

我が国の公的統計の作成において，統計間で共通に用いられる統計基準として，**日本標準産業分類**や**日本標準職業分類**が定められている。これらの分類は時代の変化に対応するために，定期的に改定される。そのため，産業によっては，計数が時系列で継続しない場合や，同じ分類名称であっても，分類項目の定義と範囲が変化している場合があり，注意が必要である。

たとえば，日本標準産業分類の2002年改定では，大分類「情報通信業」が新設され，また，大分類「卸売・小売業，飲食店」から飲食店の部分が分離

して，大分類「飲食店・宿泊業」が新設された。2007年改定では，中分類「持ち帰り・配達飲食サービス業」が大分類「卸売・小売業」から大分類「宿泊業，飲食サービス業」に移動した。その結果，これらの大分類産業では改定前後で計数が接続しない。

同じ分類名称であっても，計数に不連続が生じている例として，大分類「複合サービス事業」等が挙げられる。郵便事業（株）と郵便局（株）は，2012年10月1日に統合して日本郵便（株）となり，その後の改定において，大分類「運輸業，郵便業」から「複合サービス事業」へ分類が移動した。そのため，数値の上では2012年から13年に「複合サービス事業」の就業者が8万人増加（対前年17.0%増）し，他方，「サービス業（他に分類されないもの)」の就業者が61万人減少（対前年13.2%減）するという結果となった。

また，関連して，産業別に表章された結果について注意すべき点を記すと，原則として，事業所の従業者は事業所が格付けされた産業の従業者として集計されるが，これを適用しない場合がある。従業の実態を的確に捉えられるよう，労働者派遣事業所の派遣従業者は，2012年以降の就業構造基本調査および，2013年1月以降の労働力調査においては，所属する事業所の産業である「サービス業「他に分類されないもの」」（労働者派遣業）ではなく，派遣先の産業の従業者として集計されるように，産業分類の適用の原則を変更している。この影響もあり，「サービス業（他に分類されないもの)」の就業者数は，労働力調査において，2012年の462万人から2013年の401万人に減少している。

構造統計と動態統計

捉える状況によって，統計は**構造統計**と**動態統計**に分かれ，それぞれの役割は異なる。特定の時点の構造や状況を明らかにする構造統計は，ほとんどが構造や状況に関連がある属性で区分して表章される。したがって，地域区分，規模区分，産業分類，職業分類などの区分・分類を適切に理解しておくことが重要である。他方，経時的に動向を捉える動態統計は，時系列で利用する際，区分や分類の変更に十分に注意する必要がある。また，周期が月次，あるいは四半期である場合には，季節性の有無にも留意して使用することが求められる。

ティータイム　……………… 動態統計と構造統計の活用

動態統計と構造統計とを組み合わせることで，社会・経済の状況を観察することができる。労働統計における世帯を対象とした統計のうち，労働力調査では，就業者の動向を明らかにするために毎月調査を行っており，就業構造基本調査では，5年ごとに就業の構造を詳細に調査している。同様にして，動向をみる毎月勤労統計調査と構造をみる賃金構造基本統計調査の組み合わせと，動向をみる家計調査と構造をみる全国家計構造調査の組み合わせが存在する。それぞれの組み合わせによって，労働と消費の分野における動向と構造を併せて観察することができる（表5.2）。

表 5.2　動態統計と構造統計の組合せ

		労働統計				消費統計	
調査対象		世帯		事業所		世帯	
動態統計と構造統計	動向	労働力統計	毎月	毎月勤労統計	毎月	家計統計	毎月
	構造	就業構造基本統計	5年ごと	賃金構造基本統計	毎年	全国家計構造統計	5年ごと

§ 5.2　人口統計

5.2.1　人口統計の概要

人口に関する統計を分野別に分けると，ある時点での人口の構造を表す**人口静態統計**と人口の変動を表す**人口動態統計**に区分される。

人口静態統計としては，**国勢統計**が最も基本的な統計で，この他に，**住民基本台帳人口要覧**が公表されている。

人口の動態に関する統計としては，出生・死亡などを明らかにする**人口動態統計**と人口移動に関する統計がある。人口移動については，海外との人口移動に関して**出入国管理統計**，国内の人口移動に関して**住民基本台帳人口移動報告**がある。

この他，現在の人口を毎月推計する**人口推計**と将来の人口を5年おきに推計する**将来推計人口**がある。また，海外に在留する日本人の人口を滞在国別・性別・職業別に明らかにする**海外在留邦人数調査統計**と外国人を都道府県別・国籍別に明らかにする**登録外国人統計**，それから死亡の構造を表形式で表示した**生命表**があり，これらの統計が人口統計の代表的なものである。

表 5.3 人口に関する主要な統計

分野	統計名	周期	作成府省
人口静態統計			
人口・世帯	国勢統計	5年	総務省統計局
	住民基本台帳人口要覧	毎年	総務省自治行政局
人口動態統計			
出生・死亡	人口動態統計	毎月	厚生労働省
海外との人口移動	出入国管理統計	毎月	法務省
国内の人口移動	住民基本台帳人口移動報告	四半期	総務省統計局
人口推計			
現在の人口	人口推計	毎月	総務省統計局
将来の人口	将来推計人口	5年	厚生労働省
その他の統計			
海外日本人人口	海外在留邦人数調査統計	毎年	外務省
外国人人口	登録外国人統計	毎年	法務省
人口統計指標	生命表	毎年	厚生労働省

5.2.2 国勢統計

国勢統計は，西暦の末尾0と5の年に実施される**国勢調査**に基づいて作成され，世帯を対象とした統計調査の基盤となる基幹統計である。

国勢調査は，我が国の人口の大きさと構造の実態を把握して，人と世帯に対する各種の行政施策に活用するために行われる。また，世帯や人を対象とする多くの標本調査は国勢調査の調査区を抽出単位としており，国勢調査は標本抽出の母集団情報を提供する重要な役割も担っている。

1920年に第1回の調査が行われ，それ以降，原則として5年ごとに，10月1日に実施されている。ただし，1945年の国勢調査は戦況が逼迫したため中止され，その2年後の1947年に臨時国勢調査が行われた。2020年調査はちょうど開始から100年経った21回目の調査となる。西暦の末尾が0の年は大規模調査，5の年は簡易調査と区別されるが，両者の違いは調査事項の数が違うことと，法令の規定が調査結果に適用されることに多少の違いがあるだけである。

国勢調査の必要性は，現在の総務省統計局の前身である太政官製表課の初代課長杉亨二によって，明治初期から提言されていた。杉は，我が国でも欧米各国のように国勢調査を行う必要があるという考え方から，準備的な調査として1879年12月31日午後12時現在で，現在の山梨県である甲斐の国一円で，国勢調査の前身ともいえる**甲斐の国現在人別調べ**を実施した。甲斐の国現在人別調べは，世帯ごとに個別の調査票を作成して，それに基づいて集計するという，近代的な統計調査の方法を我が国で初めて採用した調査と評価される。その後，国勢調査の必要性は多くの人が認めるところとなり，官民挙げて実施する機運となったが，多額の経費が必要なため，なかなか実現に至らず，1920年に第1回の調査がようやく実施された。

国勢調査による人口は，調査年の10月1日午前0時における，常住している場所で調査されたすべての人である。常住している場所とはふだん暮らしている場所であり，国勢調査では3か月以上住んでいる，または住むことになっている住居をいう。1947年調査までの人口は，調査時現在に居た場所で調査する**現在人口**であったが，1950年調査から**常住人口**に変更された。現在人口は調査時点に居た場所の人を対象としているので，調査時点に旅行や出張していた人は，現在人口では旅行先や出張先の人口として扱われることになる。なお，ふだん住む住居のない者は調査時点に居た場所，通学のために寄宿舎等の施設に宿泊している者はその宿泊施設，病院・診療所に引き続き3か月以上入院している者はその入院先に常住している者とみなして調査する。船舶乗組員，自衛隊員，受刑者等についても同様である。外国人も外交官，外国軍隊の軍人・家族を除いて調査対象である。

2020年国勢調査は，世帯員に関して15の事項，世帯に関して4つの事項を調査している（表5.4）。

表 5.4 国勢調査の調査事項（2020 年）

人口の基本的属性	氏名，男女の別，出生の年月，配偶関係，教育状況
世帯の状況	世帯主との続き柄，世帯の種類，世帯人員，家計の収入の種類
経済活動	就業状態，就業時間，産業，職業，従業上の地位
従業地・通学地への移動状況	従業地・通学地，利用交通手段
住宅の状況	住居の種類，住宅の床面積，住宅の建て方
人口移動	現住居の居住期間，5 年前の住居の所在地

調査方法はすべての世帯に調査票を配布して，世帯と個々の世帯員の情報について調査する方法を採っている。2020 年国勢調査においては，調査への回答は，インターネット，郵送，統計調査員への提出の 3 つの方法が併用された。ただし，世帯員が不在など統計によって回答が得られなかった場合は，統計調査員等が調査できなかった世帯について，氏名，男女の別，世帯員の数の 3 項目をその近隣の者から聞き取る方法で調査することにしている。

国勢調査の結果は，全国・地域別，世帯員の世帯主との続き柄により区分した世帯類型別の世帯数と人口に加えて，配偶関係別・国籍別・労働力状態別・産業別・職業別・学歴別・昼夜間活動別などの人口を明らかにする。この他，都道府県・市区町村別などの行政的な地域区分での集計結果に加えて，人口集中地区や都市圏，あるいは地理的な緯度と経度に基づいて 1km，または 500m 四方の網目状の境界に分けた**基準地域メッシュ**による集計も公表されている。国勢調査の結果は，法令に基づく利用や各種の行政施策の企画立案，将来人口の推計や生命表の作成のための基礎資料，企業の店舗戦略，都市交通網の設計などに欠かせぬものとなっている。また，国勢調査の経年の結果から，属性別の人口の推移と地域間移動が捉えられるので，同じ世代の人たちの就業状況の時間的な推移をコーホートで捉える，また，住まいの地域間の移動も明らかになり，世代ごとのきめ細やかな労働政策，そして人口集中地区・過疎地への対策に活用できる。

コラム ▸▸ Column ● 人口ピラミッド

国勢調査の結果から，人口構造に関してシンプルではあっても，多くの情報が読み取れる人口ピラミッドが作成される。

人口ピラミッドは，男女別・年齢別人口の特徴をわかりやすく表示するグラフである。グラフの縦軸に年齢を低年齢から順に高年齢へと置き，横軸は左に男の人口，右に女の人口をとって描く。人口ピラミッドは多産多死である時代にはピラミッドという言葉が示すように三角形の形状を示すが，死亡率が低下し，毎年の出生数が一定であれば釣鐘型の形状，出生数が減少すれば，底が縮んだ壺形の形状になる。

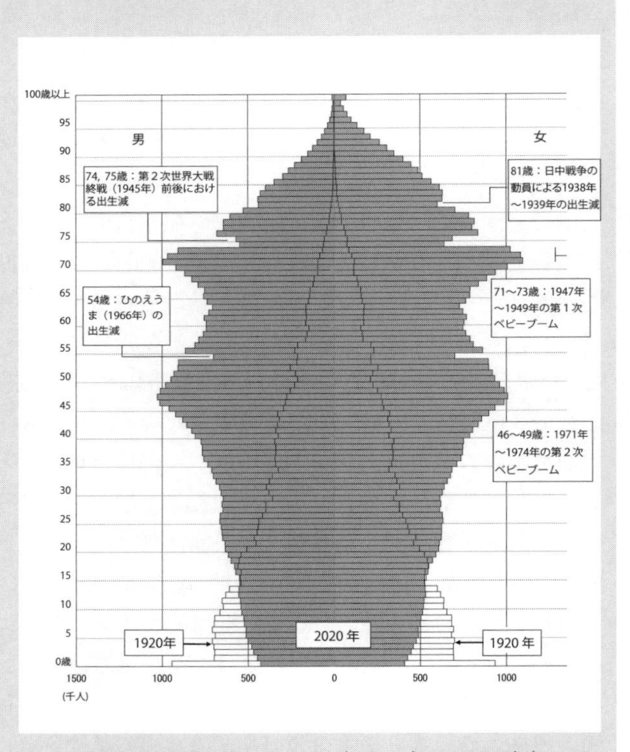

図 5.6　人口ピラミッド（1920 年・2020 年）

図 5.6 は，国勢調査の第 1 回 1920 年と 2020 年の結果を合わせて表示したものである．1920 年の人口ピラミッドが文字通りピラミッドの形状をしているのに対して，2020 年の人口ピラミッドは形容できない姿に変化している。少子高齢化の進展が一目瞭然であり，0 歳の新生児人口が 80 歳の高齢人口より少ないことが読み取れる。2 つの張り出しがそれぞれ，戦後のベビーブーム世代とその子供世代になる。第 2 次世界大戦時に引っ込んでいるほか，54 歳人口だけが大きく引っ込んでいるのは，ひのえうま年だったことによる。このように，男女別・年齢別人口のグラフだけでも，多くのことに気づかされる。

5.2.3 人口動態統計

人口動態統計は，我が国における日本人の毎月の人口動態を把握するために，戸籍法に基づく出生，死亡，婚姻，離婚の届け出，そして死産の届出に関する規程に基づく死産の届け出から作成される基幹統計である。市区町村に届け出られた情報から統計を作成しているので，本来は業務統計に区分されるべきにもかかわらず，作成するための人口動態調査が統計法における基幹統計調査と指定されている。なお，外国人や外国にいる日本人については，調査年の翌年に日本に居住の日本人の結果と合わせて，年1回公表する。

人口動態調査票は，出生票，死亡票，死産票，婚姻票，離婚票の5種から構成され，下記の事項をそれぞれ調査している。

出生票　出生の年月日，場所，体重，父母の氏名および年齢等の出生届に基づく事項
死亡票　死亡者の生年月日，住所，死亡の年月日等の死亡届に基づく事項
死産票　死産の年月日，場所，父母の年齢等の死産届に基づく事項
婚姻票　夫妻の生年月，夫の住所，初婚・再婚の別等の婚姻届に基づく事項
離婚票　夫妻の生年月，住所，離婚の種類等の離婚届に基づく事項

調査結果から，**合計特殊出生率**（1人の女性が一生の間に生む子どもの数に相当）や死亡率，死因別の死亡数，年齢別の婚姻・離婚件数などの結果が得られる。なお，死因分類は，世界保健機構（WHO）の分類に準拠した日本標準分類である**疾病，傷害及び死因の統計分類**に従っている。

人口動態調査の結果は，人口推計，生命表，将来推計人口などの推計に利用されるほか，民間企業や研究機関でも広く利用されている。

ティータイム …………………… **2020年の人口動態統計**

人口動態統計によると，2020年の出生数は84万835人で，前年の86万5239人から2万4404人減少した。死亡数は137万2755人で，前年の死亡数138万1093人から8338人減少し，11年ぶりの減少となった。新型コロナウイルス対策によって他の感染症が流行しなかったため，コロナ以外の肺炎やインフルエンザの死亡数が大きく減少したことによる。2020年は，欧米で

は平年より死亡数が大きく上回る「超過死亡」が生じた一方，日本では死亡が抑えられた結果となった。

5.2.4　人口推計

国勢調査の人口は5年ごとにしか得られないため，総務省統計局において，国勢調査による人口を基礎（基準人口）にして，その後の各月の都道府県別の人口動向を他の人口関連資料から得て，毎月1日現在の年齢・男女別人口（全国，総人口及び日本人人口）を作成し，**人口推計**として公表している。

総人口は，**基準人口**に**自然動態**（＝出生児数－死亡者数）と**社会動態**（＝入国者数－出国者数）を加えて算出される。日本人人口はこれに，国籍の異動による純増を加えて算出している。また，都道府県別人口は，社会動態に「都道府県間転入者数－都道府県間転出者数」を加えて算出している。

推計に用いている資料は，基準人口は国勢統計，出生児数と死亡者数は人口動態統計，出国・入国者数は**出入国管理統計**，国籍の異動は法務省資料，都道府県間の転出・転入者数は**住民基本台帳人口移動報告**に拠っている。

人口推計の結果は，さまざまな統計において，比推定値を求める際の母集団の補助情報として利用されている。比推定値は，推定値の合計が母集団の適切な集計値に一致するような比を線形推定値に乗じて求めた推定値である。たとえば，就業構造基本統計において，補助情報として調査時点の人口推計を用いた場合，15歳以上人口は人口推計の値に一致する。

5.2.5　その他の主要な人口統計

生命表は基幹統計であり，完全生命表と簡易生命表がある。前者が5年ごとに国勢調査による日本人人口や人口動態統計の確定数に基づいて，また，後者が毎年，推計人口による日本人人口や人口動態統計の概数に基づいて，作成されている。死亡率や平均余命などの指標を算出するのに利用されており，ちなみに，平均寿命とは0歳の乳幼児の平均余命を意味する。

住民基本台帳人口要覧は，住民基本台帳に基づいて，地域・男女・年齢階級別の人口，世帯数，人口動態を表章している。日本人住民と外国人住民のいずれも対象である。転居しても住民票を移さない人がいるため，特に20

歳前後の人口は，大都市では国勢調査の方が多く，地方では住民基本台帳の方が多くなっていて，かなり大きな差が生じている。また，単身赴任者や3か月を超える海外居住者が住民票を移動先に移さずにそのままにしているケースも少なくないため，地域ごとの実際の人口を捉えるときに，住民基本台帳に基づく人口は実態を表していないといえる。そのため，地域別の人口を正確に把握するには，5年ごとに国勢調査を実施することが必要となる。

住民基本台帳人口移動報告は，住民票の転入届にもとづいて，人口の移動を明らかにする業務統計である。日本から国外へ転出した者については，転出届に基づいている。国内の人口移動について分析する時の基本データであるが，住民基本台帳への届け出に基づいて作成されているので，必ずしも実態を表しているとはいえない。

なお，日本国籍を有しない外国人で，短期滞在者等を除き適法に3か月を超える在留資格と住所を有する者が移動した場合も対象となる。

出入国管理統計は，出入国管理の記録に基づいて，日本人と外国人の出入国者数，不法在留者数を明らかにする業務統計である。

§ 5.3 労働統計

5.3.1 労働統計の概要

労働に関する主要な統計を分野別に分けると，労働供給側の世帯・個人から捉えた統計と労働需要側の事業所から捉えた統計に区分される。

世帯に対して就業状況を調査している主要な統計は，総務省統計局で作成している。就業・非就業の状況を毎月調査して，完全失業率を明らかにする**労働力統計**と，5年ごとに詳細に調査する**就業構造基本統計**がある。副業などを含めた個人の労働の動向や構造を明らかにするためには，世帯に対する統計調査が必要である。

一方，事業所に対して賃金・雇用などを調査している統計は，主に厚生労働省で作成している。就業者数，支払い給与総額などを毎月調査している**毎月勤労統計**と，産業別の賃金を毎年調査している**賃金構造基本統計**がある。

この他，公共職業安定所（ハローワーク）における求人，求職，就職の状況を取りまとめ，求人倍率等の指標を作成している**職業安定業務統計（一般職業紹介状況）**がある。また，雇用動向，労働条件，労使関係などに関しては，厚生労働省が**雇用動向調査**，就労条件総合調査，雇用管理調査，労使関係総合調査などを実施している。

表 5.5　労働・雇用に関する主要な統計

分　野	統　計　名	周　期	作成府省
労働供給側			
就業状況の推移	労働力統計	毎月	総務省統計局
就業構造	就業構造基本統計	5年	総務省統計局
労働需要側			
賃金・雇用	毎月勤労統計	毎月	厚生労働省
賃金構造	賃金構造基本統計	毎年	厚生労働省
職種別賃金	地方公務員給与実態統計	毎年	総務省
	船員労働統計	毎年	国土交通省
入職・離職	雇用動向調査	年2回	厚生労働省
労働制度	就労条件総合調査	毎年	厚生労働省
雇用管理	雇用管理調査	毎年	厚生労働省
その他の統計			
求人・求職	職業安定業務統計	毎月	厚生労働省
労使関係	労使関係総合調査	毎年	厚生労働省

5.3.2　労働力統計

労働力統計は，我が国の就業や失業などの状況を把握するために，総務省統計局が毎月実施している**労働力調査**に基づいて作成される基幹統計である。

労働力調査は，全国の約4万世帯を対象として，月末の1週間の就業状態について調査している。調査対象世帯は，同じ住戸に居住していれば，2か月継続して調査され，翌年の同じ月にも調査されるので，合計で4か月調査されることになる。調査は基礎調査票と特定調査票の2種類で実施され，基礎調査票は約4万世帯，特定調査票はそのうち1/4の約1万世帯が対象である。就業状態については，世帯員のうち15歳以上の約10万人が対象となる。

労働力調査の調査事項は，基礎調査票と特定調査票で相違する。

基礎調査票では，15歳未満の世帯員について，性・年齢・続き柄の基本的事項を調査し，15歳以上の世帯員については，これに加えて，配偶関係，就業状態，就業時間，従業上の地位等について調査している。基礎調査票は，毎月の調査に使用される調査票であり，基本集計に利用される。

特定調査票では，15歳以上の世帯員について，就業状態・学歴・仕事からの年間収入を調査するほか，就業者，完全失業者，非労働力人口，前職のある人のそれぞれに対して，就業状況，求職活動の方法，就業希望の有無，前職の状況等について調査している。特定調査票は，調査の最後に当たる2年目2か月目のみに使用され，就業者，失業者，非労働力人口の別に，就業・非就業の状況や前職について，詳細な集計を行うのに利用される。

主な指標として，15歳以上の人口に占める労働力人口の割合を示す労働力人口比率，就業者の割合を示す就業率や完全失業率が作成，公表されている。この他，最近では未活用の労働に着目して，失業者数，追加就労希望就業者数，潜在労働力人口が公表されている。就業者については，2018年から，雇用契約期間の別による区分も公表されることになった。この背景には，統計調査の改善とともに，2013年の労働契約法の改正（無期労働契約への転換，「雇止め法理」の法定化，不合理な労働条件の禁止）が影響している。

5.3.3 就業構造基本統計

就業構造基本統計は，我が国の就業構造，就業に関する意識，就業異動の実態を把握するために，総務省統計局が5年に1回実施している**就業構造基本調査**に基づいて作成される基幹統計である。

就業構造基本調査は，全国の約54万世帯の15歳以上の世帯員約108万人を対象とした大規模な標本調査で，全国はもちろんのこと都道府県別にも，我が国の就業構造をさまざまな面から明らかにすることができる。

就業構造基本調査はユージュアル方式で調査しているので，データを労働力調査のデータと直接比較することはできないが，有業者をアクチュアル方式の就業者とみなせば，就業構造基本調査の結果と労働力調査の結果を組み合わせて利用できる。就業異動の詳細な状況や副業についての情報が得られる点に大きな特色がある。

就業構造基本調査は，フェィス事項としての基本的属性の他，就業状態と職業訓練や自己啓発の種類が共通の調査事項である。さらに，有業者と無業者に区分して，ふだん収入を得ることを目的として仕事をしている有業者については，従業上の地位，就業日数・就業時間，就業に関する意識，副業の状況，就業異動の状況を調査事項としている。ふだん仕事をしていない無業者については，就業・求職に対する意識，就業異動の状況を調査事項としている。また，前職のある人については，離職の時期・理由，前職の状況などを調査事項としている。

就業構造基本調査は，労働力調査に比べて調査事項が多く，職業については，初職，前職，現職の3時点の職や現職に係る詳細な内容，副業の状況などを調べている。そこから，副業をもつ者の数や，収入を一定の金額に抑えるために就業調整をしている者の数，職の変遷などについて詳細に把握することができる。職の変遷としては，産業間の転職や起業に係る状況，離職の理由なども明らかになる。また，職業訓練・自己啓発の有無，職業訓練・自己啓発の種類，育児の有無，育児の頻度，育児休業等制度利用の有無・育児休業等の種類，介護の有無，介護の頻度，介護休業等制度利用の有無・介護休業等の種類といった就業に影響を及ぼす事項についても調査している。

5.3.4　毎月勤労統計

毎月勤労統計は，賃金，労働時間や雇用の変動を迅速に把握するために，厚生労働省が毎月実施している**毎月勤労統計調査**に基づいて作成される基幹統計である。

毎月勤労統計調査は，常用労働者を常時5人以上雇用する事業所に対して，約33,000事業所を対象とした全国調査で全国的な変動を捉え，一方，約43,500事業所を対象とした地方調査で都道府県別の変動を捉える。常用労働者1人以上4人以下の事業所に対しては，特別調査を毎年実施し，毎月実施されている全国調査と地方調査の結果を補完している。調査は，調査事業所の入れ替え時に全体の3分の1ずつを入れ替え，各組は一定期間継続するローテーション方式により調査している。調査対象について，規模30人以上の第一種事業所は毎年入れ替えて，3年間継続し，規模5〜29人の第二種事業所は半年ごとに入れ替えて，18 か月間継続する。

毎月勤労統計調査は，全国調査と地方調査においては，事業所・企業の基本的属性のほか，常用労働者とパートタイム労働者の別に，労働者数，異動状況，実労働時間数，給与額などについて調査している。特別調査においては，事業所・企業の調査事項に加えて，労働者個人についての調査事項もある。個人の基本的属性を調査しているほか，常用労働者個人ごとの勤続年数，出勤日数，実労働時間数，給与額等を調査している。

毎月勤労統計は，事業所単位で集計して表章しているので，常用労働者数，出勤日数，所定内労働時間および所定外労働時間，現金給与総額，所定内給与，特別給与等を地域別に捉えることができる。また，毎月勤労統計の所定外労働時間は，失業率などの雇用情勢に先行して変動するので，労働市場の動向を素早く把握するのに活用されている。その他，国民経済計算の推計の資料として使用されるほか，失業給付のうち求職者給付の基本手当日額の算定や労働災害の休業補償額の改訂，労災保険の休業給付基礎日額の改訂などの労働行政に利用される。

5.3.5　賃金構造基本統計

賃金構造基本統計は，賃金の実態について，事業所の産業・企業規模別に加えて，労働者の雇用形態，就業形態，職種，性，年齢，学歴，勤続年数，経験年数別に明らかにするために，厚生労働省が毎年実施している**賃金構造基本統計調査**に基づいて作成される基幹統計である。

賃金構造基本統計調査は，全国の約 7 万 8000 事業所，約 165 万労働者を対象とした大規模な調査であり，賃金や労働時間を正確に把握できる点に特色がある。調査対象は，5 人以上の常用労働者を雇用する民営事業所と 10 人以上の常用労働者を雇用する公営事業所である。

賃金構造基本統計調査は，事業所についての事項と労働者個人についての事項が調査される。調査票は，令和元年以前は，事業所票と個人票から構成されていたが，令和 2 年調査から 2 つの調査票が統合され，同時に，調査事項も変更された。とくに，労働者に係る事項については，労働者の種類，各種手当の事項の廃止のほか，新規学卒者，最終学歴，役職，職種，経験年数等に関して選択肢や対象が大きく変更されており，それ以前の調査結果と比較する際には十分な注意が必要である。

事業所については，事業の内容，事業所の雇用形態別の労働者数のほか，新規学卒者の初任給額と採用人員数が調査される。労働者個人については，事業所が無作為抽出した労働者について，賃金台帳に基づいて，労働者の基本的属性の他，勤続年数，経験年数，実労働日数，所定内実労働時間数，超過実労働時間数，決まって支給する現金給与額，賞与，その他特別給与額等が調査される。

なお，賃金構造基本統計は，2018年から常用労働者の定義を変更しており，労働力統計における雇用契約期間の別による就業者の分類との対応が図られている。

5.3.6　その他の労働関係の統計

雇用動向調査は，雇用労働力が産業，企業規模，職業，地域でどのように移動しているかを明らかにすることを目的として，主要な産業の事業所における入職と離職の状況と入職者・離職者について，個人別に前職と入職・離職の事情を厚生労働省が年2回調査している。

職業安定業務統計は，公共職業安定所（ハローワーク）に集まった求人票と求職票に基づいて，厚生労働省が作成する業務統計である。この統計で最もよく利用されるのは，求人数を求職者数で除して求めた**求人倍率**で，労働市場の繁閑を表す指標として注目される。

民間給与実態統計は，民間企業の年間給与の実態を明らかにし，租税に関する税務行政運営の基礎資料とするために，国税庁が作成する基幹統計である。

地方公務員給与実態統計は，地方公務員の給与の実態を明らかにし，給与制度の検討の基礎資料とするために総務省が毎年作成する基幹統計である。

船員労働統計は，船員の報酬，雇用，労働条件などについて，国土交通省が毎年調査している基幹統計である。

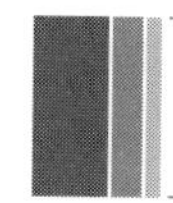

§ 5.4 国民生活・家計収支統計

5.4.1　生活関連領域統計の概要

生活関連領域と我が国の主要な統計の対応について，国民生活の視点に立って整理すると，以下のようになる。

1. 世帯と家族（世帯の構成）… 世帯構造を明らかにする統計（国勢統計等）
2. 生活時間の配分（労働と余暇）… 労働に関する統計（就業構造基本統計等）
生活時間に関する統計（社会生活基本統計等）
3. 世帯の生計（家計の収支，貯蓄）… 収入・消費と貯蓄・負債の統計（家計統計等）
4. 居住環境（住まいの状況）… 住宅の統計（住宅・土地統計等）
5. 健康状況（有病・死亡，栄養）… 健康と暮らしの統計（国民生活基礎統計等）
6. 学習 … 教育の統計（学校基本統計，社会教育統計等）
7. 国民生活を取り巻く環境 … 火災・事故・犯罪・災害・公害の統計（火災統計，交通統計，犯罪統計等）

個人の生活と活動を支える場の根幹が「世帯と家族」であり，その世帯構造を明らかにする統計が**国勢統計**等である。

個人にとって希少な資源である生活時間を行動の種類ごとに，どのように配分しているかを明らかにする統計が**社会生活基本統計**等である。そのうち，労働に焦点を当てる統計が**就業構造基本統計**等である。

世帯・個人の生活を経済面から支える生計について，世帯の収入・消費と貯蓄・負債を明らかにする統計が**家計統計**等である。

住生活環境について，住宅・土地・設備の状況を世帯構造と結び付けて明らかにする統計が**住宅・土地統計**等である。

健康状況について，有病・死亡，栄養などの健康状態を暮らしの状況と合わせて明らかにする統計が**国民生活基礎統計**等である。

学習環境について，学びの場とサービスの内容を明らかにする統計が，**学校基本統計**，**社会教育統計**等である。

国民生活を取り巻く環境について，火災・事故・犯罪・災害・公害の分野で実態を明らかにする統計が火災統計，交通統計，**犯罪統計**等である。

5.4.2　生活関連統計

国民生活基礎統計

生活関連統計の中で，幅広い領域にまたがって実態を明らかにするのが**国民生活基礎統計**である。国民生活基礎統計は，保健，医療，福祉，年金，所得等の実態を総合的に把握し，医療・福祉の政策を企画立案するために，厚生労働省が毎年実施している**国民生活基礎調査**に基づいて作成される基幹統計である。国民生活基礎調査は，3年ごとの大規模調査とその中間の各年の簡易調査から構成されている。

大規模調査は世帯票・健康票・介護票・所得票・貯蓄票の5つの調査票で実施され，そこから得られる生活関連の情報は多種多様で他に類を見ない内容である。一方，簡易調査は世帯票・所得票の2つの調査票で実施される。標本抽出は，抽出した調査区の世帯をすべて対象とする層化集落抽出法によっている点が特徴的である。

大規模調査は，世帯票と健康票は約30万世帯とその世帯員（約67万4千人），介護票は要介護者と要支援者（約7千人），所得票・貯蓄票は約3万世帯と世帯員（約7万人）を対象とした大規模な調査である。簡易調査は，世帯票が約6万世帯とその世帯員（約14万6千人），所得票が約8千世帯とその世帯員（約1万9千人）を対象としている。

国民生活基礎調査の調査事項は多岐にわたっている。世帯票では，住居や世帯員の基本的属性の他，家計支出額，保育等の状況，育児にかかった費用，介護・手助けの有無，医療保険の加入状況，公的年金の受給状況，就業状況，就業希望の有無，就業時間，通勤時間，別居している子の有無と居住場所など，生活全般に関連する事項を調査している。高齢社会における生活状況を生計費，仕事，保険・年金などに関して詳しく調査していることに加えて，血縁者の情報から家族概念で分析できる点に大きな特色がある。

健康票では，入院・入所の状況，自覚症状，症状名，治療の状況，通院・通所の状況，ストレス・悩み，飲酒・喫煙，健診など，健康・医療について広範に調査している。介護票では，介護者の属性，要介護度の状況，要介護の原因，居宅サービスの利用状況，介護時間などを調査している。所得票では，所得の種類別金額，課税・保険料等の状況，仕送り，生活意識の状況などを調査している。貯蓄票では，貯蓄種類別の有無と現在高，増減の状況，借入金の有無と残高を調査している。

調査結果から，各種属性別の世帯数と世帯人員，各種世帯の所得等，世帯員の健康状況，介護の状況の詳細が明らかになり，低所得者対策，健康増進・疾病対策，少子・高齢化対策，年金保険・介護保険制度の企画等の基礎資料として利用される。

社会生活基本統計

社会生活基本統計は，生活時間の配分や余暇時間における主な活動の状況など，国民の社会生活の実態を明らかにするために，総務省統計局が5年ごとに実施している**社会生活基本調査**に基づいて作成される基幹統計である。全国の約9万1世帯と10歳以上の世帯員約19万人を対象としている。

調査票は，調査期間2日間の行動を記録する形式であり，調査票Aと調査票Bの2通りがある。それぞれで生活時間の把握の方式が相違する。調査票Aは，回答者が自分の行動を15分ごとに，20の行動の種類の中から選択するプリコード方式であり，調査票Bは，回答者が記入した行動を調査終了後に分類基準に従って分類するアフターコード方式である。

また，調査票Aは，1日の生活行動別平均時間，時間帯別の生活行動の状況，主な生活行動の平均時刻に関する事項や学習・研究活動，ボランティア活動，スポーツ活動，趣味・娯楽活動，旅行・行楽の状況に関する事項を調査している。調査票Bは，調査票Aから生活行動の事項を省き，1日の生活行動別平均時間と時間帯別の生活行動の状況だけを調査している。

世帯に関しては年間収入，不在者の有無など，個々の世帯員に関しては健康・介護状況，就業状況，従業上の地位および勤務形態，有給取得状況，仕事の種類，勤め先の従業員数，1週間の就業時間など，生活時間の使い方や生活行動に影響しそうな事項も調査している。生活時間に関しては，1日の行動を20種類の活動区分および一緒にいた人によって区分して，15分単位の時刻別に2日間調査することに加えて，活動に影響する，その日の種類と天気も調査している。

調査結果から，1日のうちどれくらいの時間を仕事，家事，地域での活動などに費やしているか，また，過去1年間にどのような活動を行ったか，などの国民の社会生活の実態が明らかになる。

住宅・土地統計

住宅・土地統計は，人が居住する建物，現住居以外の住宅と土地の保有状況，空き家の所有状況などの実態を，全国・地域別に明らかにするために，総務省統計局が5年ごとに実施している**住宅・土地統計調査**に基づいて作成される基幹統計である。

調査対象は，全国の住宅に加えて，住宅以外で人が居住する建物，ならびにこれらに居住している世帯であり，全部で約340万住戸・世帯になる。空家も住戸に含まれ，旅館・宿泊所等も対象となる。

調査票は，世帯に配布する調査票甲と調査票乙に加えて，統計調査員が記入する建物調査票から構成されている。調査票甲では，世帯全体については，世帯の属性と年間収入を，家計を主に支える世帯員については，従業上の地位，通勤時間，子の住んでいる場所，現住居に入居した時期，前住居の事項を，住宅・敷地については，居住室の数と広さ，所有関係，現住所の名義，家賃，床面積，建築時期，設備，住宅の建て替え，増改築・改修工事，耐震，敷地の所有関係，所有地の名義，敷地面積，取得方法・取得時期などを調査事項としている。調査票乙は調査票甲の調査事項に加えて，現住居以外の住宅・土地の所有についてなどの事項を追加していて，調査票甲のロングフォームの形式になっている。建物調査票は，統計調査員が世帯のいない住宅・建物を目視，または管理者に確認する方法で，世帯の存在しない住宅の種類と建物の建て方，構造などを調査している。

調査結果は，地域別に世帯の住まい方を的確に把握し，特に高齢者の居住に対する施策の基礎資料としている。また，空家の実態を明らかにし，空き家対策に向けた企画立案に活用している。

その他の主要な生活関連統計

教育分野については，**学校基本統計**，**学校教員統計**，**社会教育統計**，地方教育費統計，子どもの学習費統計，学生生活調査がある。

保健・医療については，**学校保健統計**，**医療施設統計—静態調査・動態調査**，**患者統計**，国民健康・栄養統計，体力・運動能力統計がある。

社会保障については，**社会保障費用統計**，福祉行政報告例がある。

災害・事故に関しては，水害統計，火災年報，交通統計，鉄道統計，海難統計があり，犯罪に関しては，**犯罪統計**，検察統計がある。

これらの分野で，教育分野の学校基本統計，学校教員統計，社会教育統計，保健・医療分野の**学校保健統計**，**医療施設統計—静態調査・動態調査**，**患者統計**，社会保障分野の**社会保障費用統計**が基幹統計に指定されている。

5.4.3 家計収支統計

我が国全体の消費動向は，需要側の世帯を対象として家計の収支状況を調査する結果から明らかになる。供給側の統計も利用されるが，**商業動態統計**では，企業や外国人旅行客の購入が含まれることやサービスの消費を捉えられないため，利用に限度がある。

家計収支の状況を捉える代表的な統計調査は，総務省統計局が実施している**家計調査**と**全国家計構造調査**である。そのほか，家計調査を補完するものとして，**家計消費状況調査**も行われている。家計調査は，家計収支の月々の推移を把握することを主な目的として毎月調査されているのに対して，全国家計構造調査は5年ごとの調査であり，家計の収支構造や資産・負債の状況を世帯の属性別や地域別に詳細に分析できる。

この他，今後の暮らし向きや物価の見通し，主要耐久消費財等の保有状況を把握して，景気動向を判断する基礎資料とするため，内閣府が毎月，**消費動向調査**を実施している。貯蓄に焦点を当てた調査としては，日本銀行金融広報中央委員会が毎年，家計の金融行動に関する世論調査を行っている。世論調査と言いながら，世帯の意識にとどまらず，実額も調査している。また，消費する財やサービスの価格については，総務省統計局が毎月，**小売物価統計**を作成している。

家計統計

家計統計は，**家計調査**に基づいて作成され，毎月の家計収支の実態が明らかになる基幹統計である。家計簿に記入する方式で，日々の収入と支出を品目別に調査しているので，世帯の消費の実態も詳細に把握できる。

調査対象は，全国の約9,000世帯で，学生の単身世帯，外国人世帯などは除外されている。なお，農林漁家世帯も2000年以降，調査対象となっている。対象世帯は6ヶ月間継続して調査する。

調査票は，世帯票，家計簿，年間収入調査票，貯蓄等調査票の4つの調査票から構成される。世帯票は，世帯員に関しては，性，年齢，勤め先等の基本的属性の他，家計の収支に関係する，副業，就業・非就業の別，在学者の学校の種類を，世帯に関しては，住宅の建て方・構造・所有関係，居住室数・畳数，建築時期，設備，家賃・地代，無職世帯の主な収入源，家族で同居していない者の数などを調査している。

家計簿は，家計調査の中心をなすもので，日々の収入の種類別（勤労報酬，年金，賃貸料などの）金額と支出の品名・用途・金額・数量の記入を求めている。さらに，口座自動振替，月賦購入などの購入手段別の支出も調査している。家計調査では，支出総額を実支出と称して，消費支出と非消費支出に区分している。消費支出は日常の生活を営むにあたり必要な，商品やサービスに対する支払いであるのに対して，非消費支出は税金や社会保険料など，世帯の自由にならない支出をいう。また，仕送り金や贈与金も消費支出としていることに注意が必要である。

調査結果は，消費動向の把握や世帯属性別の消費パターン，ライフスタイルを知るために利用されるほか，品目別の消費支出額が消費者物価指数のウェイトの作成に使用される。なお，消費支出を用途分類と品目分類で集計しているが，両者の違いは，交際費の扱いが異なっていることである。用途分類では，世帯以外の人のために使う分は交際費としてまとめているのに対して，品目分類では，用途が世帯の内か外であるかは問わず，購入した商品とサービスを品目別に分類している。

年間収入調査票は，世帯主分と世帯員の合計ごとに，勤め先の年間収入（定期収入，賞与・その他の臨時収入），営業年間利益，内職年間収入，その他の年間収入を調査している。

貯蓄等調査票は，二人以上の世帯に対してのみ回答を求める調査であり，貯蓄の種類別（預金，保険，株式，債券などの）貯蓄現在高，借入金の種類別（月賦，住宅ローンなどの）借入金現在高，住宅・土地購入計画などを調査している。

全国家計構造統計

全国家計構造統計は，家計の消費，所得，資産および負債の実態を総合的に把握するために，総務省統計局が5年ごとに実施する**全国家計構造調査**に基づいて作成される基幹統計である。調査対象が約90,000世帯と家計調査に比べて多いので，世帯の所得分布と消費の水準，構造などが全国・地域別に明らかになる。全国家計構造調査は2019年調査から，従来の全国消費実態調査の調査内容を一部変更して，名称変更したものである。

全国家計構造調査は，基本調査，簡易調査，家計調査世帯特別調査および個人収支状況調査の4つの調査から構成される。基本調査は，世帯票，家計簿，年収・貯蓄等調査票の3種類の調査票を使用する。簡易調査は，基本調査から家計簿を除いた調査票を使用する。家計調査世帯特別調査と個人収支状況調査は，家計調査の調査世帯を対象として，それぞれ，特別調査票（家計調査と重なる事項を除いた項目から成る1枚の調査票）と個人収支簿の調査票を使用する。

調査票のうち世帯票は，概ね，家計調査の世帯票と同じ調査事項で調査している。世帯員の基本的属性の他，家計の収支に関係する，就業，在学生や要介護者の有無，住宅・土地の広さ，所有関係などである。家計簿は，家計調査とほぼ同じである。年収・貯蓄等調査票は，家計調査の年間収入調査票と貯蓄等調査票を合わせたものとほぼ同じであるが，家計調査が世帯主と世帯員合計について記入するのに対して，世帯主，配偶者，世帯員ごとに記入するようになっている点が相違する。

個人収支簿は，個人的な収入の種類別（こづかい，給与・アルバイト代の直接個人に渡った分，預貯金引き落しなどの）収入，個人的な支出の品目別の内容と支出額を調査している。個人の自由裁量による収支，いわゆるこづかい帳の調査である。

調査結果から，特定の属性を持つ世帯，例えば，夫婦共働き世帯，無職世帯，母子世帯，住宅ローンのある世帯などについて，家計の状況が分かる。同様に，地域別・世帯属性別に消費構造，収入と貯蓄・負債の状況が分かる。また，所得格差・資産格差，高齢者の金融資産保有状況などの現状を把握できる数少ない統計といえる。国や地方公共団体においては，国民年金・厚生年金の年金額，介護保険料の算定基準，生活保護の扶助額基準などの検討に使用されている。

家計消費状況調査

家計消費状況調査は，家計調査を補完し，個人消費動向を的確に把握するために2001年に開始された。毎月のICT関連の消費，インターネットを利用した購入状況，購入頻度が少ない高額商品・サービスの消費等の実態を捉えるために，総務省統計局が民間調査機関に委託して行う統計調査である。家計調査は，調査対象数が約9,000世帯と少なく，購入頻度が少ない高額商品の購入の有無で支出額が変動する。その弊害を除去するために，家計消費状況調査によって二人以上の世帯27,000世帯，単身世帯3,000世帯の合計30,000世帯を追加して，その結果を支出額の集計に取り入れている。品目ごとの支出は簡略化し，購入頻度の少ない特定の商品・サービスの購入金額やインターネットを利用した商品・サービスの購入金額に絞り込んでいるのが特徴である。そのほか，電子マネーの利用状況やインターネットを利用した購入状況についても調査している。

§5.5　企業・産業統計

5.5.1　企業活動

企業の活動を捉える上で，企業の機能を的確に理解しておくことが重要である。経済学の標準的な考え方では，企業とは，同一の意思決定機構の下において，市場を通して生産要素および生産物を売買する経済主体をいう。生産要素とは，労働，設備等の資本，使用する原材料であり，生産物は生産要素を組み合わせて生産した財貨とサービスである。企業の意思決定の結果として，生産活動水準が決まり，同時に労働，原材料の調達と使用量および設備の稼働率が付随する。また，中長期の意思決定の結果として，設備投資等の水準と期間が策定される。さらに，資金の調達，あるいは余剰の資金運用や配当水準が決定される。これらの一連の企業活動を表章した統計が企業・産業統計である。

企業は，継続的・計画的に事業活動を行う独立した経済単位である。その形態は捉える視点によって，商法や会社法に従って，いくつかにタイプ分けされる。

1つの区分は，出資者が，私人であるか，公的機関であるかによる。

別の区分は，企業活動の元手となる資本の提供者（企業主）が1人であるか，複数であるかによる。

(a)	私企業	···	私人が出資者となり，設立は当事者の自治に委ねられている企業形態
		→	営利企業と非営利企業
(b)	公企業	···	国または地方公共団体が法律に基づいて出資し，直接または間接に経営する企業形態
		→	水道，都バス 特別法による法人企業→旧日本住宅公団，旧日本道路公団

(ア) 個人企業
　企業活動の元手となる資本の提供者（企業主）が1人の企業
　特色：企業主は事業上の決定をすべて1人で行い，利潤はすべて享受できるが，企業主が全ての債務につき単独で無限責任を負う
(イ) 共同企業
　複数の企業主から成立する企業（民法上の組合・商行為法上の匿名組合・会社）
　特色：資本の集中・労働力の集中・危険の分散する経済的機能を有する

図 5.7　企業の形態

商法や会社法による定義から離れて，図 5.8 に，平易な用語で制度上の企業について整理して示す。

企業統計の主たる対象である会社が，どのように位置づけられているかを

理解できる。さらに，会社はその活動をどの範囲で捉えるかによって，株式会社，合名会社，合資会社，合同会社の4つに大きく区分される。通常，企業といえば会社と同等に受けとめられることが多いが，会社は会社法に規定されており，その定義は明確である。

- 国および地方公共団体等の企業
- 民営の企業
  - 個人経営
  - 法人
    - 会社
    - 会社以外の法人
  - 法人でない団体

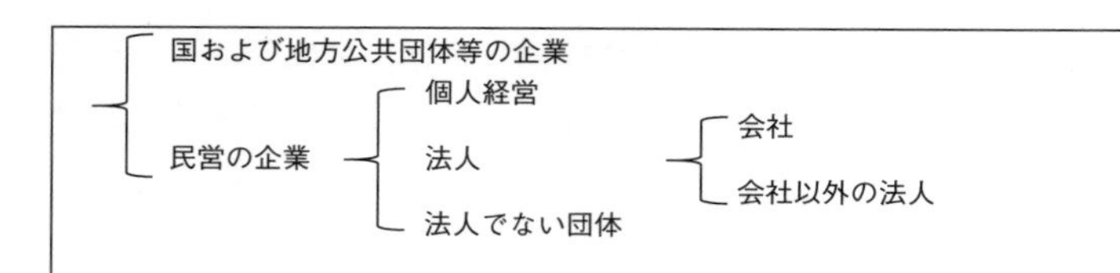

会社　：株式会社，合名会社，合資会社，合同会社，相互会社および外国の会社

会社以外の法人：学校法人，医療法人，宗教法人，農(漁)業協同組合，労働組合（法人格を持つもの），信用金庫，日本放送協会など

法人でない団体：法人格を持たない団体で，後援会，同窓会，防犯協会，学会，労働組合（法人格を持たないもの）など

図 **5.8**　企業の制度上の整理

さらに，会社を組織形態について示すと，次のようになる。

会社の組織形態
- 親会社　：当該会社への出資比率が５０％を超える会社
- 子会社　：当該会社の出資比率が５０％を超える会社
- 関連会社：当該会社の出資比率が２０％以上５０％を以下の会社

図 **5.9**　会社の組織形態

会社は我が国の法律に基づいて設立されているので，活動の拠点は当然，日本国内である。一方，会社は子会社，関連会社を傘下において企業活動を拡大させる。親会社，子会社，関連会社など経営上や会計上で関係のあるすべての会社をまとめた集まりを，グループ企業（グループ会社）と呼べば，企業活動をより的確に捉えることができる場合がある。海外に子会社を設立して事業活動を行っている企業にとって，その会社単体からは海外での事業活動は捉えられないが，グループ企業の活動にまで拡げれば，海外での事業活動も把握できる。

他方で，支社，工場，営業所などを国内で立地して，地域展開している会社は多数あり，これらの地域的な拠点を統計用語で事業所という。事業所（establishment）は米国から導入された統計調査上の概念で，地域での事業活動を捉えるのに適している。複数の事業所を持つ会社の1事業所であっても，事業所自らが生産する製品を意思決定することができて，雇用，設備投資，資金調達も自らの意思で行うならば，この事業所は企業の定義に合致し，事業所であっても企業だと言える。

また，企業活動を統計調査で的確に捉えるためには，調査単位について活動の同質性を確保することが肝要である。異質な活動を集計しても，そこから何の規則性も見出せない。企業活動の同質性を確保するために考慮すべき調査単位の外的要件は，第1に，会社を単位とするか，事業所，あるいは企業グループとするかを決めることである。次いで，経営組織の区分が重要である。さらに，企業の属性として，産業，そして企業（あるいは事業所）の規模が企業（会社）活動の同質性を規定していることは，これまでの多くの研究で明らかにされている。企業・産業統計について，産業別・規模別に表章するのが通例であるのはそうした理由に基づいている。

5.5.2 企業統計の概要

企業統計には，国内の企業活動の全容を捉える統計と対象を絞って捉える統計がある。前者の代表的な統計として，すべての事業所を対象とした統計である**経済構造統計**と，法人の企業活動の実態を明らかにする**法人企業統計**の他，**経済産業省企業活動基本統計**がある。これらについては次節以降で説明する。後者の統計として，**中小企業実態基本統計**，**個人企業経済統計**，**海外事業活動基本統計**等がある

中小企業実態基本統計は，中小企業全般に共通する財務情報，経営情報，設備投資動向などを把握することを目的として，約11万社を対象として，中小企業庁が毎年調査を実施し，作成している統計である。中小企業の定義は産業ごとに異なっていることに注意が必要である。たとえば，製造業なら資本金3億円以下，または従業員300人以下であり，小売業なら資本金5000万円以下，または 従業員50人以下となっている。

個人企業経済統計は，ほぼ全産業にわたって，個人企業の経営の実態を明

らかにすることを目的として，約4万の個人企業を対象として，総務省統計局が毎年実施する個人企業経済調査に基づいて作成される基幹統計である。事業主に関する情報や事業の収支と棚卸高，設備投資，従業者，その他，事業経営に関わる内容が明らかになる。

海外事業活動基本統計は，我が国企業の海外事業活動の現状などを把握するために，海外の現地法人約1万社を対象として，経済産業省が毎年，調査を実施し，作成している統計である。現地法人の事業活動の状況，売上高，費用，収益，研究開発・設備投資の状況が分かりうる唯一の統計である。

このほか，製造企業を対象として，海外現地法人の売上高，設備投資額，従業者数を経済産業省が調査している海外現地法人四半期調査や国税庁が税務データにもとづいて，毎年作成している**会社標本調査**がある。

表5.6　企業活動に関する主要統計

分野	統計名	周期	作成府省
基本的統計			
構造	経済構造統計	5年・毎年	総務省統計局 経済産業省
企業活動	法人企業統計	毎年，四半期	財務省
	経済産業省企業活動基本統計	毎年	経済産業省
対象別統計			
中小企業	中小企業実態基本統計	毎年	中小企業庁
個人企業	個人企業経済統計	毎年	総務省統計局
海外企業	海外事業活動基本統計	3年ごと	経済産業省
	海外現地法人四半期統計	四半期	経済産業省
その他の統計			
税務データ	会社標本調査	毎年	国税庁

5.5.3　経済構造統計と経済構造実態調査

経済構造統計は，**経済センサス-基礎調査**と**経済センサス-活動調査**に基づいて作成され，国内のすべての産業分野における事業所・企業の活動について，全国および地域別に明らかにする基幹統計である。

2022年に現行の経済構造統計となったばかりで十分に理解されていないので，経済構造統計創設の背景と変遷に沿って解説する。

経済センサスの創設が出発点である。従来，各府省庁が所管する産業ごとに，異なる年次・周期で大規模統計調査が実施されていたため，各種の産業・企業統計の結果を統合しても，我が国全体の経済構造を同一時点で把握できない状況であった。省庁の縦割り行政の弊害が統計作成でも生じていた。

2009 年以降，国全体の産業を包括的に調査するために，5 年に 1 回の周期で，経済センサス-基礎調査と経済センサス-活動調査を開始した。その際，事業所・企業統計調査，サービス業基本調査および本邦鉱業のすう勢調査は廃止している。2 つの経済センサスは，基礎調査によって事業所・企業に対する統計調査の実施のための母集団情報を整備する，活動調査によって産業横断的に経済構造を把握する，といった役割分担をしていた。

経済構造統計の根幹を成す経済センサスの結果は，国および地方公共団体における行政施策 (地方消費税の清算・交付等) の基礎資料や経済政策の企画立案，労働基準行政に活用されている。また，国民経済計算，産業連関表の推計に使用されている。

経済構造統計の一環を成す**経済センサス-基礎調査**の概要は次の通りである。

【調査の対象と方法】
甲調査と乙調査の2種類の調査で実施
・甲調査・・・国・地方公共団体の事業所および農林漁業等に属する個人企業を除く事業所を対象として，５年ごとに実施
・乙調査・・・国・地方公共団体の事業所を対象として，経済センサス - 活動調査の実施年を除く毎年に実施

【調査事項】
＊既存の事業所に関しては，甲調査と乙調査のいずれも，名称，所在地，活動状態の３項目
＊新設の事業所に関しては，上記の項目に加えて
・甲調査・・・事業所の従業者数，主な事業の内容，業態，年間総売上高，開設時期，経営組織，法人番号，単独事業所・本所・支所の別，本社等の名称・所在地，組織全体の主な事業の内容・年間総売上高，資本金額等
・乙調査・・・事業所の職員数，主な事業内容，事業の委託先の名称・所在地等

図 5.10　経済センサス—基礎調査の概要

同じく，経済構造統計の一環を成す**経済センサス-活動調査**の概要は次の通りである。

【調査の対象と方法】
経済センサス - 基礎調査と同様な対象で，甲調査と乙調査の２種類の調査で実施
【調査票の種類】 甲調査について，
単独事業所企業・・・産業別の調査票
複数事業所企業・・・企業調査票と産業別の事業所調査票
個人経営，法人でない団体，新設事業所・・・全産業に共通の調査票
【主な調査事項】
・甲調査
〈基礎項目〉 名称，所在地，経営組織，従業者数，主な事業の内容 など
〈経理項目〉 資本金等の額および外国資本比率，売上（収入）金額，費用総額および費用項目，事業別売上（収入）金額など
・乙調査
〈基礎項目〉 名称，所在地，職員数，主な事業の内容

図 5.11　経済センサス—活動調査の概要

変化の激しい現在において，活動調査の中間年において産業横断的な経済構造の変化を捉える情報が不足している状況を改善する必要に迫られた。そのために，2019 年に総務省統計局が実施していたサービス産業動向調査（拡大調査）と経済産業省が実施していた商業統計調査および特定サービス産業実態調査の 3 調査を統合・再編して，**経済構造実態調査**が新たに開始された。この段階では，経済センサス-活動調査の中間年において経済構造を把握するための調査との位置づけであった。さらに，2022 年の経済構造実態調査から，対象を全産業に拡大し，大分類 A －農業，林業，B －漁業，C －鉱業，採石業，砂利採取業，D －建設業を新たに追加して，全産業を対象範囲とし，中間年においても産業横断的に経済構造を把握するように改編した。同時に，従来から実施してきた工業統計調査を製造業事業所調査と名称変更し，経済構造実態調査の中で実施する仕組みとした。これによって，経済センサス-活動調査と合わせて，経済構造統計の体系が構築されることになった。次の図に統合・再編の前後を対比して示してある。

経済構造実態調査の対象は，産業横断調査については，すべての産業に属

統合・再編前

統計名称	経済構造統計		工業統計	商業統計	特定サービス産業実態統計	サービス産業動向統計(拡大)
調査周期	5年ごと		毎年	ほぼ5年に2回	毎年	毎年
調査名称	経済センサス-活動調査	経済センサス-基礎調査	工業統計調査	商業統計調査	特定サービス産業実態調査	サービス産業動向調査(拡大)

統合・再編後

統計名称	経済構造統計		
調査周期	5年ごと		活動調査の中間の各年
調査名称	経済センサス-活動調査	経済センサス-基礎調査	経済構造実態調査
			製造業事業所調査

図 **5.12**　事務所・企業統計の再編と経済構造実態調査

する一定規模以上のすべての法人企業約27万企業である。一定規模とは，大分類産業，中分類産業，小分類産業ごとに，売上高上位の企業で売上高総額の8割となる範囲をいう。製造業事業所調査については，製造業に属する一定規模以上のすべての法人事業所約12万2千事業所である。一定規模とは，細分類産業まで，売上高上位の事業所で売上高総額の9割となる範囲をいう。製造業事業所調査は従来の工業統計調査を引き継いでいるので，事業所を対象としていることに注意が必要である。また，工業統計調査と時系列で接続して利用する場合は，工業統計調査は西暦の末尾が0，3，5，8の年次は全数調査，それ以外の年次は従業者4人以上の事業所を対象とする裾切調査であったので，慎重な処理手順が求められる。

調査事項は，産業横断調査では，企業の属性の他，売上高，費用総額と主な費用の内訳などの付加価値を把握するための項目に加えて，事業活動や生産物の種類別の売上高も調査項目としている。製造業事業所調査では，従来の工業統計調査を踏襲して，事業所の従業者数，製造品出荷額，人件費，原材料・燃料使用額，電力使用額，委託生産費，有形固定資産，在庫，工業用地および工業用水などを調査している。

調査結果は，GDP統計を作成する基礎資料や，産業構造政策，地域振興，水資源・工場立地対策などに利用されているほか，事業所母集団データベースを整備する更新情報としても使用されている。

5.5.4　法人企業統計

法人企業統計は，我が国における営利法人等の企業活動の実態を財務面から明らかにするために，財務省が実施する**法人企業統計調査**に基づいて作成される基幹統計である。法人企業統計調査は，年次別調査と四半期別調査の2つの調査から構成されている。

年次別調査は，すべての営利法人等を調査対象として，年度の確定決算の計数を調査している。四半期別調査は，資本金が1000万円以上の営利法人等を調査対象として，四半期ごとの仮決算の計数を調査している。

調査事項は，金融業，保険業とそれ以外の業種では項目名称等が相違する。ここでは，金融業・保険業以外の業種の主要な項目を示しておく。

年次別調査では，法人に関する基本的属性の他，売上高，費用，損益，配当，資産・負債および純資産，役員・従業員数，給与，賞与などを調査している。また，営利法人を対象とする各種統計調査のための基礎となる法人名簿を整備する役割も担っている。四半期別調査では，年次別調査の調査事項の簡略版に加えて，資産別の固定資産の増減・減価償却費を調査していて，GDP統計の速報の推計に利用されている。

ティータイム　……………………　母集団情報の乖離

経済構造統計と法人企業統計はいずれも企業等を対象にした統計であるが，それぞれの母集団情報は異なっている。2014年時点において，経済センサス-基礎調査の企業数は175万社であるのに対して，法人企業統計の企業数は281万社であり，企業数の差は，約106万社に達する。産業別にみると，不動産業（経済センサス16万社，法人企業統計31万社）と，情報通信業，サービス業（経済センサス47万社，法人企業統計87万社）において企業数の乖離が大きい。乖離の原因として，経済センサスの対象から，ビル内の企業や，資本金規模が小さい企業，従業者数が少ない企業などが脱漏しているのではと指摘されている。他方，法人企業統計の対象に，活動停止中の企業が若干含まれていることも事実である。これらを勘案すると，事業所母集団データベースから脱漏した企業数は約100万社，その従業員数は約1000万人と推測される。2021年時点において「公的統計の整備に関する基本的な計画」の下，母集団情報の乖離の解消に向けた取組が進行中である。

資料：2017 年統計委員会資料など

5.5.5　経済産業省企業活動基本調査

企業活動基本調査は，企業の事業活動が多角化・組織化・国際化・ソフト化をどのように進展させているかを把握するために，経済産業省が所管する製造業，商業等の事業所がある企業のうち，従業者 50 人以上，かつ資本金額（出資金額）3000 万円以上の企業を全数調査している。

調査事項は，企業の属性の他，部門別の事業所数・常時従業者数等，親会社・子会社・関連会社の状況，資産・負債・純資産・投資・固定資産等に加えて，品目別売上高，費用明細のほか，情報処理・通信費，支払リース料，取引状況，地域別の輸出額と輸入額 ，その他，外注状況，研究開発費，特許，技術取引，電子商取引など，多種多様で広範囲にわたっている。企業活動の全容がわかる詳細な調査内容から成る。

5.5.6　産業統計

産業の実態を捉える統計は，構造統計の多くが経済構造統計に取り込まれたので，産業の動向を捉える動態統計以外では，あまり多くない。農林水産業，建設業の分野について，継続しているに過ぎない。

農林水産業の分野では，**農林業構造統計**，**作物統計**，**農業経営統計**，**漁業構造統計**が大規模な統計調査で作成される構造統計である。戦後の食糧確保のため，全国各地に置かれた農林統計事務所を使って，精度の高い大量の統計を作成していたが，近年，統計職員の大幅削減に伴って，陣容も縮小し，農林統計も削減されてきている。

農林業構造統計と**漁業構造統計**は，経済センサスの農林水産業版ともいえる統計で，5 年ごとに農林水産省が作成している基幹統計である。この他，作物と耕作地に関する実態を把握するために**作物統計調査**が，農家の経営と農畜産物の生産費の実態を把握するために**農業経営統計調査**が，毎年実施され，いずれも基幹統計調査として指定されている。

建設工事統計は，建設工事と建設業の実態を明らかにするために，国土交通省が毎年実施している**建設工事施工統計調査**と毎月調査する**建設工事受注動態統計調査**の2つから作成される基幹統計である。GDP統計の設備投資や公共事業の推計に欠くことのできない統計である。

情報通信業基本統計は，企業活動基本統計の情報通信業版ともいえる統計であり，総務省が作成している。

動態統計については，その中で代表的な，経済産業省が所管する**生産動態統計調査**の概要について説明する。

経済産業省生産動態統計調査は，鉱工業生産の動態を明らかにし，鉱工業に関する施策の基礎資料と鉱工業指数を作成するために，経済産業省が毎月実施している。調査対象は，鉱産物および工業品を生産する事業所について，一定規模以上の事業所の全数である。この裾切りの基準となる規模は業種によって相違する。同様に，調査票も業種ごとに異なるが，製品に関して，生産，受入，消費，出荷，在庫のそれぞれの数量・重量・金額等を調査項目とし，原材料に関して，受入，消費，在庫のそれぞれの数量・重量を調査項目の基本としている。このほか，従事者数，生産能力・設備に関する事項を調査している業種もある。

調査結果は，基幹統計である鉱工業指数の作成を第1にしている。そのほか，四半期別GDP速報（QE），産業連関表等の加工統計の基礎資料となるほか，個別産業の業況判断や需給動向把握，産業振興対策，中小企業対策，環境・リサイクル対策等の基礎資料として利用されている。

§ 5.6 国民経済計算，経済指数など

この節では，年または四半期ごとに，国の経済の状況を生産，分配，支出，資産・負債の各勘定から表す**国民経済計算**，5年ごとに，財・サービスの生産状況と産業間の取引などを行列形式でまとめた**産業連関表**，財・サービスの物価や生産等の推移を示す**経済指数**などについて説明する。

5.6.1 国民経済計算（SNA）

国民経済計算は，我が国の経済の全体像について，国際的に比較可能な形で体系的に記録することを目的として，内閣府が統計調査の結果や行政記録情報，民間情報を推計・加工して作成する基幹統計である。

我が国では，**四半期別 GDP 速報**と**国民経済計算年次推計**の2つから構成されている。四半期別 GDP 速報は，GDP をはじめとする支出側系列などを四半期別に作成しており，国民経済計算年次推計は，生産・分配・支出・資本蓄積等のフローに加えて，資産・負債等のストックの統計を，年に1回作成している。

SNA は System of National Accounts の略称で，国民経済計算，または国民経済計算体系と訳される。SNA は 1953 年に国連の提案によって，はじめて国際基準として統一された後，1968 年に大幅に改定された。国全体の経済活動について，国民所得勘定を中心に，

①（生産・支出・分配の3面における実物の流れを捉える）国民所得勘定
②（産業間の投入・産出構造を表す）産業連関表
③（部門間の資金の流れを捉える）資金循環表
④（国の資産・負債の状態を示す）国民貸借対照表
⑤（海外との財貨・資金の取引を記録した）国際収支表

これら5つの勘定が体系的・整合的に統合されて，現在の SNA の体系の基本が構築された。

これによって，経済活動を（財・サービスの）実物と（金融の）資金，（生産・消費・投資などの）フローと（資産・負債などの）ストックの各側面か

ら，多角的・総合的に捉えることが可能となった。その後，1993年，2008年に改定され，現在，日本も含め主要先進国は2008SNAの基準に従って，SNAが作成されている。この国際基準は，国内総生産（GDP）などの計測に関する概念，定義，分類，会計原則などから成っている。

国民経済計算の中でも，最も注目されるのがGDP統計である。**GDP**とは，**国内総生産**（Gross Domestic Product）の略称であり，国内で一定期間内に生産された，モノやサービスの付加価値の合計額のことである。GDPは国内での活動が対象であるので，日本企業が海外支店・支所等で生産したモノやサービスの付加価値は含まない。以前は景気を測る指標として，日本の国民や企業が生み出す付加価値の総計で，海外から受け取る所得も含むGNP（**国民総生産**；Gross National Product）が用いられていた。しかしながら，グローバル化が進展し，国内の景気をより正確に反映する指標が重要視されるようになって，1993SNAへの切り替えに伴ってGNPの公表をやめて，GDPへ変更した。代わりにGNPと同様の概念として，**GNI**（**国民総所得**；Gross National Income）が公表されている。

生産活動によって生み出される付加価値の総額である国内総生産は，労働者への賃金や資本提供者への配当，あるいは企業の利潤等として分配され，これら生産要素に支払われる報酬，所得の総計を**GDI**（**国内総所得**；Gross Domestic Income）という。また，分配された付加価値は家計の消費や企業の設備投資などに支出され，これら支出の総計をGDE（**国内総支出**；Gross Domestic Expenditure）という。3つの指標は付加価値を異なる側面から捉えたものなので，

生産＝分配＝支出

という関係が成り立ち，これをGDPの三面等価という。

SNAでは，GDPに加えて，産業別の国内産出額と付加価値額も作成し，公表している。所得の国内概念と国民概念の関連等，SNA関連指標の関係を次の図に示してある。

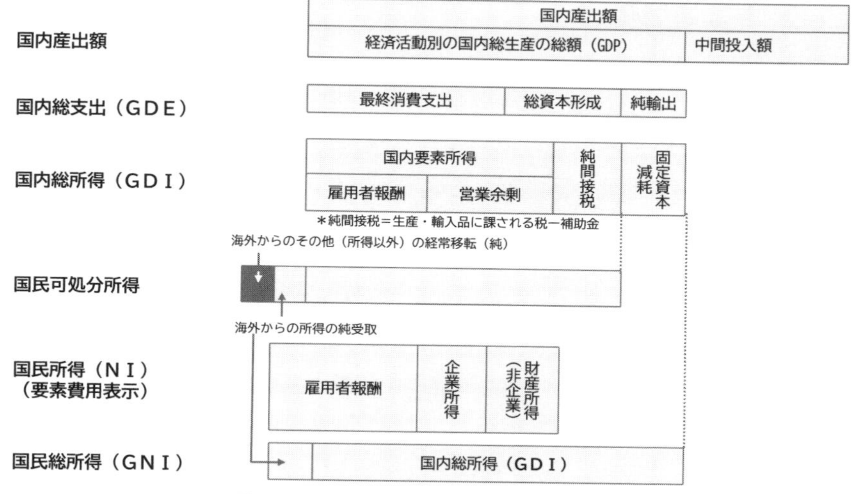

図 **5.13**　SNA 関連指標の概念の関係

ティータイム　国民経済計算の推計

国民経済計算は，各種統計データや行政記録に加えて民間の資料等を基礎資料としている。たとえば，住宅賃貸料のうち持家の帰属家賃は，住宅・土地統計における都道府県，構造，建築時期といった属性を考慮した床面積と住宅着工統計による持ち家比率および民営借家の家賃単価から推計を行う。持家の帰属家賃とは，持家に居住している場合，所有者が自分自身に家賃を払っていると見なして，家賃の推計額を家計消費と所得に計上するものである。政府部門に係る推計において，現金・預金や貸出・借入などの項目は，国の現在額報告や財務諸表等といった行政記録情報を積み上げることで推計する。また，情報通信業の商品別出荷額のうち音楽原本については，民間の著作権管理団体が徴収し分配する著作権使用料の情報に基づいて推計している。このように，国民経済計算は他の統計データなどを加工して作成される統計である。

5.6.2　産業連関表

産業連関表は，財・サービスの生産状況と産業間の取引，産業から最終需要（家計など）への流れなどについて，通常は1年間を対象に国全体の活動記録を行列形式でまとめた統計である。産業連関表は，国民経済計算を作成するために必要不可欠な基礎資料を成す。我が国では，10省庁の共同作業として，統計調査の結果や行政記録情報，民間の情報を推計・加工して，5年ごとに作成される基幹統計である。

産業連関表の中核となるのは**取引基本表**である。産業連関表の取引基本表のタテの列方向は，ある産業が生産のために，どの産業の生産物を原材料としてどれだけ購入したか，労働力や資本などの生産要素に対してどれだけ支払ったかの費用構成を示している。タテの合計は投入した原材料や生産要素などの総投入額であるので，生産額と等しくなる。

投入構造は中間投入と粗付加価値に分けられ，産業が生産するための各産業からの財やサービスの投入部分を中間投入，雇用者所得や営業余剰等の生産要素への対価の部分を粗付加価値という。

産業連関表のヨコの行方向は，ある産業の生産物が原材料等としてどの産業にどれだけ販売されたか，最終生産物として消費・投資・輸出等の最終需要にどれだけ振り向けられたかの販路構成を示している。ヨコの合計は販売した生産物の総産出額であるので，海外からの輸入分を控除すれば，国内での生産額と等しくなる。

産出構造も中間需要と最終需要に分けられ，産業の生産物が各産業部門で原材料等の中間財として消費される部分を中間需要，最終生産物として家計・企業・政府等に供給される部分を最終需要という。

このように，産業連関表は，タテの列方向が投入（Input）構造を表し，ヨコの行方向は産出（Output）構造を表すので，**投入産出表** (Input Output Tables，**I-O 表**) とも呼ばれる。

産業連関表の組み立てを，2015年産業連関表を簡略化した図5.14から説明する。産業連関表を縦方向にみると，それぞれの産業が生産のために必要とした財・サービスの構成を知ることができる。製造業の生産のために，製造業からは130，サービス業からは10，商業からは15購入するとともに，企業が支払った賃金や企業の利潤などが計100となり，製造業の国内生産額の

供給＼需要		中間需要 製造業	サービス	商業	…	計	最終需要（消費支出，輸出）	輸入	国内生産額
中間投入	製造業	130	30	5		200	165	-65	300
	サービス	10	25	10		80	180	-10	250
	商業	15	10	1		30	65	0	95
	⋮								
計		200	95	30		470	650	-100	1020
粗付加価値	雇用者取得	45	100	40		265			
	営業余剰	15	15	15		100			
	⋮								
計		100	155	65		550			
国内生産額		300	250	95		1020			

注：2015 年産業連関表を参考にして，5 兆円単位に丸めた値として作成した。

図 5.14　産業連関表の例

合計は 300 となる。また，産業連関表を横方向にみると，販売先の構成を知ることができる。製造業の生産物は，製造業に 130，サービス業に 30，商業に 5 販売し，中間需要として合計 200 販売するとともに，最終需要の家計消費や投資，輸出分は 165 となり，合計は総需要 365 である。ただし，需要を満たしきれなく，輸入した分が 65 であるため，この輸入分 65 を総需要から除くと，製造業の国内生産額は 300 となる。

中間投入額を生産額で除した値が投入係数であり，投入係数の列をすべての産業について，横に並べて行列形式で表したものを，投入係数行列という。

投入係数行列から逆行列表を導いて，そこから生産誘発効果を求めることができる。たとえば，公共事業の最終需要が 1 円増加したときに，各産業の生産額がどれだけ増加するか，などである。また，逆行列係数表の行と列を入れ替えて，価格変動の影響を求めることができる。たとえば，原油などの価格が 1 円上昇したときに，各商品の価格がどれだけ上昇するか，などである。

5.6.3　景気指標，経済指数

景気指標

景気動向を捉える指標として，生産，在庫，消費，雇用，貿易，金融などの経済指標から作成される指標と，企業経営者の景況感にもとづいて，景気の状況と今後の見通しを捉える指標の2種類がある。

経済指標から作成される景気指標は，内閣府が毎月作成する景気動向指数が代表的である。**景気動向指数**には，景気の現状把握や将来の見通しを立てるための指標として，**CI**（Composite Index）と**DI**（Diffusion Index）の2種類がある。このいずれも，生産，雇用，消費などさまざまな経済活動において，景気に敏感な指標の動きを統合することによって作成される。経済活動を捉える統計データを，景気に先行して動く系列と，ほぼ一致して動く系列，そして，遅れて動く系列の3種類に区分して，それぞれの系列を統合して，先行指標，一致指標，遅行指標を作成している。現在，それぞれで，11，10，9の系列が採用されている。いくつか示すと，先行系列は新設住宅着工床面積，マネーストック(M2)の前年比，東証株価指数など，一致系列は鉱工業生産指数，商業販売額，有効求人倍率など，遅行系列は法人税収入，消費者物価指数などである。

CIは，主に景気の山の高さや谷の深さ，拡張や後退の勢いといった景気変動の大きさやテンポ，勢いなどの量的な動きを把握するため，採用系列の前月と比べた変化量を合成して，基準年を100とした指数で示している。一致指数が上昇している時が景気の拡大局面，下降している時が後退局面とされる。

DIは，景気の波及・浸透度合いや景気局面の変化の判定を目的として，採用系列の各月の値を3か月前の値と比較して，採用系列数のうち，拡張を示している指標の割合を％で示す指標である。50％を上回っている時が景気の拡大局面，50％を下回っている時が景気の後退局面である。

日銀短観は，**全国企業短期経済観測調査**の略称であるが，略称である短観が海外にまで広く知れ渡っている。景気の現状と先行きを的確に把握し，金融政策を適切に運営するために，日本銀行が，統計法に基づいて行う統計調査である。調査は，全国の約1万社の民間企業の企業経営者を対象として行われ，四半期毎に収益を中心とした現状の景況感と先行き3ヶ月の見通しについての判断を3択（たとえば，業況については，1.良い　2.さほど良くない　3.悪い，製品・サービスの需給については，1.需要超過　2.ほぼ均衡　3.供給超過）で質問して，「1.良い」と回答した企業の割合から「3.悪い」と回答した企業の割合を差し引いて，業況判断指数を算出して公表している。これに加えて，売上高，新卒採用者数，設備投資額などの実額について，実績値と予想値を調査している。

法人企業景気予測調査は，企業経営者に自社の景況感や売上高，需要等の見通しを調査する判断調査と売上高，設備投資等の実績や予想の実額を調査する計数調査から成っていて，内閣府と財務省が共管で四半期ごとに実施している。判断調査では「良化」から「悪化」を引いて景況判断BSIを算出していて，計数調査については母集団の推計値を算出している。日銀短観と同様に経営者による景気判断を指標化していて，日銀短観より早く公表される。2つの景気指標はいずれも0の水準が景気判断の基準となるが，両者で大きく異なるのは，短観が業況の水準に注目しているのに対して，法人企業景気予測調査では，景況の方向に注目している点であることは理解しておこう。

経済指数

経済指数とは，経済分析において多数の経済活動の水準，または格差を比較するために，ある値を基準にして他の値を基準値に対する比率で表したものをいう。比較の対象は，異なった時点，異なった場所，異なった属性の集まりなどいろいろであるが，時間的な変動を比較する場合がほとんどである。

経済指数の代表的なものとして，**物価指数**と**数量指数**がある。

物価指数は，個々の品目の価格の変化を総合して，全体としての物価水準の変動を捉える指標である。単一の品目の価格の変化を捉えるのは簡単であるが，1箱とか1個とか100gとか単位の異なる品目の価格を平均して，あるいは総合して変化を捉えるのは容易ではない。総合化するために理論の裏付けをもって，いろいろな算式が考案されている。

総合した指数は，品目別の指数に対して，品目別の支出額，生産額等をウェイトとして加重平均することで算出できる。より理解しやすい観点からいえば，物価指数の場合は，基準となる数量（数量指数の場合は基準となる価格）をいつの時点とするかによって，**ラスパイレス指数算式**と**パーシェ指数算式**の2つの代表的な指数算式がある。

ラスパイレス指数算式は，消費者物価指数を例にすれば，基準時点の生活水準を維持するのに必要な購入費用が「基準時点よりどれだけ増えているか」を示す。すなわち，基準時点における品目ごとの消費数量を固定して現在の消費支出額を算出し，基準時点の消費支出額に対する比率として，物価指数を表している。式を展開すると，基準時点の品目別支出額のウェイトを用いて，個別品目の価格の変化を加重平均した指数となることがわかる。

パーシェ指数算式は，消費者物価指数についていえば，比較時点における消費支出額について，比較時点の品目ごとの消費数量で算出した基準時点の消費支出額に対する比率として，物価指数を表している。パーシェ指数はウェイトに使用できるデータの制約と作業量の多さから，ほとんど使用されていない。

フィッシャー指数算式は，ラスパイレス指数とパーシェ指数を幾何平均して算出しており，財務省が作成公表している貿易価格指数が該当する。

価格が上昇した財・サービスの需要量は減少するといった通常の経済状況の下では，ラスパイレス算式≧フィッシャー算式≧パーシェ算式という関係が成立し，ラスパイレス指数が上限，パーシェ指数が下限となる。

物価指数は経済の動向を示す指標として有用であるだけでなく，消費支出や生産額等の名目金額から価格の変動分を除いた数量概念に近い実質値を算出するために用いられている。

物価水準とその変動を，どの取引段階，またはどの対象について捉えるかによって，各種の物価指数が作成されている。

消費者物価指数は，全国の世帯が購入する財とサービスの価格を総合して，物価の変動を時系列的に捉えるために，総務省統計局が毎月作成している。品目の価格は小売物価統計調査等の結果に基づき，ウェイトは家計統計の品目別支出額に基づいている他，住宅の所有者が，居住するために支払わなければならない家賃相当額を帰属家賃と称し，ウェイトに算入している。消費者物価指数は国際労働機関（ILO）の定めた国際基準に沿って作成され，消費税や持ち家の帰属家賃なども含むが，直接税や社会保険料，土地などの購入費用は消費者物価指数の品目には含まれない。消費者物価指数は各種の経済施策や年金の改定などに利用されている。

企業物価指数と**企業向けサービス価格指数**は，財とサービスのそれぞれについて，企業間で取引される価格の変動を時系列で捉えるために，日本銀行が毎月作成している。この他，時系列で価格の変動を捉える物価指数として，農業物価指数が農林水産省によって，建築資材価格指数が経済調査会によって，毎月作成されている。また，地域間の物価水準の違いを把握するために，**消費者物価地域差指数**が総務省統計局によって毎年作成されている。

数量指数は，経済活動について，個々の品目の数量の変化を総合して，品目全体としての数量の変動を捉える指標である。

数量指数の代表的なものは**鉱工業指数**であり，生産指数，出荷指数，在庫指数などを，経済産業省が生産動態統計や業界団体のデータなどに基づいて，毎月，作成公表している。それぞれの指数から，鉱工業の生産，出荷，在庫の水準と動向が把握できるが，なかでも生産指数（IIP）は景気の状況を迅速に把握する指標として大きな注目を集める。鉱工業指数は，経済全体の動きを捉えるためにも，また，業種別や品目別の生産動向を知るためにも活用されている。この他，サービス業等の第3次産業の活動を捉えるために，**第3次産業活動指数**を経済産業省が特定サービス産業統計調査，商業動態統計調査に基づいて作成公表している。

コラム ▸▸ Column　……………………　**指数の基準改定**

指数の動きが，できるだけ実態を反映するように，さまざまな決め事が定められている。1つは基準改定である。基準時点を変更せずにいると，消費者の消費パターンや産業構造が実態と乖離してくる。できるだけ直近に近い需要構造，産業構造を反映させるように，指数を算出する際の基準となる値の時点を変更する。これを基準改定といい，同時に，品目の見直し等も行うのが通常である。基準時点は，統計審議会が1981年3月に「指数の基準時及びウェイト時の更新について」の規程を決定していて，そこに，西暦の末尾が0と5の年の5年ごとに基準時点を更新するよう定めている。

§5.7 貿易統計，金融統計，財政統計

5.7.1 貿易統計，国際収支統計

貿易統計

貿易統計は，我が国の輸出と輸入の状況を国別・商品別に記録した業務統計で，通関手続きに従って申告された書類に基づいて，財務省が毎月作成，公表している。経済統計に関する国際条約及び関税法に基づいて作成されており，各国の貿易統計と対照できるので，正確性が高いのが特徴である。

貿易統計は普通貿易統計と特殊貿易統計と船舶・航空機統計の3種類に区分される。普通貿易統計は我が国との間で輸出・輸入された貨物について，金額と数量を品目別，国（地域）別等に示した統計で，一般に，貿易統計といえば普通貿易統計を指す。この他，金貨と貨幣用金についての金統計，船用品・機用品統計，我が国を通過する外国貨物についての通過貿易統計から構成される特殊貿易統計，そして，船舶と航空機の入出港に関する船舶・航空機統計がある。

貿易統計を利用するとき，輸出額と輸入額で，計上するときの価格の基準が相違していることに注意が必要である。輸出はFOB（Free On Board: 本船甲板渡し）価格，輸入はCIF（Cost Insurance and Freight: 運賃・保険料込み）価格で，いずれも関税額は含まない。貿易統計は我が国の9つの税関を通過する段階で輸出入額を捉えているので，輸出と輸入の間で運賃と保険料の算入が異なっている。

税関においては，9桁の統計品目番号に従って輸出入の申告が行われる。統計品目番号の6桁目までは，世界税関機構が**HS**条約（商品の名称及び分類についての統一システムに関する国際条約）に基づいて作成した関税分類番号と同じで，国際的に統一されている。下3桁は我が国独自の番号で，輸出と輸入で異なる場合がある。統計品目番号ごとに集計して作成されるのが統計品別表である。

国際収支統計

国際収支統計とは，ある国が外国との間で行った財貨，サービス，証券等の各種取引や，それに伴う決済資金の流れなどを体系的に把握，記録した統計である。モノや資金の外部との出入りを記録するという意味で，一国の対外的な家計簿のようなものと言える。国際収支の内訳には貿易統計から明らかになる貿易収支の他に，いくつかの収支項目がある。

貿易収支はモノについての輸出と輸入の差額であるが，サービスについても同様に，輸出と輸入の差額である**サービス収支**があり，貿易収支とサービス収支を合わせて貿易・サービス収支となる。国際収支統計における貿易収支は，居住者と非居住者との収支を表しているので，財務省の貿易統計とは違って，輸出入ともFOB建てである。

サービス収支の具体的な取引は

① 国際貨物，旅客の輸送に係る運賃の受取・支払　たとえば，外国の輸出業者が日本船舶を利用した場合はサービスの受け取りになり，これがCIF建てとFOB建ての差が生じる要因の一つとなる。
② 訪日外国人旅行者・日本人海外旅行者の宿泊費，飲食費等の受取・支払
③ 証券売買等に係る金融手数料等の受取・支払
④ 特許権，著作権等の知的財産権等に係る使用料の受取・支払 等である。

貿易・サービス収支に第1次所得収支，第2次所得収支を加えた全体で**経常収支**を構成する。第1次所得収支は，2013年以前は所得収支と言われていた収支の名称変更である。我が国と外国との労働，資本の提供に対する報酬の収支であり，雇用者報酬や対外金融債権・債務から生じる利子・配当等の受払を表す。第2次所得収支は，2013年以前は経常移転収支と言われていた収支の名称変更で，我が国と外国との間の対価を伴わない消費財等の無償援助や官民の無償資金援助，寄付，贈与の受払に係る収支である。

経常収支に資本移転等収支と金融収支を加えたものが**国際収支**となる。資本移転等収支は，道路や港湾など資本財の無償援助や債務免除，特許権などの知的財産権，販売権の取得・処分の収支を表す。金融収支は，外国での子会社設立や外国企業の買収，海外の債券や株式への投資，先物取引の売買差損益等に外貨準備の増減を加えたものである。

5.7.2　金融統計

金融統計は大きく，通貨の発行・流通状態を表す通貨関連統計と金融市場・資本市場・為替市場の状況を表す市場関連統計に分けられる。平たく言えば，それぞれ，量と価格についての統計となっている。

通貨関連統計のうち，資金の出し手と取り手の間で交わされる金融取引について，俯瞰して捉えるのが**資金循環統計**である。資金循環統計とは，我が国における金融機関，法人，家計の各部門の金融資産・負債のフローとストックについて，預金や貸出といった金融商品毎に記録した統計である。

その中の貨幣の数量に関する代表的な統計が**マネーストック統計**である。マネーストック統計とは，金融機関から経済全般へ供給されている通貨の総量（預金などを含む）を示す統計のことであり，一般の企業や，個人，地方公共団体など（金融機関や中央政府を除く）が保有する通貨量の残高を集計して表示される。

集計する通貨（マネー）にどの金融商品を含めるかは，国やその時々によって異なるが，日本の場合は，対象とする通貨の範囲に応じて，M1，M2，M3，広義流動性という4つの指標を日本銀行が毎月，集計，公表している。

M1＝現金通貨＋預金通貨（普通預金や当座預金等，いつでも払い戻すことができる流動性が高い「要求払い預金」；発行者は全預金取扱機関）

M2＝現金通貨＋預金通貨＋準通貨（定期預金や外貨預金など）＋CD（発行者は国内銀行等)

M3＝現金通貨＋預金通貨＋準通貨＋CD（発行者は全預金取扱機関）

広義流動性＝M3＋金銭の信託＋投資信託＋金融債＋銀行発行普通社債＋金融機関発行CP＋国債＋外債

現在は，M3が代表的な指標とされている。

従来はマネーサプライ統計と呼ばれていたが，2008年にマネーストック統計に名称変更された。もう1つの通貨関連統計の**マネタリーベース**とは，銀行券（紙幣），流通貨幣（コイン），および日銀当座預金の合計をいい，「日銀が供給する通貨」を表す。

市場関連統計とは，基準貸付利率（日本銀行の民間金融機関への資金貸出の金利），預金種類別店頭表示金利，長・短期プライムレート，短期金融市場のコールレート，債券市場の国債流通利回り（相互証券），株式市場の東証株価指数（東京証券取引所）・日経平均（日本経済新聞），外国為替市場の為替レートを表す統計をいう。

5.7.3　財政統計

財政は国と地方公共団体でそれぞれ運営され，予算書と決算書が作成される。**財政統計**は，一般会計，特別会計，政府関係機関について，予算書，決算書を経費別，目的別，使途別に編集して，財務省が毎年作成している。

国有財産統計は，国有財産の現状を国民に明らかにするために，年度末現在における国有財産の現況等について，各省庁所管の国有財産の年度末現在額等の報告内容を統計データとしてまとめたものである。

国税庁統計は，直接税（所得税・法人税・相続税・贈与税），間接税（消費税・酒税等）等の計数を国税庁が取りまとめたものである。

国債統計は，国の国債現在額・償還額・発行額，借入金，政府短期証券，政府保証債務，国債整理基金を財務省が取りまとめたものである。

以上は，国の財政状況に関する統計であるが，地方財政については，各地方公共団体が毎年度の普通会計の決算状況を，総務省の統一ルール（普通会計）に基づいて集計し，取りまとめた**地方財政状況調査**がある。

6. 統計データの利活用

この章での目標

- 質的変数・量的変数および尺度の違いを理解する
- さまざまなグラフ表現を知り，グラフから傾向等を読み取れるようにする
- 度数分布表とヒストグラム，ローレンツ曲線とジニ係数を理解する
- 位置と散らばりの尺度を理解し，分布の特徴を把握できるようにする
- 散布図と相関係数を理解し，**2** 変数の関係を読み取れるようにする
- 実質化，変化率と寄与度，季節調整などについて理解し，経済統計データに応用するとともに，結果を適切に解釈できるようにする

Key Words

- 質的変数，量的変数
- 度数分布，ヒストグラム，ローレンツ曲線，ジニ係数
- 平均値，中央値，最頻値
- 分散，標準偏差，変動係数，四分位数，四分位範囲，箱ひげ図
- 散布図，相関係数
- 実質化，変化率，寄与度，季節性，季節調整

本章では，実際の経済統計データを分析し結果を読み取るための，記述統計学等に関するさまざまな統計的手法を説明する。平均値，分散，標準偏差，相関係数などといった基本的な統計量の算出方法とその解釈に加えて，変化率，寄与度，実質化，季節調整など，経済統計でよく利用される手法についても紹介する。実践的に理解を深めるために，統計的手法の入門的な説明とともに，過去に統計調査士検定で出題された問題やその他の問題をデータに即した例題として提示し，実際のデータに触れるように意図している。まず，自分で例題を解き，その後で，解説を読んで理解を深めてほしい。解説には手法の説明自体も含まれているので，読み飛ばさないことを推奨する。

本章では，紙幅の制約から統計的手法の説明は最小限にとどめている。統計調査士検定において，「統計データの利活用」の出題分野で使用する統計的手法は，統計検定3級で求められるものとほぼ同等のレベルである。したがって，詳細な説明は，統計検定3級対応の教科書である日本統計学会編(2020)『データの分析』（東京図書）および巻末の参考文献を参照されたい。

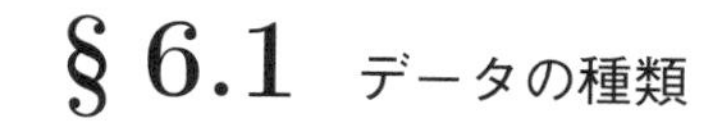

§ 6.1 データの種類

6.1.1 質的変数と量的変数

統計データは，数や量で測れるか否かで，次のように**質的変数**と**量的変数**に区分される。

- 質的変数：性別，居住市区町村，支持政党など数値ではなく，カテゴリ（項目）で表される変数
- 量的変数：年齢，世帯人数，世帯収入，GDP（国内総生産）のように数値で表される変数

例題 6.1 次のａ～ｃは，総務省「平成29年就業構造基本調査」における調査項目の一部である。これらの調査項目から得られる調査結果について，最も適切な説明を，下の①～⑤のうちから一つ選びなさい。

なお，問題作成のために調査項目における記述を一部変更してある。

a. 就業時間延長の希望の有無
現在より就業時間を増やしたいと思っていますか。
1　今のままでよい　2　増やしたい　3　減らしたい

b. 1回当たりの雇用契約期間（雇用契約期間に「定めがある」と回答した場合）
1　1か月未満　2　1か月以上3か月以下
3　3か月超6か月以下　4　6か月超1年以下
5　1年超3年以下　6　3年超5年以下
7　5年超　8　期間がわからない

c. 雇用契約の更新回数
この仕事で雇用契約を更新した回数を記入してください。
更新回数　（　　　）回

① a は量的変数，b と c は質的変数である。
② a と c は量的変数，b は質的変数である。
③ a と b は質的変数，c は量的変数である。
④ a と b と c はすべて量的変数である。
⑤ a と b と c はすべて質的変数である。

（答）　正解は③である。

【解説】　a の就業時間延長の希望の有無は，数値で表されないため，質的変数である。1～3 という番号で回答するが，その 1～3 はカテゴリであり，数値ではない（回答番号に，3 が 1 の 3 倍であるという意味はない）。また，c の雇用契約の更新回数は 1 回，2 回，… と数値で表されるので量的変数である。一方，b の雇用の契約期間は，1～8 のカテゴリに分かれているので，質的変数である（**6.1.2** 項参照）。たとえば，年齢の場合，21 歳とか，45 歳というように数値で回答すれば量的変数となるが，1. 15 歳未満，2. 15 歳以上 65 歳未満，3. 65 歳以上，という 3 つの選択肢から回答するのであれば，質的変数（順序尺度）となる。

6.1.2 名義尺度，順序尺度，間隔尺度，比例尺度

質的変数は，**名義尺度**あるいは**順序尺度**で測定される。

- 名義尺度：性別や地域など，順序ではなく単に区別するための尺度
- 順序尺度：ある商品の満足度を1〜5に分類するなど，カテゴリ間の順序を示す尺度

例題6.1の調査項目bの雇用契約期間は選択肢1〜7までであれば，小さい順に並んでおり，順序尺度になる。しかし，「期間がわからない」という選択肢8があり，すべての選択肢が順序で並んでいるわけではないので，1〜8全体でみると名義尺度となる。

一方，量的変数は，次の**間隔尺度**あるいは**比例尺度**で測定される。

- 間隔尺度：温度や西暦などその比率に意味はなく，間隔にのみ意味がある尺度。たとえば，30°Cは10°Cより温度が20度高いが，3倍であるという意味ではない。
- 比例尺度：数値の0に意味があるもので，数値ごとに比較したとき，何倍となっているかに意味を持つ尺度（身長，体重，世帯人数，GDPなど）。

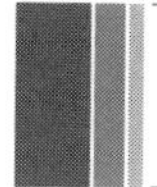

§ 6.2 統計グラフによるデータの可視化

統計データをわかりやすく表現するために，グラフを作成してデータを要約することがしばしば行われる。その際，データの特性や分析の目的に合わせて適切なグラフを用いることが重要である。

6.2.1 基本的なグラフ

基本的なグラフとして，以下のようなものがある。

- 棒グラフ：棒の高さで，項目（カテゴリ）ごとのデータの大きさを比較するために用いられるグラフ。
- 折れ線グラフ：主に時間的変化（時系列データの推移）などを表現するために用いられるグラフ。クロスセクションデータ（時間が固定されたデータ）でも，年齢による変化をみる際などに利用される。

- 円グラフ：各項目の全体に対する割合を表すために用いられるグラフ。
- 帯グラフ：各項目の全体に対する割合の時系列変化や属性ごとの違いを分析する際に用いられるグラフ。図6.1は，貯蓄の種類別貯蓄現在高の構成比の推移（二人以上の世帯）の帯グラフである。預貯金のうちの通貨性預金の構成比が上昇し，定期性預金の構成比が低下しているなど，内訳の変化をみることができる。なお，このグラフでは，合計の貯蓄現在高の金額が年次の下に示されているので，それに構成比をかければ，それぞれの内訳の金額が算出できるようになっている。
- 積み上げ棒グラフ：棒グラフにおいて，各棒の長さを項目などに分けることによって，項目の構成の変化をみることができるグラフ（例は**6.2.2**項のその他のグラフを参照）。

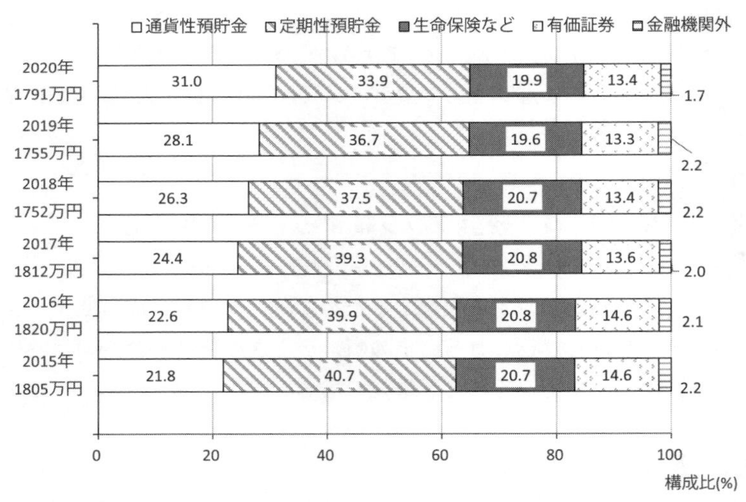

図中の数値は構成比（%），年次の下の数値は貯蓄現在高（合計）
資料：総務省「家計調査」

図6.1　貯蓄の種類別貯蓄現在高の構成比の推移（二人以上の世帯）

例題 6.2　図 6.2 は，経済産業省「商業動態統計調査」に基づく，2012 年 1 月から 2015 年 12 月までの小売業販売額のグラフである。この図について，適切でない説明を，下の①〜⑤のうちから一つ選びなさい。

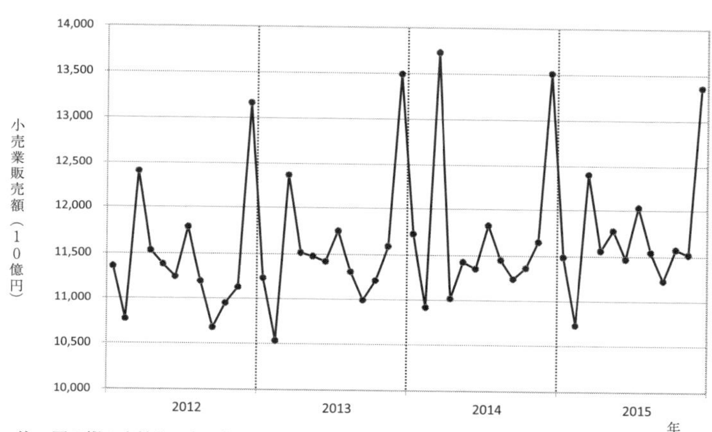

注：図の縦の点線は，ある年の 12 月と翌年の 1 月の境界を表す。
資料：経済産業省「商業動態統計調査」

図 6.2　小売業販売額の推移

① 毎年 2 月の小売販売額は，前後の月より少なくなっている。これは，2 月の日数が他の月より少ないことも原因となっている。

② 2014 年 3 月は，他の年の 3 月に比べて小売販売額が特に多くなっている。これは，2014 年 4 月の消費税率引上げの駆け込み購入も原因となっている。

③ 毎年 7 月の小売販売額は，前後の月より多くなっている。これは，夏のボーナス後にお中元を贈ることも原因となっている。

④ 毎年 8 月の小売販売額は，前後の月より多くなっている。これは，夏休みを利用して百貨店などで買物をする機会が多くなることも原因となっている。

⑤ 毎年 12 月の小売販売額は，前月よりかなり多くなっている。これは年末の贈答品や新年に向けての準備等のための購入なども原因となっている。

（答）　正解は④である。

【解説】　この問題は，**6.6.3** 項で説明する季節性について折れ線グラフから読み取る問題である。① グラフにみるように，毎年2月は小売業販売額が前後の月に比して小さくなっており，2月の日数は28日（うるう年は29日）で，他の月よりも少ないことが原因の1つと考えられる。② 毎年3月は，4月からの新生活の準備などで小売業販売額は多くなっている（2014年3月が特に大きな値を示していることについては，**6.6** 節のティータイム参照）。③ 毎年7月は，3月や12月ほどではないが，前後の月より小売業販売額が多くなっていることをグラフから読み取ることができる。これは，夏のボーナス支給後にお中元などの消費が活発になることを反映している。④ グラフにみるように，毎年8月の方が7月よりも，小売販売額が少なくなっている（7月については③参照）。8月は，夏休みで帰省や旅行をするため，百貨店などの販売額は少なくなることが多い。⑤ 2014年3月の消費税率引上げ前の駆込み購入があった2014年を除いて，12月は小売業販売額が最も多い月である。

6.2.2　その他のグラフ

6.2.1 項で示した以外にも，レーダーチャート，地図グラフ（地図上にグラフを表示したり，地図上の地域をデータの水準などによって色分けしたもの）など，数多くのグラフがある（なお，ヒストグラムと箱ひげ図については，後述する）。また，上で示したグラフを組み合わせたグラフもある。たとえば，図6.3は，需要項目別国内総生産（GDP を民間需要，公的需要，海外需要に分けたもの）の GDP 全体の変化率に対する寄与度（**6.6.2** 項に解説）を積み上げ縦棒グラフにして，GDP 全体の変化率（寄与度の合計）を折れ線グラフで表した複合グラフである（2018年第Ⅰ四半期～2021年第Ⅰ四半期）。

各項目の寄与度を合計すると GDP の変化率になるので，寄与度の符号がすべての項目で同じ場合は，棒の高さと折れ線の位置が一致している。このようなグラフは，全体の変化率にどの項目が大きく影響しているのかをみるのに役立つ。たとえば，新型コロナウイルス感染症拡大の影響が顕著になった2020年第Ⅱ四半期（4–6月期）には，−8% を下回る GDP の変化率となったが，そのマイナス幅の3分の2程度は民間需要，3分の1程度は海外需要

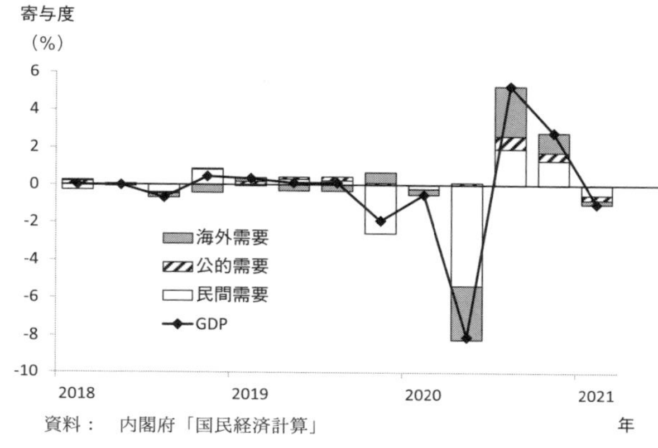

資料：　内閣府「国民経済計算」

図 6.3　需要項目別 GDP の寄与度

によるものであったことを読み取ることができる。

次に，やや特殊なグラフであるが，年齢別人口の構成をみる人口ピラミッドについて例題 6.3 で考えよう。

例題 6.3　図 6.4 は，総務省「国勢調査」の結果から作成した，2015 年の人口ピラミッドである。図に対する説明として適切でないものを，下の①～⑤のうちから一つ選びなさい。

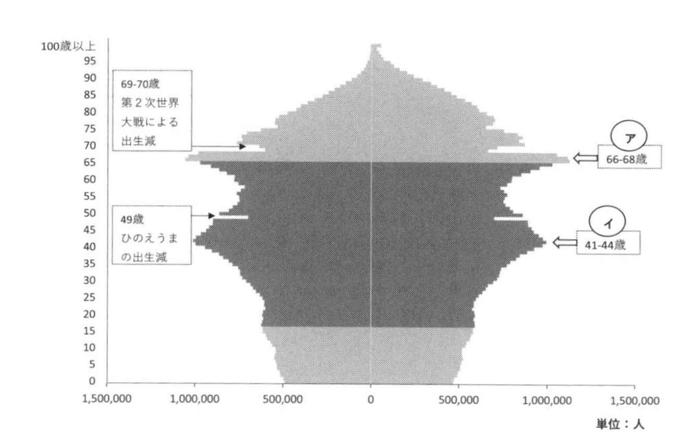

資料：総務省「国勢調査」

図 6.4　2015 年の人口ピラミッド

① この人口ピラミッドでは，右側が女性，左側が男性を示す。
② 高齢者（老年）人口は年少人口よりも多く，高齢化が進んでいる。
③ 生産年齢人口は，10年後に増加すると予測できる。
④ 図中のアの人口が多いのは，第1次ベビーブームによるものであり，この世代は，団塊の世代と呼ばれる。
⑤ 図中のイの人口が多いのは，第1次ベビーブームで増えた人口に対応する世代が結婚・出産の適齢期になったときに生まれた子供たちに対応し，第2次ベビーブームと呼ばれる。

（答）　正解は③である。

【解説】　人口ピラミッドは，縦軸の年齢に対応する人口を男女別の横棒グラフで表したものであり，人口の構成を読み取ることができる。

① 女性の方が平均年齢が高いことが知られており，65歳以上人口は右側の横棒の方がやや長く，右側が女性であることがわかる。② グラフは高い年齢で広く，低い年齢で狭い。これは高齢化が進んでいる社会を表す典型的な形である。③ 10年後（2025年）には，2015年の5–14歳が年少人口から生産年齢人口（15–64歳人口）に，55–64歳が生産年齢人口から高齢者人口に移る。図より，後者の人口の方が前者の人口よりかなり多く，10年後の生産年齢人口は減少すると予測できるので，適切でない。④ 第2次世界大戦直後の1946〜48年の第1次ベビーブームの世代の人口は他の年齢層に比べて多く，団塊の世代と呼ばれている。⑤ 団塊の世代が結婚や出産の適齢期を迎える時期にも，多くの子供が生まれた。これを第2次ベビーブームと呼び，その世代は団塊ジュニアなどとも呼ばれる。

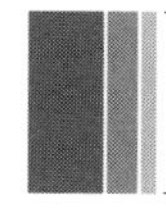

§ 6.3 度数分布とヒストグラム

6.3.1 度数分布とヒストグラム

度数分布表

量的変数を要約し，全体的な特徴をみるために，**度数分布表**が用いられることが多い。表 6.1 は，総務省「住宅・土地統計調査」に基づく 2018 年の都道府県別 1 住宅当たり延べ面積（専用住宅，持家，一戸建て）のデータである。このデータの最小値は 109.29m^2（東京都），最大値は 172.63m^2（富山県）であるので，データは 100～180m^2 の範囲におさまる。10m^2 間隔の階級で，それぞれの階級に含まれる都道府県数（度数または頻度）をカウントしてまとめた表（表 6.2）を度数分布表という。この表から，たとえば 120～140m^2 に入る県が約半数（23 県）あることや，160m^2 以上の非常に広い住宅面積をもつ県が 3 県あることなどがわかる。

また，表 6.3 は，総務省「家計調査」に基づく 2016 年の二人以上の世帯のうち勤労者世帯（以下，単に勤労者世帯という）の年間収入の度数分布表で

表 6.1 都道府県別 1 住宅当たり延べ面積（2018 年）

都道府県	面積 (m^2)	都道府県	面積 (m^2)	都道府県	面積 (m^2)	都道府県	面積 (m^2)
北海道	124.90	東京都	109.29	滋賀県	145.38	香川県	136.58
青森県	148.16	神奈川県	112.94	京都府	117.75	愛媛県	124.38
岩手県	149.49	新潟県	156.81	大阪府	113.87	高知県	118.01
宮城県	138.29	富山県	172.63	兵庫県	129.76	福岡県	126.15
秋田県	154.71	石川県	159.45	奈良県	135.87	佐賀県	141.75
山形県	161.21	福井県	165.44	和歌山県	125.88	長崎県	124.14
福島県	141.37	山梨県	135.77	鳥取県	152.69	熊本県	128.92
茨城県	130.99	長野県	148.83	島根県	153.99	大分県	126.79
栃木県	131.07	岐阜県	144.72	岡山県	136.47	宮崎県	117.03
群馬県	129.72	静岡県	130.97	広島県	127.86	鹿児島県	109.74
埼玉県	114.83	愛知県	134.59	山口県	127.94	沖縄県	109.84
千葉県	120.01	三重県	133.68	徳島県	135.27		

資料：総務省「住宅・土地統計調査」

表 6.2　表 6.1 の度数分布表

面積 (m^2)	都道府県数（度数）
以上　未満	
100〜110	3
110〜120	6
120〜130	12
130〜140	11
140〜150	7
150〜160	5
160〜170	2
170〜180	1
計	47

表 6.1 より作成

あるが，こうした表からは個々の世帯の年間収入のデータは得られないし，個々の世帯のデータが公表されているわけではない。公的統計では，調査対象ごとの回答結果は，さまざまな理由から，通常はみることができないため，こうした度数分布表で提供されることがほとんどである。

相対度数・累積度数・累積相対度数

度数分布表では，次のような指標がしばしば算出される。

- **相対度数**：各階級の度数の全体の度数（データの個数，観測値の個数）に対する割合で，% で表されることもある。

$$相対度数 = 階級の度数/度数の合計$$

- **累積度数**：ある階級以下に含まれる度数の合計で，その階級以下の度数を合計することによって求められる（その階級の度数とその階級の 1 つ前の階級の累積度数の和と同じ）。
- **累積相対度数**：累積度数における度数の代わりに相対度数を用いたものである。

表 6.3 では，第 3 列に相対度数（世帯数の比率），第 4 列に累積度数，第 5 列に累積相対度数が計算されている。相対度数をみれば 400〜1000 万円の各

表 6.3　年間収入の度数分布（2016 年，勤労者世帯）

年間収入階級（万円）	世帯数（抽出率調整）	相対度数	累積度数	累積相対度数
以上　未満				
～200	98	0.010	98	0.010
200～300	375	0.038	473	0.047
300～400	905	0.091	1,378	0.138
400～500	1,333	0.133	2,711	0.271
500～600	1,539	0.154	4,250	0.425
600～700	1,423	0.142	5,673	0.567
700～800	1,232	0.123	6,905	0.691
800～1000	1,653	0.165	8,558	0.856
1000～1250	827	0.083	9,385	0.939
1250～1500	316	0.032	9,701	0.970
1500～	299	0.030	10,000	1.000
計	10,000	1.000		

資料：総務省「家計調査」

階級で 10% を超え，多くの世帯数の年間収入が 400～1000 万円にあることがわかる。累積相対度数をみると，800 万円未満に約 7 割（69.1%）の世帯が含まれることや，累積相対度数が 50% に対応する世帯（中央値）が，600～700 万円の階級にあることなどがわかる。

例題 6.4　表 6.4 は，総務省「平成 25 年住宅・土地統計調査」に基づく専用住宅一戸建ての住宅の所有の関係・延べ面積別住宅数を示している。ただし，住宅の所有の関係は，持ち家，公営の借家，民営借家の 3 種である。この表について，最も適切な説明を，下の①～⑤のうちから一つ選びなさい。

表 6.4　専用住宅一戸建ての住宅の所有の関係・延べ面積別住宅数（2013 年）

住宅の所有の関係	総数	$29m^2$ 以下	30～$49m^2$	50～$69m^2$	70～$99m^2$	100～$149m^2$	$150m^2$ 以上	1 住宅当たり延べ面積 (m^2)
持ち家	25,401,100	36,000	416,300	1,576,400	5,608,300	10,833,400	6,930,600	131.72
公営の借家	40,700	2,200	10,100	12,100	13,400	2,200	700	64.41
民営借家	1,601,600	53,500	303,800	399,800	409,500	319,800	115,200	82.03

資料：総務省「平成 25 年住宅・土地統計調査」

① 公営の借家の方が，民営借家よりも1住宅当たりの延べ面積が広い。
② 持ち家の50％以上の住宅が，延べ面積100m^2 以上である。
③ 民営借家の50％以上の住宅が，延べ面積70m^2 未満である。
④ 公営の借家のうち10％以上の住宅が，延べ面積100m^2 以上である。
⑤ 持ち家と公営の借家と民営借家を合算した場合，延べ面積が30m^2 未満の住宅の構成比は1％以上である。

（答）　正解は②である。
【解説】　表6.4は，一番右の列以外，持ち家・公営の借家・民間借家という3つの住宅所有関係別の度数分布表になっており，相対度数，累積相対度数を算出すると表6.5になる。

表6.5　表6.4の相対度数，累積相対度数

a. 相対度数

住宅の所有の関係	総数	29m^2 以下	30〜49m^2	50〜69m^2	70〜99m^2	100〜149m^2	150m^2 以上
持ち家	1.000	0.001	0.016	0.062	0.221	0.426	0.273
公営の借家	1.000	0.054	0.248	0.297	0.329	0.054	0.017
民営借家	1.000	0.033	0.190	0.250	0.256	0.200	0.072

b. 累積相対度数

住宅の所有の関係	総数	29m^2 以下	30〜49m^2	50〜69m^2	70〜99m^2	100〜149m^2	150m^2 以上
持ち家		0.001	0.018	0.080	0.301	0.727	1.000
公営の借家		0.054	0.302	0.600	0.929	0.983	1.000
民営借家		0.033	0.223	0.473	0.728	0.928	1.000

表6.4より作成

① 表6.4の一番右の列の1住宅当たりの延べ面積をみれば，64.41m^2 である公営の借家の方が，82.03m^2 である民営借家よりも狭いので，適切でない。②・③ 表6.5bの累積相対度数をみると，50％が含まれている階級は，持ち家で100〜149m^2，民営の借家では70〜99m^2 の階級である。持ち家では，100〜149m^2 のどこかに，中央値である累積相対度数50％に対応する延

べ面積があるので，全体の50% 以上は，必ず100m^2 以上に含まれることになり，②は適切である。同様に，民営の借家では，70m^2 以上であれば必ず50% 以上の住宅を含むが，70m^2 未満では50% 以上になることはなく，③は適切でない。④ 表6.5b より公営の借家の70〜99m^2 に対応する累積相対度数は0.929 である。よって，100m^2 以上の公営の借家は$1 - 0.929 = 0.071$（あるいは，100〜149m^2 と150m^2 以上の相対度数を加えても同じ）となり，10% を下回るから，適切でない。⑤ 持家，公営の借家，民営借家を合計した度数分布表を作成したときの30m^2 未満（29m^2 以下と同義）の相対度数を求めると，

$$(36{,}000 + 2{,}200 + 53{,}500)/(2{,}540{,}100 + 40{,}700 + 1{,}601{,}600) = 0.003$$

となり（0.3%），1% 以上ではないので，適切でない。それぞれの相対度数を単純に平均してはいけないことに注意する必要がある。

ヒストグラム

度数分布表を視覚的に表したグラフが**ヒストグラム**である。ヒストグラムは，横軸に変数の値を，縦軸に度数（または相対度数）をとって，横軸を度数分布表の階級で区切り，その階級ごとに度数の高さで棒（長方形の柱）を立てたグラフである（階級幅が同じ場合。より正確な表現は次の段落を参照）。ただし，階級は連続しているので，柱と柱の間はあけずに連続させる。図6.5 は，表6.2 から作成したヒストグラムであり，120〜130m^2 の県が12と最も多く，そこから離れるほど県の数が少なくなる（山が１つ）。しかし，度数は左右対称ではなく，右にすそが長い分布（少数の面積の大きい県がある）になっていることなどがわかる。

この例のように，階級幅が等しい場合は度数を高さにすればよいが，一般的な表現をすると，ヒストグラムは，柱の面積が度数と比例するように描く。階級幅が異なる場合に，柱の面積を度数と比例させるためには，たとえば，階級幅が２倍の階級では柱の高さを度数の２分の１に，階級幅が５倍の階級では高さを５分の１にする（例題6.5 参照）。

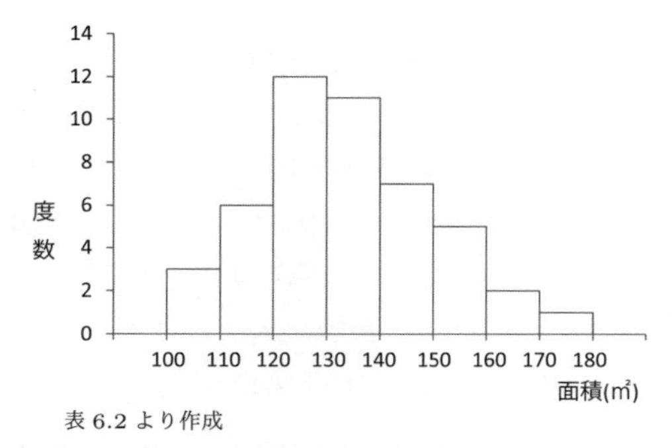

表 6.2 より作成

図 6.5　都道府県別 1 住宅当たり延べ面積のヒストグラム（2018 年）

例題 6.5　表 6.6 は，表 6.3 の度数分布表の 1000～1250 万円と 1250～1500 万円の階級を統合し，1500 万円以上を削除したものである。この度数分布表からヒストグラムを描くとき，最も適切なものを，下の①～⑤うちから一つ選びなさい。ただし，①～⑤の縦軸は，度数または階級幅調整済度数である。

表 6.6　年間収入の度数分布表（2016 年，勤労者世帯）

年間収入階級（万円）	世帯数（度数）
以上　未満	
～200	98
200～300	375
300～400	905
400～500	1,333
500～600	1,539
600～700	1,423
700～800	1,232
800～1000	1,653
1000～1500	1,143
計	9,701

資料：総務省「家計調査」

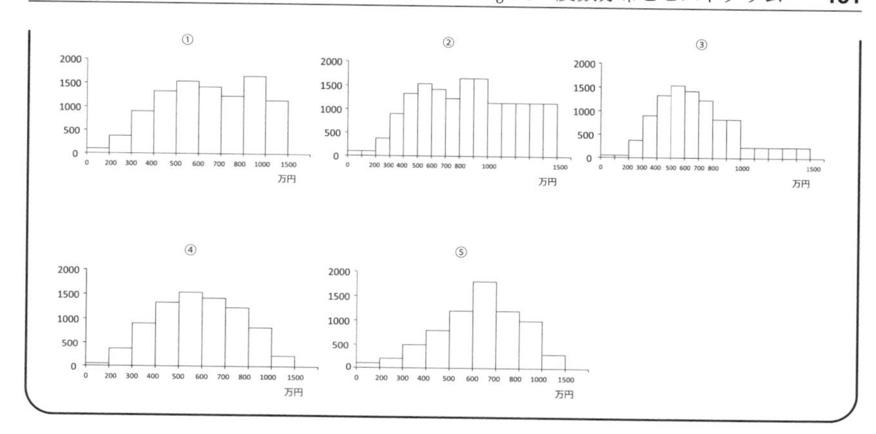

（答）　正解は③である。

【解説】　表 6.6 の度数分布表では，階級幅が異なるので，度数を階級幅で調整する必要があり，200〜800 万円における階級幅 100 万円を基準に考える。200 万円未満と 800〜1000 万円の階級は，階級幅が基準の 2 倍の 200 万円なので，度数を半分にした値をヒストグラムの柱の高さにして（それぞれ，$98 \div 2 = 49$，$1653 \div 2 = 826.5$），1000〜1500 万円の階級は階級幅が 5 倍なので，度数を 5 分の 1 にした $1143 \div 5 = 228.6$ を柱の高さにする。① 度数を階級幅で調整せず，そのままの高さにしており，横軸は，階級幅が異なる階級でも同じ幅になっているので，適切でない。② 横軸は階級幅を正しく反映しているが，縦軸は①と同様に度数を階級幅で調整していないので，適切でない。③ 縦軸は階級幅で調整した数値になっており，横軸も階級幅を正しく反映しているので，適切である。④ 縦軸は度数を階級幅で調整した高さになっているが，横軸が階級幅の違いを反映していないので，適切でない。⑤ 左すそが長い分布になっており，まったく違うヒストグラムであるので，適切でない。

6.3.2　ローレンツ曲線とジニ係数

ローレンツ曲線

ローレンツ曲線・ジニ係数は，所得分配（分布）の不平等度，あるいは所得格差を数量的に把握し，比較するための手法である。

表 6.7　年間収入階級別世帯数および年間収入・世帯数の比率と累積比率（2016年，勤労者世帯）

年間収入階級（万円）	世帯数	階級値（万円）	総収入（世帯数×階級値，万円）	比率		累積比率		台形の面積
				世帯数	年間収入	世帯数	年間収入	
以上　未満								
～200	98	141	13,818	0.010	0.002	0.010	0.002	0.000
200～300	375	255	95,575	0.038	0.014	0.047	0.016	0.000
300～400	905	352	318,618	0.091	0.045	0.138	0.061	0.003
400～500	1,333	449	599,093	0.133	0.085	0.271	0.146	0.014
500～600	1,539	548	843,647	0.154	0.120	0.425	0.265	0.032
600～700	1,423	645	918,414	0.142	0.130	0.567	0.396	0.047
700～800	1,232	745	917,597	0.123	0.130	0.691	0.526	0.057
800～1000	1,653	880	1,455,009	0.165	0.206	0.856	0.733	0.104
1000～1250	827	1,099	908,873	0.083	0.129	0.939	0.862	0.066
1250～1500	316	1,353	427,548	0.032	0.061	0.970	0.922	0.028
1500～	299	1,833	548,067	0.030	0.078	1.000	1.000	0.029
	10,000		7,046,259	1.000	1.000			0.380

資料：総務省「家計調査」

表6.7は，表6.3をもとに算出した世帯数と年間収入の比率・累積比率などである。なお，表中の世帯数は，抽出率で調整した調整集計世帯数であり，表中の階級値は，各階級における年間収入の平均値である。

この表で，世帯数の比率（第5列）と年間収入の比率（第6列）が等しくなれば，世帯数と同じ比率の収入が世帯に分配されていること，すなわち所得格差がなく，所得分配が平等であることを示す。しかし，実際の年間収入の比率は，世帯数の比率に比べて，年間収入が少ない階級で小さく，年間収入が多い階級で大きくなっている。これは，収入に格差（不平等）が生じているためである。同様に，世帯数と年間収入の比率を累積した場合では，世帯数と年間収入の累積比率が等しければ，所得に格差はないと考えることができる。しかし，この例ではそれぞれの累積比率（表6.7の第7列，第8列）は等しくないので，格差（不平等）が生じていると判断できる。

そこで，図6.6のように，世帯数の累積比率を横軸，年間収入の累積比率を縦軸にとり，各階級の累積比率の値をプロットしたとき，0.0から1.0までそれらの点を結んだ線をローレンツ曲線と呼ぶ。もし，世帯数の累積比率と年間収入の累積比率が等しい，すなわち格差がない場合は，ローレンツ曲線は図6.6において対角線となる。この対角線（45度線）のことを，均等分布線（あるいは完全平等線）と呼ぶ。

したがって，ローレンツ曲線が均等分布線の近くに位置すれば所得の格差は小さく，遠くに位置するほど所得の格差は大きいと判断できる。

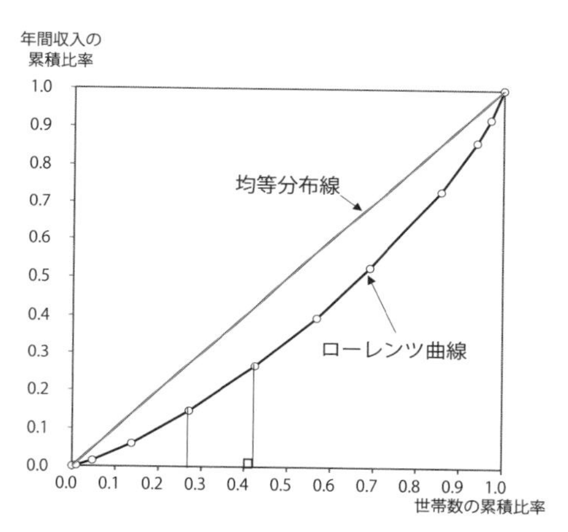

表6.7より作成

図6.6 表6.7のローレンツ曲線

ジニ係数

ローレンツ曲線と均等分布線の近さを数値で表した指標が，ジニ係数である。ローレンツ曲線と均等分布線が近い（離れる）ほど，両者で囲まれた面積が小さく（大きく）なる。ジニ係数は，ローレンツ曲線と均等分布線で囲まれた面積の2倍で定義される。2倍する理由は，両者で囲まれた面積（図6.6の三日月形の図形）は最小値が0，最大値が0.5（ローレンツ曲線が正方形の右外枠に対応）となるため，囲まれた面積を2倍すれば，その範囲は0〜1となってわかりやすいからである。あるいは，ジニ係数を，囲まれた面積が正方形の右下半分の直角二等辺三角形の面積（= 0.5）に占める割合と考えてもよい（囲まれた面積/0.5=囲まれた面積 × 2)。

したがって，ジニ係数が0に近いほど所得格差は小さく，1に近いほど所得格差は大きいことになる。

ジニ係数の計算では，年間収入の累積比率の隣どうしが作る台形の面積を求める。たとえば，図6.6にある台形は，400〜500万円と500〜600万円の年間収入の累積比率（上底と下底）および500〜600万円の世帯数の比率（台形の高さ）を用いて，

$$(0.146 + 0.265) \times 0.154 \div 2 = 0.032$$

と求められる。同様にすべての台形の面積を求め（表6.7の一番右の列），それを合計（0.380）し，0.5から引けば図6.6の三日月形の面積が求められる（$0.5 - 0.0380 = 0.120$）。それを2倍した0.240がジニ係数となる。あるいは，台形の面積の合計0.38を2倍し，正方形の面積である1から引いて，$1 - 2 \times 0.380 = 0.240$と求めてもよい。

ローレンツ曲線とジニ係数に関してまとめると，以下の通りである。

- ジニ係数は0から1の間の値をとる。
- ジニ係数が大きい（1に近い）ほど所得の格差は大きい $\Leftrightarrow$ ローレンツ曲線が均等分布線からより遠くに位置する。
- ジニ係数が小さい（0に近い）ほど所得の格差は小さい $\Leftrightarrow$ ローレンツ曲線が均等分布線のより近くに位置する。
- ジニ係数は，収入（縦軸）の累積比率とその1つ前の階級の累積比率を足し，世帯数（横軸）の比率をかけて2で割った台形の面積をすべての階級に対して計算して合計し，それを2倍して1から引くことによって算出できる。

例題 6.6　表6.7に基づいて，2016年の勤労者世帯の年間収入のジニ係数を求めると0.240になった。また，同年の二人以上の世帯のうち個人営業世帯（以下，単に個人営業世帯という）のジニ係数を求めると0.311であった。このとき，勤労者世帯と個人営業世帯のローレンツ曲線は，それぞれ図6.7のア〜エのどれにあたるか。適切な組合せを，次の①〜⑤のうちから一つ選びなさい。

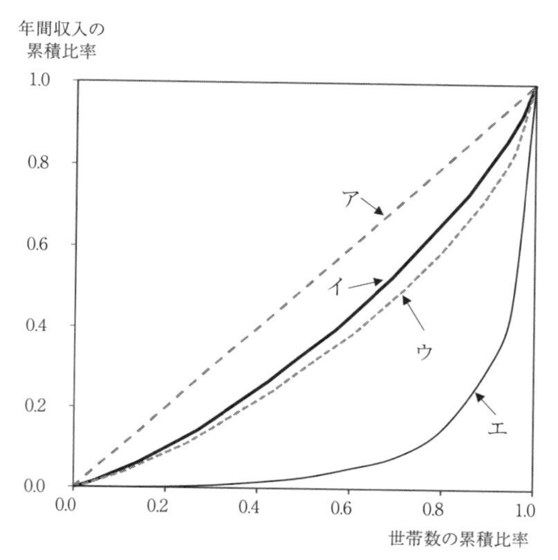

資料：総務省「家計調査」

図 6.7　年間収入のローレンツ曲線（2016 年）

① 勤労者世帯：ア　　個人営業世帯：ウ
② 勤労者世帯：イ　　個人営業世帯：ウ
③ 勤労者世帯：ウ　　個人営業世帯：イ
④ 勤労者世帯：ウ　　個人営業世帯：エ
⑤ 勤労者世帯：エ　　個人営業世帯：イ

（答）　正解は②である。

【解説】　図 6.7 のアは均等分布線であり，勤労者世帯，個人営業世帯のいずれのローレンツ曲線でもない（ジニ係数は 0）。図中のエは，かなり外枠近くに位置しており，エと 45 度線で囲まれた面積は 0.5 に近い値をとるからエは勤労者世帯，個人営業世帯のいずれでもない。したがって，勤労者世帯と個人営業世帯のローレンツ曲線は，イかウのいずれかであるが，勤労者世帯のジニ係数が 0.240，個人営業世帯のジニ係数が 0.311 であることから，均等分布線からより遠くに位置するウが個人営業世帯，イが勤労者世帯となる

(参考までに，表6.7の数値とローレンツ曲線の対応をみれば，勤労者世帯のローレンツ曲線がイであると判断できる)。

§ 6.4 代表値と散らばりの尺度

6.4.1 データの代表値

平均値・中央値・最頻値

平均値（あるいは単に平均）は，観測値の合計を観測値の個数で割った値である。個々の観測値を $x_1, x_2, \cdots, x_n$ で表すと，平均値 $\bar{x}$ は，

$$\bar{x} = \frac{\text{観測値の合計}}{\text{観測値の個数}} = \frac{1}{n}(x_1 + x_2 + \cdots + x_n)$$

で表すことができる。ただし，n は観測値の個数である。

ある代表的な5世帯の年間収入が，357, 535, 678, 847, 1250（万円）であれば，この5世帯の年間収入の合計は3667（万円）であるから，それを5で割って平均値は733.4万円と求められる（このデータは，総務省「家計調査」に基づく2020年の勤労者世帯の年間収入五分位階級別年間収入である)。

中央値（あるいはメディアン，中位数）は，観測値を大きさの順に並べたときの真ん中に位置する観測値の値である。上の例で，$n = 5$ の真ん中は3番目であるので，中央値は678（万円）である。このように，観測値の個数 n が奇数であれば，$(n+1)/2$ 番目の観測値を中央値とする。n が偶数の場合は，$n/2$ 番目とその次の $(n/2+1)$ 番目の観測値を足して2で割った値を中央値とする。たとえば，上の例で世帯が1世帯増えて（$n = 6$），その世帯の年間収入が1250であれば，観測値は357, 535, 678, 847, 1250, 1250となり，3番目の観測値678と4番目の観測値847の平均値である $(678+847)/2 = 763$（万円）が中央値となる。

観測値の個数が偶数でも奇数でも，中央値より小さい観測値の個数と大きい観測値の個数は等しくなる。また，1250万円が10000万円になっても，中央値は変わらないことに注意しよう（平均値は大きくなる)。すなわち，中央値は10000万円という極端に大きな値（外れ値）の影響を受けにくい。

最頻値（あるいはモード）は，最も出現頻度の高い観測値である。上の $n=6$ の例では1250が2世帯あるので最頻値は1250（万円）になるが，$n=5$ の例では，同じ観測値が出現しないので，最頻値は求められない。しかし，最頻値はもとの観測値からではなく，度数分布表（あるいはヒストグラム）において，最も度数の大きい（ヒストグラムの山が最も高い）階級の階級値（階級の真ん中の値とする）として求めることが多い。

度数分布表からの代表値の求め方

度数分布表からは，以下のように平均値，中央値，最頻値を算出する。

- 平均値：階級ごとに，階級値に度数をかけて，その値を全階級について合計し，度数の合計（観測値の個数）で割る。すなわち，以下の式で求められる。

$$\frac{\text{第 1 階級の階級値} \times \text{度数} + \cdots + \text{最後の階級の階級値} \times \text{度数}}{\text{観測値の個数}}$$

  分母の観測値の個数は各階級の度数の合計であり，このように求めた平均値は，階級値を度数でウェイトづけした加重平均とみなすことができる。また，度数分布表からは個々の観測値がわからないので，こうして求めた平均値は，各階級に含まれる観測値をすべて階級値で置き換えて求めた平均値とみなすことができる（上式の分子は合計に対応する。各階級に含まれる観測値の平均を階級値と解釈してもよい）。
- 中央値：累積相対度数が50%を含む階級を探し，その階級の階級値を中央値とする（中央値を含む階級の階級幅を比例配分する方法もある）。
- 最頻値：度数が最も大きい階級の階級値を最頻値とする（ただし，階級幅が異なる場合は，階級幅で調整した度数の最も大きい階級の階級値とする。例題6.5参照）。

例題 6.7 表 6.8 は，総務省「平成 28 年経済センサス–活動調査」に基づく 2016 年の鉄鋼業の従業者規模別事業所数と，それをもとに算出した事業所数と従業者数の比率や累積比率などのデータである。

表 6.8 従業者規模別事業所数と事業所数・従業者数の比率・累積比率（鉄鋼業，2016 年）

従業者規模（人）	階級値 (A)	事業所数 (B)	(A) × (B)	比率		累積比率	
				事業所数	従業者数	事業所数	従業者数
1〜4 人	2.5	3,680	9,200.0	0.418	0.038	0.418	0.038
5〜9 人	7.0	1,703	11,921.0	0.194	0.049	0.612	0.087
10〜19 人	14.5	1,387	20,111.5	0.158	0.083	0.769	0.170
20〜29 人	24.5	650	15,925.0	0.074	0.066	0.843	0.236
30〜49 人	39.5	546	21,567.0	0.062	0.089	0.905	0.324
50〜99 人	74.5	437	32,556.5	0.050	0.134	0.955	0.459
100〜199 人	149.5	222	33,189.0	0.025	0.137	0.980	0.595
200〜299 人	249.5	76	18,962.0	0.009	0.078	0.989	0.674
300 人以上	800.0	99	79,200.0	0.011	0.326	1.000	1.000
合計		8,800	242,632.0	1.000	1.000		

資料：総務省「平成 28 年経済センサス－活動調査」

この表から計算される鉄鋼業の従業者数の平均値・中央値・最頻値について，最も適切な組合せを，次の①〜⑤のうちから一つ選びなさい。

① 平均値：7.0 人，　中央値：7.0 人，　最頻値：2.5 人
② 平均値：27.6 人，　中央値：7.0 人，　最頻値：2.5 人
③ 平均値：27.6 人，　中央値：149.5 人，　最頻値：3680 人
④ 平均値：151.3 人，　中央値：7.0 人，　最頻値：300 人
⑤ 平均値：151.3 人，　中央値：149.5 人，　最頻値：800 人

（答） 正解は②である。

【解説】 従業者数の平均値は前出の式より，$242{,}632.0 \div 8{,}800 = 27.57\cdots \fallingdotseq 27.6$（人）となる。

中央値は，事業所の累積相対度数（累積比率）が 0.5 に対応する従業者規模階級の階級値である（表の従業者数の累積比率でないことに注意）。累積比率 0.5 が含まれるのは 5〜9 人の階級であり，中央値はその階級値の 7.0 人

である。

最頻値については，表の階級は階級幅が異なっているので，階級幅で調整する必要がある。しかし，度数（事業所数）が最も大きいのは階級幅が最も小さい1〜4人の階級の3,680であり，他の階級はこの階級よりも階級幅が広い。したがって，階級幅を調整したとしても，調整した度数が最も大きいのは1〜4人の階級で変わらないことがわかる。したがって，最頻値は，1〜4人の階級の階級値である2.5人である。

6.4.2 代表値の大きさと分布の形状

平均値・中央値・最頻値のどの指標を用いればよいかは，分析の目的にも依存するが，分布が左右対称で山が1つであれば，平均値・中央値・最頻値は，それほど大きく異なることはない。しかし，分布が左右対称ではなく，右にすそが長い分布（図6.8a）だと，平均値は中央値よりも大きく，最頻値が最も小さくなる，すなわち，最頻値＜中央値＜平均値という大きさの順序になることが多い。他方，左にすそが長い分布（図6.8c）だとその逆で，平均値＜中央値＜最頻値という大きさの順序になりやすい。

こうした関係は，次の図6.8のようにまとめることができる。

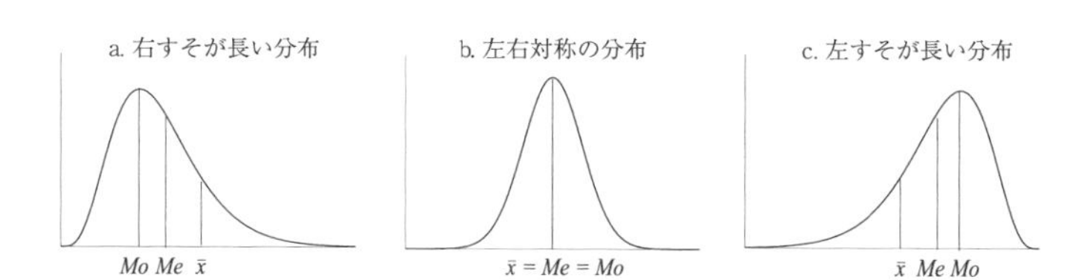

$\bar{x}$：平均値，Mo：最頻値，Me：中央値

図6.8 分布の形状と代表値の大きさの関係

例題 6.8　図 6.9 は，林野庁「都道府県別森林率・人工林率（平成 29 年 3 月 31 日現在）」から作成した，都道府県別森林率の度数分布である。ただし，各階級は 30% 以上 40% 未満のように，下限値を含み，上限値を含まないものとする。なお，森林率とは，国土面積のうち森林面積の占める割合（%）である。このグラフについて，最も適切な説明を，下の①～⑤のうちから一つ選びなさい。

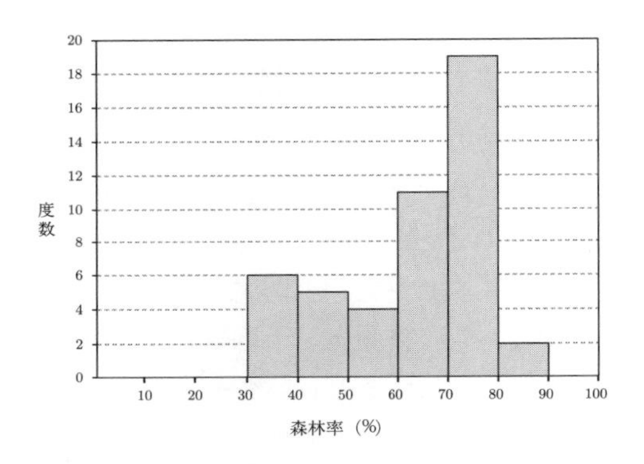

資料：林野庁「都道府県別森林率・人工林率」

図 6.9　都道府県別森林率の度数分布（2017 年）

① 中央値は 70% 以上 80% 未満である。
② 47 都道府県の森林率の算術平均（森林率を合計して 47 で割った値）は，日本全国の森林率と同じ値になる。
③ 度数分布から求めた平均値は 63% になるので，47 都道府県の森林率の算術平均は 58% から 68% の間にある。
④ 森林率の度数分布は右にすその長い分布である。
⑤ 森林面積が占めない割合の度数分布は左にすその長い分布である。

（答）　正解は③である。

【解説】　① $n = 47$ の真ん中は $(47 + 1)/2 = 24$ である。したがって，中央値が含まれている階級は，累積度数の 24 が含まれている階級なので，60～70% であり（表 6.9 参照），①は適切でない。②日本全国の森林率は，日本全

表 6.9 都道府県別森林率の度数分布表（2017 年）

森林率	度数	階級値	相対度数	累積度数	累積相対度数	度数×階級値
0% 以上～10% 以下	0	5	0.000	0	0.000	0
10～20	0	15	0.000	0	0.000	0
20～30	0	25	0.000	0	0.000	0
30～40	6	35	0.128	6	0.128	210
40～50	5	45	0.106	11	0.234	225
50～60	4	55	0.085	15	0.319	220
60～70	11	65	0.234	26	0.553	715
70～80	19	75	0.404	45	0.957	1,425
80～90	2	85	0.043	47	1.000	170
90～100	0	95	0.000	47	1.000	0
合計	47		1.000			2,965

図 6.8 より作成

国の森林面積 ÷ 日本全国の国土面積となり，各都道府県の森林率を算術平均する（森林率を合計して 47 で割る）のではなく，各都道府県の森林率を都道府県の面積で加重平均した値（日本全国の森林面積÷国土面積）が，日本全国の森林率になる。したがって，②は適切でない。③ 表 6.9 から平均値を求めると，$2{,}965 \div 47 = 63$ となる。これはすべてのデータが階級の真ん中の値である階級値であると仮定した平均値であるが，すべてのデータが階級の下限であると仮定すると，平均値は階級の下限に度数をかけて合計し，47 で割ればよい（上限の場合も同様）。したがって，真の平均値は，すべてのデータが階級の下限であるとした場合とすべて階級の上限であるとした場合の間にあるので，階級値から計算した平均値 63% から，階級の幅の半分である ±5% の範囲にあると考えられる。したがって，③は適切である。④ この分布は，最頻値が 70～80% の階級に含まれ，その前後の階級で左右対称とはなっておらず，低い階級（左）にすそが長く伸びている（図 6.9 も参照）。⑤ 森林面積が占めない割合（%）は，100% から森林が占める割合（%）を減じたものであり，その度数分布は図 6.9 の森林率と逆に，10～20% の度数が 2，20～30% の度数が 19，… となり，右にすそが長い分布になる。したがって，⑤は適切でない。

ティータイム　平均貯蓄現在高とその分布

総務省「家計調査（貯蓄・負債編）」で公表されている2020年の二人以上の世帯の平均貯蓄現在高は，1791万円である。1791万円という金額は，非常に高額で，平均値が本当にそんなに多いのかと疑問に感じる人も多いだろう。平均貯蓄現在高は，その分布が左右対称ではなく右にすそが長く，平均値が大きくなりやすい代表的な例である。図6.10は，2020年の貯蓄現在高の分布である。世帯数の相対度数（階級幅が異なっているので，階級幅で調整済であることに要注意）が最も大きいのは100万円未満の階級であり，最頻値＜中央値＜平均値となっていることなどを読み取ることができる。このように右にすそが長い分布となっているため，平均値が1791万円というかなり大きな数値になっている。

このことに関して，分布の形状とは別の視点から解説しよう。

第1は，調査対象の問題である（もちろん，世帯は無作為に抽出されるので，貯蓄の多い世帯のみが選ばれているのではない）。上の結果の調査対象は二人以上の世帯であり，単身者世帯は含まれていないが，当然，二人以上の世帯の貯蓄残高は，単身者世帯よりも多い。また，二人以上の世帯には，勤労者世帯（いわゆるサラリーマン世帯）と勤労者以外の世帯が含まれている。我々が平均的な世帯として思い浮かべるのは，サラリーマン世帯ではないだろうか。勤労者以外の世帯には，自営業や会社役員の世帯も含まれ，それらの世帯の貯蓄現在高は勤労者世帯よりも多い。実際，2020年の勤労者世帯の平均貯蓄現在高は1378万円であり，全体よりも400万円ほど少ない。

第2に，貯蓄現在高の定義である。通常は「貯蓄」というと，銀行に預けている預貯金を思い浮かべるであろう。しかし，家計調査で調査する貯蓄は，銀行の預貯金（通貨性預貯金と定期性預貯金）の他に，生命保険や有価証券なども含んでいる。図6.1に貯蓄の種類別の構成比が示されているが，預貯金の割合は65％程度であり，金額では1163万円となる（勤労者世帯は865万円）。

このように，統計データを利活用するには，統計学の基本的知識だけでなく，調査対象や用語の定義などを含め，統計データがどのように作成されて

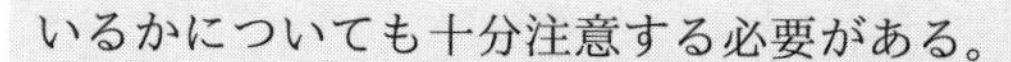
いるかについても十分注意する必要がある。

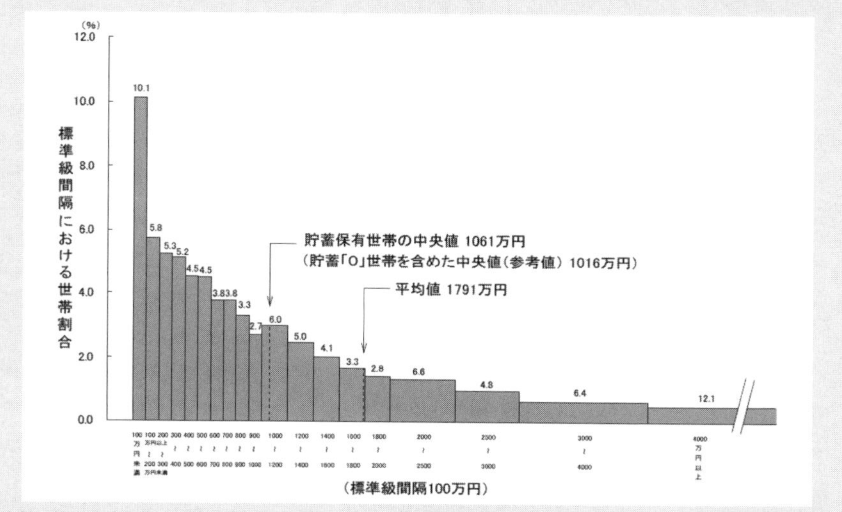

資料：総務省「家計調査報告（貯蓄・負債編）－2020年（令和2年）平均結果－（二人以上の世帯）」より転載

図 6.10　貯蓄現在高階級別世帯分布（2020年，二人以上の世帯）

6.4.3　データの散らばり

データの特徴を考えるとき，データの中心の位置を示す尺度である平均値や中央値などの代表値だけでなく，散らばりの度合いをみることも重要である。たとえば，クラスのある生徒の数学と英語の得点がいずれも60点であり，クラスの数学と英語の平均点がいずれも50点であったとしよう。クラスの平均点との対比だけなら，この生徒の数学と英語の得点はいずれも平均点より10点高いので，数学と英語は同等の評価であると判断するであろう。

しかし，もし数学と英語の得点が図6.11のような分布をしていれば，平均点から10点上の同じ60点でも，英語の60点の方が数学の60点よりも高く評価されよう（60点より上の点数をとった人の割合は，英語の方が少ない）。評価の違いは，英語の散らばりが数学の散らばりよりも小さいことによるものである。このように，データの特徴を捉える上では，位置の尺度だけでなく，散らばりの尺度も考える必要があることがわかる。

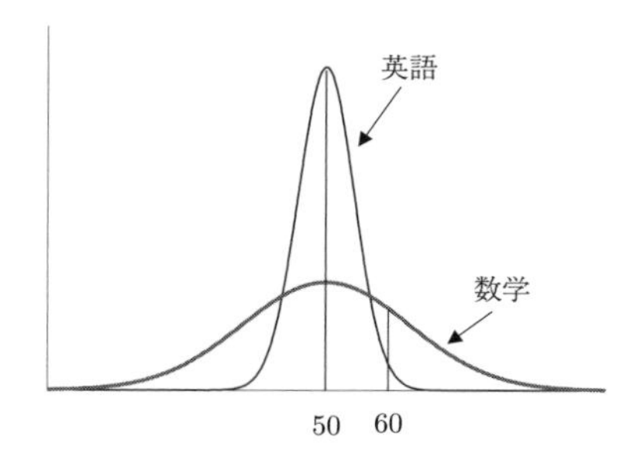

図6.11　得点の散らばり

分散と標準偏差

図6.11の例でみたように，散らばりの大きさは，平均値のまわりに観測値が集中しているか，それとも，平均値から離れた観測値が多いかによって違ってくる。散らばりの大きさを数値として求めるには，各観測値が平均値からどの程度離れているか（平均からの偏差，または単に偏差という）を計算し，それをデータ全体で集計すればよい。実際には，平均値からの散らばりの大きさを測る際，平均からの偏差の合計は0になってしまうので，平均からの偏差の絶対値や2乗を合計することが適当である。通常は，平均値からの散らばりを求めることや数学的な処理の容易さから，偏差の2乗（偏差平方，偏差の2乗と偏差平方は同じ）が用いられる。偏差の2乗の合計を観測値の個数で除した値を**分散**と呼び，散らばりの尺度として利用される。

6.4.1項の5世帯の年間収入の例について，分散を求めると表6.10aのようになる。この表で平均からの偏差を2乗した合計が463,889.2になっているので，分散はそれを観測値の個数である5で割った92,777.84となる。

分散は偏差を2乗して求めるので，その単位はもとのデータの単位の2乗になってしまう（この例だと，(万円)^2）。そこで，分散の正の平方根（ルート）をとって，平均値と単位を合わせて使用することが多い。分散の正の平方根の値を**標準偏差**といい，この例では 標準偏差 $= \sqrt{92777.84} = 304.59$ 万円となる。標準偏差の方が，もとのデータと単位が同じなので解釈しやすいが，分散と標準偏差は，その値の大きさが散らばりの程度を示すので，いずれもデータの特徴を知る際には利用される。

表6.10bには，2010年の同様のデータについての分散が計算されている。

表 6.10　年間収入五分位階級別年間収入の分散（勤労者世帯）

a. 2020 年

	年間収入	偏差	偏差 2 乗
Ⅰ	357	−376.4	141,676.96
Ⅱ	535	−198.4	39,362.56
Ⅲ	678	−55.4	3,069.16
Ⅳ	847	113.6	12,904.96
Ⅴ	1,250	516.6	266,875.56
合計	3,667	0	463,889.2
平均	733.4	0	92,777.84

b. 2010 年

	年間収入	偏差	偏差 2 乗
Ⅰ	332	−359.4	129,168.4
Ⅱ	498	−193.4	37,403.56
Ⅲ	632	−59.4	3,528.36
Ⅳ	805	113.6	12,904.96
Ⅴ	1,190	498.6	248,601.96
合計	3,457	0	431,607.2
平均	691.4	0	86,321.44

資料：総務省「家計調査」

分散は 86321.44，標準偏差 $= \sqrt{86321.44} = 293.81$ 万円である。したがって，分散あるいは標準偏差の大きい 2020 年の方が年間収入の散らばりは大きい（格差が大きいという判断も可能である）。

度数分布表からの分散・標準偏差の求め方

平均値の場合と同様，データが度数分布表で与えられた場合の分散の求め方を考えてみよう。表 6.10 からもわかるように，分散は偏差の 2 乗（偏差平方）を合計して観測値の個数で割った値，すなわち，偏差 2 乗の平均である。したがって，度数分布表から平均値を求める際に，階級値を度数で加重平均したのと同様に，次の式のように偏差 2 乗を度数で加重平均すればよい。

度数分布表からの分散

$$= \frac{(\text{第 1 階級の階級値} - \text{平均値})^2 \times \text{度数} + \cdots + (\text{最後の階級の階級値} - \text{平均値})^2 \times \text{度数}}{\text{観測値の個数}}$$

ただし，偏差 2 乗を求める際の平均値には，度数分布表から求めた平均値を用いることが多い。

表 6.8 の鉄鋼業の従業員数の分散は，表 6.11 のように各階級値から平均値 27.6 を引いた偏差を 2 乗して合計し，度数の合計である 8800 で割ればよい。したがって，分散は $70{,}428{,}551.111 \div 8{,}800 = 8{,}003.2$，標準偏差は，$\sqrt{8003.2} = 89.5$（人）となる。

表 6.11　表 6.8 の平均値・分散の計算

従業者規模（人）	階級値 (A)	事業所数 (B)	度数×階級値 (B) × (A)	偏差 (A) − 平均	度数×偏差 2 乗 (B) × [(A) − 平均]^2
1〜4 人	2.5	3,680	9,200.0	−25.072	2,313,233.526
5〜9 人	7.0	1,703	11,921.0	−20.572	720,709.095
10〜19 人	14.5	1,387	20,111.5	−13.072	237,000.061
20〜29 人	24.5	650	15,925.0	−3.072	6,133.444
30〜49 人	39.5	546	21,567.0	11.928	77,685.711
50〜99 人	74.5	437	32,556.5	46.928	962,385.107
100〜199 人	149.5	222	33,189.0	121.928	3,300,358.898
200〜299 人	249.5	76	18,962.0	221.928	3,743,160.959
300 人以上	800.0	99	79,200.0	772.428	59,067,884.311
合計		8,800	242,632.0		70,428,551.111
		平均値	27.6	分散	8,003.2

表 6.8 より作成

変動係数

散らばりの大きさには，もとのデータの単位で表示される標準偏差を用いることが多い。しかし，身長と体重など異なった単位のデータの散らばりを比較する場合には，標準偏差を平均値で割った**変動係数**で散らばりをみることが適切である。すなわち，変動係数は，

$$\text{変動係数} = \frac{\text{標準偏差}}{\text{平均値}}$$

で定義される。平均値と標準偏差は同じ単位なので，変動係数は単位のない無名数になる（100 倍して % で表示する場合もある）。

表 6.12 は，年間収入十分位階級別支出を用いていくつかの費目についての平均値と標準偏差を算出した結果である。

表 6.12　年間収入十分位階級別支出の平均値・標準偏差・変動係数（2020 年，二人以上の世帯）

	食料	外食	光熱・水道	保健医療	教育	教養娯楽
平均値（円）	76,440	9,587	21,836	14,211	10,290	24,286
標準偏差（円）	13,514	4,830	1,803	2,076	9,209	8,163
変動係数	0.18	0.50	0.08	0.15	0.90	0.34

資料：総務省「家計調査」

標準偏差をみると食料費の散らばりが最も大きいが，必需品である食料費における収入の違いによる支出額の差は，贅沢品である教養娯楽費などに比べて大きくないと直感的には考えられる。食料費の散らばりが最も大きいという結果を，どのように解釈すべきであろうか。もともと食料費は支出額が全般的に多いため，平均値も 76,440 円と最も大きく，標準偏差でみた散らばりは大きくなりがちである（たとえば，大相撲力士の体重と会社員の体重の平均値と散らばりを考えてみよう）。すなわち，支出額の水準が大きく相違する費目間で，各費目の散らばりの大きさを単純に標準偏差の大きさで比較し評価することは問題であろう。

そこで，費目間の支出水準を調整するために，各費目について標準偏差を平均値で除した変動係数を求めてみた（表 6.12 の 3 行目）。食料費の変動係数は 0.18 で，教養娯楽費の 0.34 より小さくなっており，食料費の収入階級間での散らばりは教養娯楽費よりも小さい結果を示している。各費目の変動係数は，表 6.12 にみるように，食料以外でも光熱・水道や保健医療などの必需品で小さくなっており，教育や外食などで大きくなっていることがわかる。

例題 6.9　総務省「平成 30 年家計調査」に基づき，「穀類」，「魚介類」，「肉類」，「調理食品」および「外食」の各費目について，2018 年 12 月における二人以上の世帯の 1 世帯当たり 1 か月間の日別支出額（31 日分）の平均値および標準偏差を算出した。図 6.12 は，横軸に平均値，縦軸に標準偏差をとった散布図である。変動係数が最も小さい費目を，下の①～⑤のうちから一つ選びなさい。

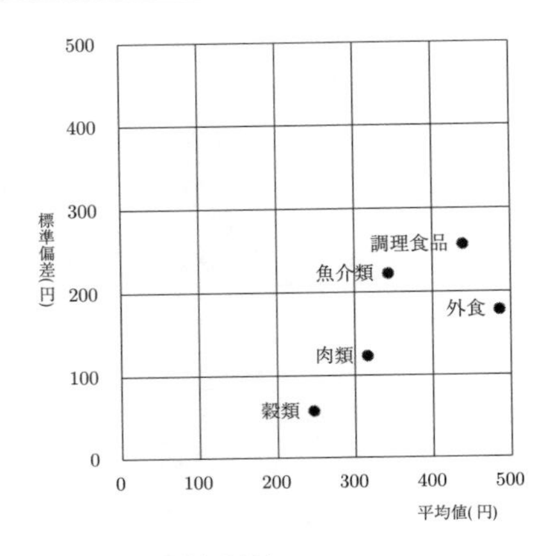

資料：総務省「家計調査」

図 6.12　平均値と標準偏差の散布図

① 穀類　②魚介類　③肉類　④調理食品　⑤外食

（答）　正解は①である。

【解説】　図 6.12 の散布図の費目を表す点において，横軸の値が平均値，縦軸の値が標準偏差になる。変動係数は，標準偏差 ÷ 平均値であるので，縦軸の値/横軸の値，すなわち各点と原点を結んだ線の傾きが変動係数となる。図 6.13 より，傾きの小さい順，すなわち変動係数が小さい順に費目を並べると，穀類 → 外食 → 肉類 → 調理食品 → 魚介類となるので，穀類の変動係数が最も小さい。

四分位数と四分位範囲

分散・標準偏差，変動係数以外にも，散らばりを表す指標がある。

範囲（レンジ）は，最大値－最小値で算出され，すべての観測値が含まれるデータの範囲を示している。範囲が大きいほど散らばりは大きいが，範囲は，外れ値の影響を受けやすい。

分散や標準偏差は，平均からの偏差をもとに算出されており，平均値と同様に外れ値の影響を受けやすい。そこで，散らばりに関しても，外れ値が

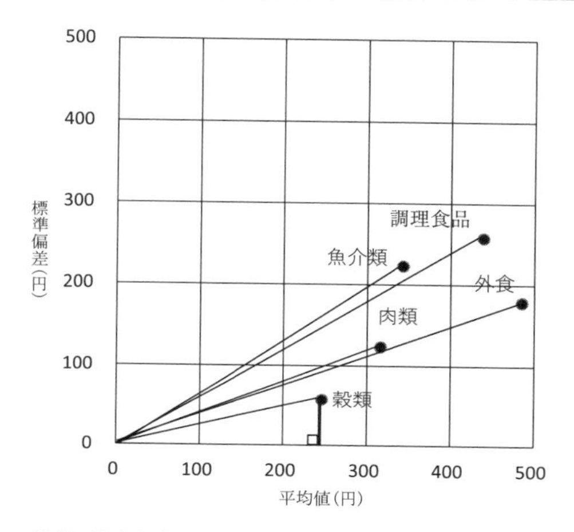

資料：総務省「家計調査」

図 6.13　平均値・標準偏差と変動係数の関係

あっても大きく影響されない安定的な尺度としてよく用いられるのが**四分位範囲**である。

まず，四分位数について説明する。中央値は累積相対度数が 0.5（50%）に対応する観測値の値であるが，同様に累積相対度数の 0.25（25%），0.5（50%），0.75（75%）に対応する観測値の値が四分位数である。

- 第 1 四分位数 Q_1：累積相対度数が 0.25 に対応する観測値の値
- 第 2 四分位数 Q_2：累積相対度数が 0.5 に対応する観測値の値（中央値）
- 第 3 四分位数 Q_3：累積相対度数が 0.75 に対応する観測値の値

四分位範囲（IQR）は，第 3 四分位数から第 1 四分位数を引いた，

$$\mathrm{IQR} = \text{第 3 四分位数} - \text{第 1 四分位数} = Q_3 - Q_1$$

で定義される。つまり，四分位範囲とは観測値の真ん中 50% が含まれる観測値の範囲である。

また，四分位範囲/2 を四分位偏差といい，これを散らばりの指標として用いることもある。

四分位数の求め方は，まず中央値（第 2 四分位数）を算出し，中央値より小さい観測値についてさらに中央値を求めて第 1 四分位数とし，中央値より大きい観測値についての中央値を第 3 四分位数とする（観測値の個数が奇数

の場合，中央値を除いて，中央値より小さいグループと，大きいグループに分ける)。

度数分布表からの四分位数の求め方は，中央値の場合と同様で，累積相対度数が0.25（25%）を含む階級の階級値を第1四分位数，累積相対度数が0.75（75%）を含む階級の階級値を第3四分位数とする。

表6.12の年間収入十分位階級別支出額の十分位というのは，十分位数で観測値を10%ずつに分けていった区切りの値であることがわかる。つまり，第1十分位数は累積相対度数が0.1（10%）に対応する観測値の値，…，第9十分位数は累積相対度数が0.9（90%）に対応する観測値の値となる。

例題 6.10　図6.14は，厚生労働省「国民生活基礎調査」に基づく2016年の年間所得金額階級別世帯数の相対度数分布のヒストグラムである。図中の（ア），（イ）は，中央値，平均値のいずれかを表している。この図について，最も適切な説明を，下の①～⑤のうちから一つ選びなさい。

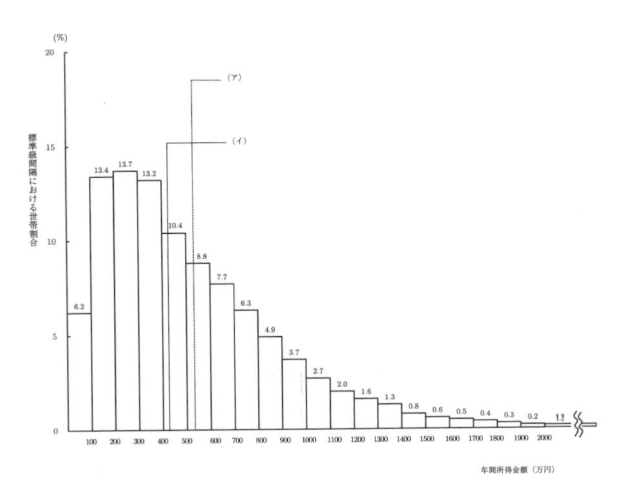

注：熊本県を除いた結果である。図中の数値は相対度数（%）を表す。
資料：厚生労働省「国民生活基礎調査」

図 6.14　年間所得金額階級別世帯数のヒストグラム（2016年）

① 図中（ア）と（イ）のうちで，中央値を表しているのは（ア）である。
② 第3四分位数が含まれているのは，年間所得金額が600〜700万円の階級である。
③ 中央値の半分以下の年間所得金額の世帯の割合は，15% 以下である。
④ 中央値と第1四分位数との差と，第3四分位数と中央値との差を比べると，前者の方が小さい。
⑤ 四分位範囲は，700万円以上である。

（答） 正解は④である。

【解説】 ① 図中の相対度数を累積していくと，$6.2 + \cdots + 13.2 = 46.5$, $46.5 + 10.4 = 56.9$ となり，400〜500万円の階級に中央値は含まれるので，中央値は（イ）である（問題文に，（ア），（イ）のいずれかが中央値か平均値であると指示されている）。② ①と同様に累積していくと，累積度数75が含まれる700〜800万円の階級に第3四分位数はあるので，②は適切でない。③ ①より中央値は最小で400万円，最大で500万円である。したがって，中央値の半分以下というのは，200万円以下から250万円以下となる。200万円以下の累積相対度数は，$6.2 + 13.4 = 19.6\%$ となり，15% 以下とはならない（200万円より大きい250万円以下でも，当然15% 以下にはならない）ので，③は適切でない。④ 第1四分位数は，200〜300万円の階級に含まれる。また，中央値は①より450万円よりも小さい。したがって，中央値と第1四分位数の差は，中央値を大きく見積もって450万円だとしても150〜250万円である。同様に，中央値と第3四分位数の差は，250〜350万円であり，前者の方が小さい（中央値を小さく見積もっても同様）ので，④は適切である。⑤ ④より四分位範囲は，最小で $700 - 300 = 400$ 万円，最大で $800 - 200 = 600$ 万円となるので，600万円を超えることはないので，⑤は適切でない。

6.4.4 箱ひげ図

箱ひげ図は，四分位数や最大値・最小値などを用いて，分布状況を表すグラフである。箱ひげ図にはいくつかの描き方があるが，ここでは基本箱ひげ図について説明する。図6.15の箱ひげ図は，表6.1の都道府県別1住宅当たり延べ面積のデータから作成したものである。箱ひげ図の作成のために，表6.13のように47都道府県の延べ面積から要約値を算出し，それをもとに，

- ひげの両端は観測値の最大値と最小値
- 箱の両端は第1四分位数と第3四分位数
- 箱の中の線は中央値

として，図のように箱とひげを描く。こうすると，ひげの上端から下端までの長さによって観測値の範囲（最大値から最小値を引いた値）を読み取ることができるし，箱の長さによって，観測値の真ん中50%を含む四分位範囲の大きさもわかる。この図では，中央値を中心とすると，上下のひげと箱が対称になっていないので，最大値の方にすそが長い（右にすそが長い）分布であることもわかる。

表6.13　都道府県別1住宅当たり延べ面積の要約値（2018年）

	延べ面積 (m^2)	都道府県
最小値	109.29	東京都
最大値	172.63	富山県
第1四分位数	124.38	愛媛県
第2四分位数	131.07	栃木県
第3四分位数	145.38	滋賀県

表6.1より作成

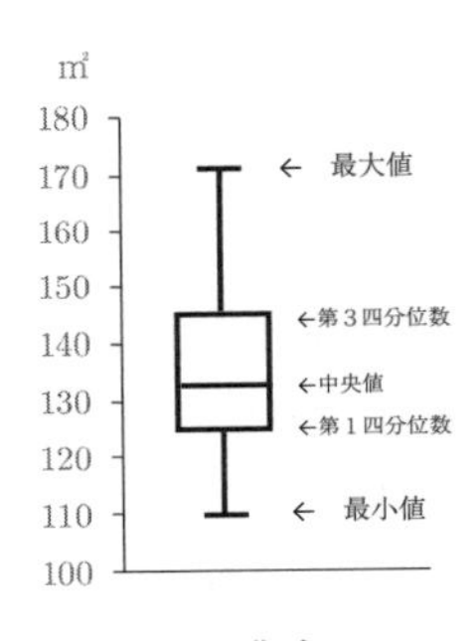

表6.1より作成

図6.15　都道府県別住宅延べ床面積の箱ひげ図（2018年）

例題6.11　厚生労働省「平成28年病院報告」に基づき，都道府県別の常勤医師1人1日当たり一般病院外来患者数（以下，単に「外来患者数」という）と常勤医師1人1日当たり一般病院在院患者数（以下，単に「在院患者数」という）の散布図と箱ひげ図を作成した。

図6.16は，都道府県を地域A（中国・四国・九州・沖縄）と地域B（地域A以外）に層別した外来患者数と在院患者数の散布図であり，図6.17は，地域A，地域Bそれぞれについて作成した外来患者数と在院

患者数の箱ひげ図であり，図中の（ア）～（エ）はいずれかの箱ひげ図を示している。地域A・地域Bと外来患者数・在院患者数の組合せとして，最も適切なものを，下の①～⑤のうちから一つ選びなさい。

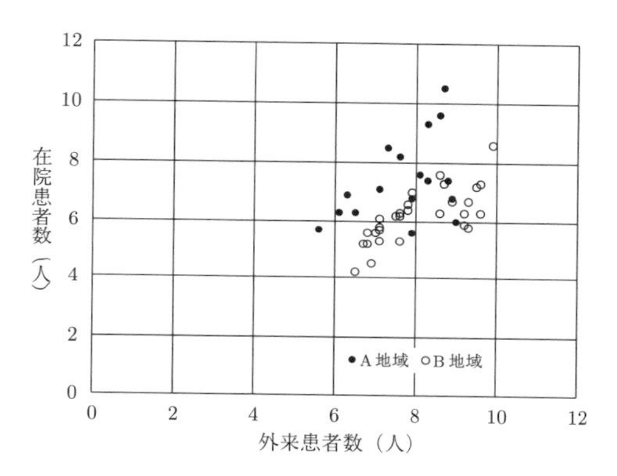

資料：厚生労働省「平成28年病院報告」

図6.16　都道府県別外来患者数と在院患者数の散布図

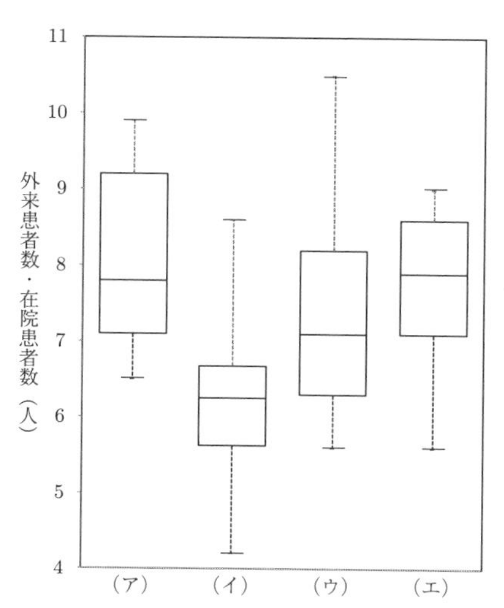

図6.17　地域A・地域Bにおける都道府県別外来患者数・在院患者数の箱ひげ図

① （ア）地域Aの外来患者数　（イ）地域Bの在院患者数
　（ウ）地域Aの在院患者数　（エ）地域Bの外来患者数

② （ア）地域Bの外来患者数　（イ）地域Aの在院患者数
　（ウ）地域Bの在院患者数　（エ）地域Aの外来患者数

③ （ア）地域Bの外来患者数　（イ）地域Bの在院患者数
　（ウ）地域Aの外来患者数　（エ）地域Aの在院患者数

④ （ア）地域Bの外来患者数　（イ）地域Aの外来患者数
　（ウ）地域Aの在院患者数　（エ）地域Bの在院患者数

⑤ （ア）地域Bの外来患者数　（イ）地域Bの在院患者数
　（ウ）地域Aの在院患者数　（エ）地域Aの外来患者数

（答）　正解は⑤である。

【解説】　図6.16の散布図からわかるのは，最小値と最大値だけである。したがって，地域A・地域Bの外来患者数・在院患者数の最大値・最小値を散布図から読み取って，それらと箱ひげ図のひげの位置を対応させればよい。図より以下の数値が読み取れる（だいたいの値で構わない）。

　地域Aの外来患者数（黒丸，横軸）の最小値：5.6 最大値：9.0
　地域Bの外来患者数（白丸，横軸）の最小値：6.5 最大値：9.9
　地域Aの在院患者数（黒丸，縦軸）の最小値：5.6 最大値：10.5
　地域Bの在院患者数（白丸，縦軸）の最小値：4.2 最大値：8.6

これらの数値と，箱ひげ図のひげの両端との対応をみれば，
　（ア）…地域Bの外来患者数，（イ）…地域Bの在院患者数
　（ウ）…地域Aの在院患者数，（エ）…地域Aの外来患者数
であることがわかる。

§ 6.5　2 変数の関係の分析

ここでは，2 つの変数の関係について考える。

6.5.1　クロス集計表

まず，質的変数について変数間の関係をみることにする。

表 6.14 は，総務省「社会生活基本調査」に基づき，何らかのスポーツを過去 1 年間に行ったかどうかを男女別に集計した結果である（対象は 10 歳以上）。社会生活基本調査では，何らかの行動を行った人の数を行動者数，その比率を行動者率と呼んでいる。表 6.14a は，男女別にスポーツの実施の有無を集計した表である。スポーツをした／しなかったと性別（男／女）という 2 つの質的変数の組み合わせによって集計されており，こうした集計表は**クロス集計表**と呼ばれる。

クロス集計表では，比率を算出することによって，2 つの変数の関係をみることが多い。クロス集計表の比率には，表 6.14b のように行の合計で各セ

表 6.14　スポーツの行動者数・非行動者数（2016 年，10 歳以上）

a. 行動者数・非行動者数　単位：千人

	した	しなかった	合計
男	40,576	14,631	55,207
女	37,401	20,692	58,093
合計	77,977	35,323	113,300

b. 行比率　単位：%

	した	しなかった	合計
男	73.5	26.5	100.0
女	64.4	35.6	100.0
合計	68.8	31.2	100.0

c. 列比率　単位：%

	した	しなかった	合計
男	52.0	41.4	48.7
女	48.0	58.6	51.3
合計	100.0	100.0	100.0

d. 全体に対する比率　単位：%

	した	しなかった	合計
男	35.8	12.9	48.7
女	33.0	18.3	51.3
合計	68.8	31.2	100.0

資料：総務省「社会生活基本調査」

ルを割り，行の合計を100%とする比率（行比率），表6.14cのように列の合計を100%とする比率（列比率），表6.14dのように全体の合計を100%とする比率があり，分析の目的によって使い分ける必要がある。

この例で最も有用な比率は，bの行比率である。男全体のうちスポーツをした人の割合，すなわち行動者率が73.5%，女の行動者率が64.4%となり，男の方がスポーツをする人の割合が高いことがわかる（しなかった人の割合は，当然，女の方が高い）。また，列比率をみると，スポーツをした人の中では男が52.0%と女より高い。しかし，そもそも男の人口の比率が大きければ，スポーツをする人の中でも男の比率が高くなるはずなので，一番右の男女別人口の比率と比較する必要がある。ここでは，男の人口の比率が48.7%で，それよりも52.0%は高いので（女は逆），男の方がよりスポーツをすることがわかる。

例題6.12　表6.15は，厚生労働省「平成28年国民生活基礎調査」に基づく，2016年の20歳以上有業人員について，雇用形態，男女別の過去1年間における健康診断等の受診状況を示したデータである。この表に関する説明として，最も適切なものを，下の①～⑤のうちから一つ選びなさい。

表6.15　20歳以上有業人員の過去1年間における健康診断等受診状況

（単位：千人）

雇用形態	男				女			
	総数	受けた	受けていない	不詳	総数	受けた	受けていない	不詳
総数	32,674	25,786	6,554	334	25,873	18,682	6,948	243
一般常雇者	22,380	19,169	3,010	200	16,473	12,732	3,596	145
雇用期間1年未満の雇用者	2,257	1,639	589	29	4,399	3,107	1,258	35
会社・団体等の役員	2,106	1,628	456	23	724	489	230	5
自営業主	4,719	2,687	1,973	59	1,543	861	656	27
家族従業者	571	248	313	10	1,865	1,033	816	16
内職者	27	14	12	1	176	77	98	1
その他	454	295	155	4	448	253	190	5
勤めか自営か不詳	161	106	46	8	245	131	106	8

注1：一般常雇者は雇用契約期間が1年を超える者または雇用契約期間を定めないで雇われている者を指す。
注2：総数は，丸めによる誤差のため項目の合計とは必ずしも一致しない。
資料：厚生労働省「平成28年国民生活基礎調査」

① 一般常雇者のうち健康診断を受けたと回答した者の割合は，女より男の方が低い。
② 雇用期間1年未満の雇用者のうち健康診断を受けたと回答した者の割合は，女より男の方が低い。
③ 会社・団体等の役員のうち健康診断を受けたと回答した者の割合は，女より男の方が低い。
④ 自営業主のうち健康診断を受けたと回答した者の割合は，女より男の方が低い。
⑤ 家族従業者のうち健康診断を受けたと回答した者の割合は，女より男の方が低い。

（答）　正解は⑤である。

【解説】　表6.15では，健康診断を受診したかどうかとともに，回答者の性別・雇用形態を調査し，その3つの変数でクロス集計されている。健康診断受診の有無が雇用形態とクロス集計され，それがさらに男女別にも集計されているという意味で，多重クロス集計になっている（3重クロス集計）。選択肢では，受診したかどうかの割合の男女別の比較が問題となっているので，表6.16のように行比率を男女別に算出して比較する必要がある。

① 一般常雇者で健康診断等を受けた割合は，男が $19{,}169/22{,}380 \times 100 = 85.7\%$，女が $12{,}732/16{,}473 \times 100 = 77.3\%$ なので，男の方が高く，適切でない（実際に問題を解くときは，表6.16を作成するのではなく，こうした比較に必要となる最小限の比率の計算を行う。以下，同様）。② 雇用期間1年未満の雇用者で健康診断等を受けた割合は，男が72.6%，女が70.6%で，男の方が高く，適切でない。③ 会社・団体等の役員で健康診断等を受けた割合は，男が77.3%，女が67.5%で，男の方が高く，適切でない。④ 自営業者で健康診断等を受けた割合は，男が56.9%，女が55.8%で，男の方が高く，適切でない。⑤ 家族従業者で健康診断等を受けた割合は，男が43.4%，女が55.4%で，男の方が低く，適切である。

表6.16　表6.15の行比率

（単位：%）

雇用形態	男				女			
	総数	受けた	受けていない	不詳	総数	受けた	受けていない	不詳
総数	100.0	78.9	20.1	1.0	100.0	72.2	26.9	0.9
一般常雇者	100.0	85.7	13.4	0.9	100.0	77.3	21.8	0.9
雇用期間1年未満の雇用者	100.0	72.6	26.1	1.3	100.0	70.6	28.6	0.8
会社・団体等の役員	100.0	77.3	21.7	1.1	100.0	67.5	31.8	0.7
自営業主	100.0	56.9	41.8	1.3	100.0	55.8	42.5	1.7
家族従業者	100.0	43.4	54.8	1.8	100.0	55.4	43.8	0.9
内職者	100.0	51.9	44.4	3.7	100.0	43.8	55.7	0.6
その他	100.0	65.0	34.1	0.9	100.0	56.5	42.4	1.1
勤めか自営か不詳	100.0	65.8	28.6	5.0	100.0	53.5	43.3	3.3

表6.15より作成

6.5.2　散布図と相関

2つの量的変数の関係をみる場合，度数分布表を作成する場合と同様にそれぞれの変数について階級を考え，2つの変数の階級を表頭・表側にとって，それぞれの階級に対応する観測値の個数（度数）をカウントするクロス集計表を作成することができる。こうした表は相関表とも呼ばれ，観測値の個数が大きい場合には有効な方法である。

また，それぞれの変数をxとyで表すと，横軸にx，縦軸にyをとって，xとyでペアになっている観測値の点を図中に表示することによって，両者の関係をみるのが**散布図**である（図6.12，図6.16も散布図である）。

図6.18は，年間収入十分位階級別消費支出と食料費の散布図である。消費支出とは，商品やサービスを購入して実際に支払った金額の合計で，いわゆる生活費に対応する。データは表6.17で示されているが，散布図は，xとyに対応する観測値を図中に点で表示する。図6.18の散布図における点は右上がりの傾向にあり，消費支出，すなわち生活費全体が増加するに従って，食料費も増加することを示している。また，10個の点はほぼ右上がりの直線上に位置しており，両者の関係は非常に強いことがわかる。

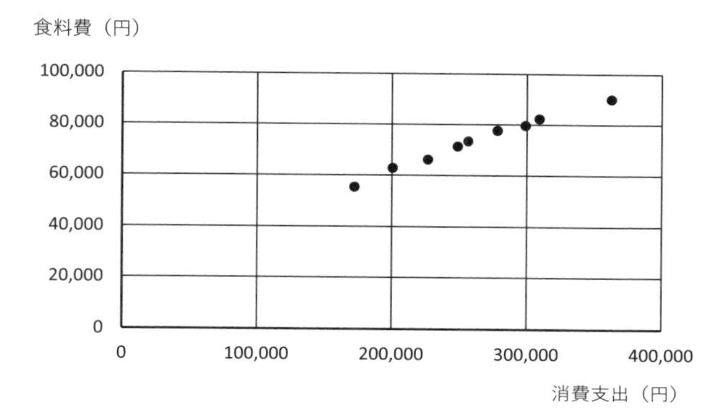

資料：総務省「家計調査」

図 6.18　消費支出と食料費の散布図（2020 年，二人以上の世帯）

このように，散布図によって2つの変数の関係の状況やその強さを判断できる。図 6.19a のように，散布図の点が左下から右上に位置する場合は x が増えたときに y も増える傾向にあり，正の相関関係があるという。逆に，図 6.19b のように左上から右下に点が位置する場合は，x が増えたときに y は減る傾向にあり，負の相関関係があるという。図 6.19c のように，そのような特定の傾向がない場合，無相関であるという。同じ正の相関でも，図 6.18 のように散布図上の点が1本の直線に非常に近いところに位置する場合は強い正の相関があるといい，そうでない場合は，弱い相関であるという。

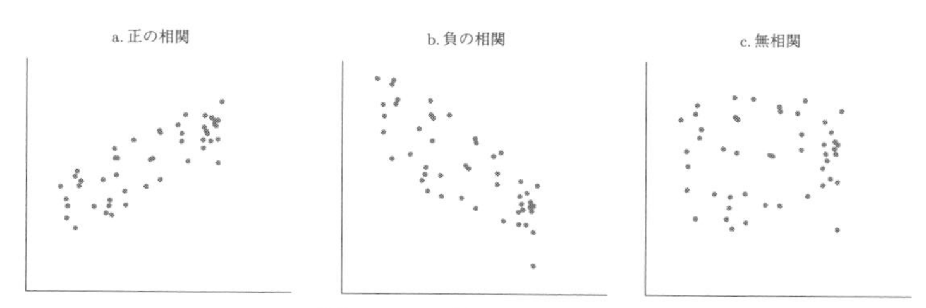

図 6.19　散布図と相関

6.5.3 相関係数

散布図をみれば，正の相関か，負の相関か，さらに相関の強い・弱いを，ある程度，読み取ることができるが，相関の程度を数量的に測定すれば，客観的な判断が可能となる。相関を表す数量的な指標が相関係数である。変数 x と変数 y の相関係数は，次の式で計算される。

$$\text{相関係数} = \frac{x \text{と} y \text{の共分散}}{x \text{の標準偏差} \times y \text{の標準偏差}}$$

相関係数の分子にある変数 x と変数 y の**共分散**は，x の偏差と y の偏差をかけて合計し，観測値の個数で割った値である。具体的に，図 6.18 の散布図のもとになっている消費支出と食料費のデータ（ただし，万円単位に四捨五入）について，偏差や偏差の 2 乗，x の偏差と y の偏差をかけた値を表 6.17 のように算出すると，表の右下の影をつけた部分が共分散に対応し，この例では共分散は 10.07 となる。したがって相関係数は，

$$\frac{10.07}{7.24 \times 1.42} = 0.98$$

と求められる。

表 6.17　消費支出と食料費の相関係数の計算

	x	y	x 偏差	x 偏差 2 乗	y 偏差	y 偏差 2 乗	x 偏差× y 偏差
I	17	6	−10.9	118.81	−1.7	2.89	18.53
II	20	6	−7.9	62.41	−1.7	2.89	13.43
III	23	7	−4.9	24.01	−0.7	0.49	3.43
IV	25	7	−2.9	8.41	−0.7	0.49	2.03
V	26	7	−1.9	3.61	−0.7	0.49	1.33
VI	28	8	0.1	0.01	0.3	0.09	0.03
VII	30	8	2.1	4.41	0.3	0.09	0.63
VIII	31	8	3.1	9.61	0.3	0.09	0.93
IX	36	9	8.1	65.61	1.3	1.69	10.53
X	43	11	15.1	228.01	3.3	10.89	49.83
合計	279	77	0	524.9	0	20.1	100.7
平均	27.9	7.7	0	52.49	0	2.01	10.07
			x 標準偏差	7.24	y 標準偏差	1.42	

注：図 6.18 の消費支出，食料費を四捨五入して万円単位で表示したものを x，y とし，算出した．
資料：総務省「家計調査」

相関係数は -1 から $+1$ の間の値を取り（$-1 \leqq$ 相関係数 $\leqq 1$），正の相関があるときには正の値，負の相関があるときには負の値をとる。そして，相関係数の絶対値が1に近いほど相関が強く，0に近いほど無相関に近い。したがって，相関係数が0.98と1にかなり近いこの例では，非常に強い正の相関があるといえる。

散布図上の点がすべて右上がりの直線上にあれば，相関係数は $+1$ となり，右下がり直線上にあれば相関係数は -1 となる。点の真ん中を通る直線からの散布図上の点の散らばりが大きくなると相関の程度は弱くなる。なお，相関係数は，2つの変数の直線的な関係を測る指標であるので，曲線的な関係の場合には注意が必要である。また，相関係数の絶対値が大きいからといって，それが因果関係の強さを表すわけではない。

例題 6.13　例題6.11の図6.16（説明は例題6.11を参照のこと）に関する説明として，最も適切なものを，次の①～⑤のうちから一つ選びなさい。

① 地域Bでは，外来患者数と在院患者数の間に負の相関がある。

② A，B両地域をあわせた47都道府県全体では，外来患者数と在院患者数の間に相関はない。

③ 外来患者数と在院患者数の相関係数は，地域Bの方が地域Aより小さい。

④ 外来患者数と在院患者数の相関係数は，地域Bの方がA，B両地域をあわせた47都道府県全体より大きい。

⑤ 外来患者数が2人多くなると，在院患者数が平均的に8人増える傾向がある。

（答）　正解は④である。

【解説】　図6.16の散布図では，全国でみた場合，弱い正の相関がある。さらに，地域A（中国・四国・九州・沖縄）と地域B（地域A以外）で図中の記号を変えることによって，両地域での相関の違いをみることができる（グループ別に表示する散布図を，層別散布図という）。

① 地域Aも地域Bも点が右上がりになっていることから，正の相関があ

るので，適切でない。② 都道府県全体でみても，①と同様に，点が右上がりになっていることから，正の相関があるので，適切でない。③ 地域Aも地域Bも，散布図上の点が直線の近くに位置しておらず，弱い正の相関がある。しかし，地域Bの方がやや狭い範囲（点の真ん中を通る直線に近い範囲）に点が集まっており，相関係数が大きい（実際に相関係数を計算すると，地域Aは0.43，地域Bは0.72である）ので，適切でない。④ 都道府県全体の点の散らばりよりも，地域Bの方が狭い範囲に点が集まっており，地域Bの方が相関が強く，相関係数は大きいので，適切である（全体の相関係数は0.42）。⑤ 地域A・地域B別にみても，全体でみても，外来患者数が多くなると，在院患者数も多くなる（正の相関）。それがどの程度であるか，すなわち，外来患者数がどのくらい多くなると，在院患者数がどのくらい増えるのかをみるには，散布図の点が，水平方向に右側に増えたとき，在院患者数が垂直方向にどれだけ上に増えるのかをみればよい。横軸と平行の水平方向に2人（1目盛）増えると，地域Bでは3人程度，地域Aでは3〜5人程度，都道府県全体でも3〜5人程度となっており，いずれの場合でも8人は増えていないので，適切でない。

相関係数が正ということは，xが増えればyが増える傾向にあることを意味するが，xが増えればyがどの程度増えるかどうかは，相関係数からはわからない。その目的のためには回帰分析が利用される。

§6.6 経済統計データの分析

経済統計データを分析する際に，比較的よく利用されるいくつかの手法を取り上げて，例題も踏まえて説明する。

6.6.1 名目値と実質値

経済統計データは，GDPをはじめ，金額で表示されるデータが多い。GDPを時系列的に比較して得られる増加・減少の程度は，景気の判断に重要な情報を与えるが，金額のデータを時系列で比較する際には，物価の影響を考える必要がある。

表 6.18 の第 2 列には，1965 年と 2015 年の可処分所得額が示されており，50 年間の変化をみることができる。可処分所得は 1965 年から 2015 年の 50 年間で $427,447/65,073 = 6.6$ 倍に増加した。しかし，その間には物価も上昇しているので，所得が 6.6 倍になっても，生活水準が 6.6 倍に上昇したわけではない。

表 6.18 可処分所得の実質化

年	名目可処分所得（円）	CPI（2020 年=100）	実質可処分所得（円）	倍率（名目）	倍率（CPI）	倍率（実質）
1965	65,073	23.9	272,272	1.0	1.0	1.0
2015	427,447	97.8	437,062	6.6	4.1	1.6

注：可処分所得は，農林漁家世帯を除く二人以上の世帯のうち勤労者世帯
CPI（消費者物価指数）は，持家の帰属家賃を除く総合（2020 年基準）
資料：総務省「家計調査」「消費者物価指数」

表 6.18 で示されている CPI は，2020 年基準，すなわち，2020 年を 100 としているので，2015 年は 2020 年に比べて $100 - 97.8 = 2.2\%$ 物価が低いことを表している。2015 年の CPI は 1965 年の $97.8/23.9 = 4.1$ 倍になっているので，可処分所得額は 6.6 倍に増加しても，実質的には所得は $6.6/4.1 = 1.6$ 倍しか増加していないことになる。

金額の値を物価水準で調整した数値を**実質値**と称し，もとの金額を**名目値**という。名目値から実質値を作成することを**実質化**という。

$$\text{実質値} = \frac{\text{名目値}}{\text{物価指数}} \times 100$$

表 6.18 で可処分所得の実質値を求めると，以下の通りとなる。

1965 年の実質可処分所得：$\dfrac{65,073}{23.9} \times 100 = 272,272$（円）

2015 年の実質可処分所得：$\dfrac{427,447}{97.8} \times 100 = 437,062$（円）

したがって，実質可処分所得は，この 50 年間で $437,062/272,272 = 1.6$ 倍となり，上記の名目可処分所得と CPI の倍率から求めた結果と一致する。

例題 6.14　表 6.19 は，2015 年から 2017 年までの総務省「家計調査」に基づく二人以上の世帯の消費支出およびその対前年名目増減率，ならびに総務省「消費者物価指数」に基づく持家の帰属家賃を除く消費者物価指数総合のデータである。

表 6.19　消費支出，名目増減率，消費者物価指数

年	消費支出（円）	消費支出の対前年名目増減率（%）	消費者物価指数（2015 年=100）
2015	3,448,482	−1.3	100.0
2016	3,386,257	−1.8	99.9
2017	3,396,330	0.3	100.5

資料：総務省「家計調査」，「消費者物価指数」

2017 年の消費支出の対前年実質増減率（%）を求める式について，適切なものを，次の①～⑤のうちから一つ選びなさい。

① $\left(\dfrac{3{,}396{,}330-3{,}448{,}482}{3{,}448{,}482}\times\dfrac{1}{100.5}\right)\times 100$

② $\left(\dfrac{3{,}396{,}330/3{,}448{,}482}{100.5/100.0}-1\right)\times 100$

③ $0.3\times\dfrac{1}{100.5}\times 100$

④ $0.3\times\dfrac{100.5}{99.9}$

⑤ $\left(\dfrac{3{,}396{,}330/100.5}{3{,}386{,}257/99.9}-1\right)\times 100$

（答）　正解は⑤である。

【解説】　2017 年の消費支出の対前年増減率（%）は，実質消費支出の 2017 年の値が，2016 年に比べて何 % 増減したかによって算出される。

$$2016\text{ 年の実質消費支出}:\frac{3{,}386{,}257}{99.9}\times 100=3,389,647$$

$$2017\text{ 年の実質消費支出}:\frac{3{,}396{,}330}{100.5}\times 100=3,379,433$$

より，2017年の対前年変化率は，以下の通り，⑤に一致する。

$$\frac{2017\text{年の実質消費支出} - 2016\text{年の実質消費支出}}{2016\text{年の実質消費支出}} \times 100$$
$$= \left(\frac{2017\text{年の実質消費支出}}{2016\text{年の実質消費支出}} - 1\right) \times 100 = \left(\frac{3{,}396{,}330/100.5}{3{,}386{,}257/99.9} - 1\right) \times 100$$

ちなみに，実際に⑤の値を求めてみると，

$$\left(\frac{3{,}396{,}330/100.5}{3{,}386{,}257/99.9} - 1\right) \times 100 = \left(\frac{3{,}379{,}433}{3{,}389{,}647} - 1\right) \times 100 = -0.3$$

となり，2017年の実質消費支出は2016年に比べて0.3%減少している。

また，物価は $100.5/99.9 = 1.006$ 倍，名目消費支出は1.003倍なので，$1.003/1.006 = 0.997$ 倍となり，実質値の変化率から求めた0.3%の減少と一致する。したがって，名目消費支出の倍率と物価指数の倍率から実質消費支出の対前年増減率を求めるのであれば，

$$\left(\frac{3{,}396{,}330/3{,}386{,}257}{100.5/99.9} - 1\right) \times 100 = -0.3$$

となる。この式は，②と似ているが，②は2015年（2年前）に対する実質増減率を求めていることになる。上の式のカッコ内の分数の分子である $\frac{3{,}396{,}330}{3{,}386{,}257} = 1.003$，すなわち0.3%は，表6.19に与えられているので，

$$\left(\frac{1 + \frac{0.3}{100}}{100.5/99.9} - 1\right) \times 100$$

によっても，実質消費支出の増減率は算出できる。このように，さまざまな形で算出可能であるが，　実質値＝名目値÷物価指数×100,（対前年増減（変化）率）＝（今年の値－昨年の値)/昨年の値×100　であることをしっかりおさえておくことが重要である。

6.6.2　変化率と寄与度

変化率

経済統計データの場合，データの水準（レベル）よりも，それが何パーセント増加・減少したのかという変動に注目することが多い。たとえば，次の新聞記事によれば，GDPの変化率が注目されている。

例 6.1　内閣府が18日発表した2021年1〜3月期の国内総生産（GDP）速報値は物価変動の影響を除いた実質の季節調整値で前期比1.3%減，年率換算で5.1%減だった。マイナス成長は3四半期ぶり。20年度も前年度比4.6%減で，落ち込み幅はリーマン・ショックがあった08年度（3.6%減）を超え，戦後最大となった。（中略）

輸入は4.0%増で，2四半期連続の増加。医薬品などが増えた。輸出から輸入を差し引いて計算する外需全体のGDPへの寄与度は，マイナス0.2%だった。（日本経済新聞2021年5月18日）

GDPの変化率がプラスで大きな値を取れば景気がよく，マイナスであれば景気が悪いと判断されることが多い。実質GDPの1年間の変化率は，**経済成長率**と呼ばれ，最も注目される経済指標の1つである。

ある期（年，四半期，月次など）の前期に対する変化率（増減率）は，以下の式で算出される。

$$
\begin{aligned}
\text{対前期変化率}\ (\%) &= \frac{\text{今期の観測値} - \text{前期の観測値}}{\text{前期の観測値}} \times 100 \\
&= \left(\frac{\text{今期の観測値}}{\text{前期の観測値}} - 1\right) \times 100
\end{aligned}
$$

年次であれば対前年変化率（前年比），月次であれば対前月変化率（前月比）などと呼ばれる。比較する時期は，前期だけではなく，もっと過去の前年同期などであってもよい。

表6.20aには，年度別の実質GDPのデータが示されている。2020年度の対前年度変化率，すなわち経済成長率は，

$$\frac{525{,}852.4 - 551{,}471.4}{551{,}471.4} \times 100 = -4.6\%,$$

2021年1–3月期の四半期GDPの対前期変化率は，

$$\frac{534{,}274.5 - 541{,}378.5}{541{,}378.5} \times 100 = -1.3$$

となり，それぞれ上記の記事の結果と一致する。

表 6.20 実質 GDP（2015 年基準）と経済成長率

a. 年度

年度	実質 GDP（10 億円）	変化率（%）
2015	539,409.3	
2016	543,462.5	0.8
2017	553,171.2	1.8
2018	554,347.8	0.2
2019	551,471.4	−0.5
2020	525,852.4	−4.6

資料：内閣府「国民経済計算」

b. 四半期

四半期	実質 GDP（10 億円）*	対前期変化率（%）	年率換算（%）
2020 年 1–3 月期	544,289.8		
4–6 月期	500,259.4	−8.1	−28.6
7–9 月期	526,676.4	5.3	22.9
10–12 月期	541,378.5	2.8	11.6
2021 年 1–3 月期	534,274.5	−1.3	−5.1

* 季節調整系列

コラム ▸▸ Column ・・・・・・・・・・・・・・・・・・ 四半期 GDP の年率換算

経済成長率は実質 GDP の 1 年間の変化率（対前年変化率）だから，四半期別 GDP が公表された時点で，その対前期変化率を算出し，その変化率が 1 年間続いたと仮定して，1 年間での変化率に換算することがある。これを年率換算という。

表 6.20b より，2021 年 1–3 月期の実質 GDP は，前期（2020 年 10–12 月期）と比べると，$534{,}274.5/541{,}378.5 = 0.987$ 倍（−1.3%）になっているので，それが 1 年間（すなわち 4 回）続くとすると，$0.987^4 = 0.949$ 倍となる。したがって，$(0.949 - 1) \times 100 = -5.1\%$ が，この四半期の実質 GDP の変化率を年率に換算した値となり，上記の記事と一致する。一般的な年率換算の公式は以下の通りである。表 6.20b の他の期についても確かめてみよ。

$$\text{年率換算した変化率}\,(\%) = \left\{ \left(\frac{\text{今期の観測値}}{\text{前期の観測値}} \right)^4 - 1 \right\} \times 100$$

寄与度

GDP は，消費，投資，政府支出，輸出，輸入などの項目の合計である（輸入は控除項目）。そこで，GDP 全体の変化率に対して，それぞれの項目がどの程度寄与しているのかを表す指標が寄与度である。例 6.1 の記事では，

$$\text{GDP} = \text{民間需要} + \text{公的需要} + \text{海外需要}$$

と3つの項目に分け，GDP全体の変化率をそれぞれの需要に振り分けた指標が寄与度であり，海外需要の寄与度が -0.2% であったと記されている。記事にはないが，この期の民間需要と公的需要の寄与度は，それぞれ -0.7% と -0.4% である。3つの項目の寄与度の合計は -1.3% となり，表6.20bにある対前期変化率と一致していることがわかる。

たとえば，全体の値がA，B，Cの3項目の値から構成されている場合，全体の変化率は，

$$\begin{aligned}\text{全体の変化率}\,(\%) &= \frac{\text{A 項目の今期の値} - \text{A 項目の前期の値}}{\text{全体の前期の値}} \times 100 \\ &+ \frac{\text{B 項目の今期の値} - \text{B 項目の前期の値}}{\text{全体の前期の値}} \times 100 \\ &+ \frac{\text{C 項目の今期の値} - \text{C 項目の前期の値}}{\text{全体の前期の値}} \times 100\end{aligned}$$

と表すことができ，右辺のそれぞれの項が各項目の寄与度となる。つまり，寄与度は，各項目の今期の値が前期に比べてどれだけ増えたのか，すなわち今期の変化分を，前期の全体の値で割った値である。すなわち，

$$\begin{aligned}\text{項目の寄与度}\,(\%) &= \frac{\text{項目の今期の値} - \text{項目の前期の値}}{\text{全体の前期の値}} \times 100 \\ &= \frac{\text{項目の変化分}}{\text{全体の前期の値}} \times 100\end{aligned}$$

である。また，上の式は以下のように変形することができる。

$$\begin{aligned}\text{項目の寄与度}\,(\%) &= \frac{\text{項目の今期の値} - \text{項目の前期の値}}{\text{項目の前期の値}} \times \frac{\text{項目の前期の値}}{\text{全体の前期の値}} \times 100 \\ &= \text{項目の今期の変化率} \times \text{項目の前期の構成比} \times 100\end{aligned}$$

つまり，寄与度は，項目の変化率に構成比をかけて算出することもできる。したがって，寄与度と変化率・構成比の関係について，次のようなことがいえる。

- ある項目の変化率が大きくても，その項目の構成比が小さければ寄与度は大きくならない場合がある（たとえば，GDPにおける海外需要）。
- ある項目の変化率が小さくても，その項目の構成比が大きければ寄与度が大きくなる場合がある（たとえば，GDPにおける民間需要）。

例題 6.15 次の資料は，法務省「平成 30 年末現在の在留外国人数について」の発表資料の一部である。なお，問題作成のために記述を一部変更した。

> 平成 30 年末における中長期在留者数は 240 万 9,677 人，特別永住者数は 32 万 1,416 人で，これらを合わせた在留外国人数は 273 万 1,093 人となり，前年末に比べ，16 万 9,245 人増加し，過去最高になりました。国籍・地域別の上位 10 か国・地域のうち，増加が顕著な国籍・地域としては，ベトナムが 33 万 835 人（対前年末比 6 万 8,430 人増），ネパールが 8 万 8,951 人（同 8,913 人増），インドネシアが 5 万 6,346 人（同 6,364 人増）となっています。
>
> 資料：法務省「平成 30 年末現在の在留外国人数について」（平成 31 年 3 月 22 日）

〔1〕この資料に基づいて算出される平成 29 年末から平成 30 年末までの在留外国人数の変化率として，最も適切な値を，次の①～⑤のうちから一つ選びなさい。

① 6.2%
② 6.6%
③ 7.0%
④ 7.6%
⑤ 11.8%

〔2〕上記〔1〕の変化率に対するベトナム人の寄与度として，最も適切な値を，次の①～⑤のうちから一つ選びなさい。

① 1.9%
② 2.7%
③ 3.2%
④ 12.1%
⑤ 26.1%

（答） 正解は〔1〕② 〔2〕②である。

【解説】　〔1〕平成30年末の在留外国人数は2,731,093人で，前年末（平成29年末）に比べて169,245人増加していると記事にあるので，平成29年末の在留外国人数は $2{,}731{,}093 - 169{,}425 = 2{,}561{,}668$ である。したがって，平成29年末から平成30年末の変化率は，以下の通り②となる。

$$\frac{2{,}731{,}093 - 2{,}561{,}668}{2{,}561{,}668} \times 100 = 6.6(\%)$$

〔2〕平成30年末のベトナムの寄与度は，ベトナムの在留外国人数の増加数が記事より68,430人なので，寄与度の算出方法から，以下の通り②となる。

$$\frac{\text{ベトナムの在留外国人数の増加数}}{\text{前年の在留外国人数の合計}} \times 100 = \frac{68{,}430}{2{,}561{,}668} \times 100 = 2.7(\%)$$

また，ベトナムの在留外国人数の平成30年末の変化率は，平成29年末が $330{,}835 - 68{,}430 = 262{,}405$ なので，$\frac{68{,}430}{262{,}405} \times 100 = 26.1(\%)$ である。さらに，ベトナムの在留外国人数の前年（平成29年末）の構成比は $\frac{262{,}405}{2{,}561{,}668} \times 100 = 10.2(\%)$ である。したがって，寄与度は $0.261 \times 0.102 \times 100 = 2.7$ となり，寄与度が変化率×前年の構成比によっても求められることが確認できる。

コラム ▸▸ Column　寄与度と寄与率

項目別データにおいて，全体（合計）の変化率に対する各項目の寄与を表す寄与度と似た指標として，寄与率（または増加寄与率）がある．各項目の寄与度の合計は，全体の変化率であるが，各項目の寄与度を全体の変化率で割った値，すなわち寄与度の構成比が寄与率である．寄与率は構成比であるから，合計は100%になる．寄与率は，以下の式で算出される．

$$\text{項目の寄与率}(\%) = \frac{\text{項目の寄与度}}{\text{全体の変化率}} \times 100 = \frac{\text{項目の今期の値} - \text{項目の前期の値}}{\text{全体の今期の値} - \text{全体の前期の値}} \times 100$$

例題6.15では，ベトナム人の寄与度は2.7%，全体の変化率は6.6%なので，寄与率は $\frac{2.7}{6.6} \times 100 = 40.9\%$ となり，在留外国人の増加率に対して，ベトナム人の増加が約4割を占めていたことがわかる．

6.6.3 季節性と季節調整

季節性

月次や四半期で観察される経済統計データにおいて，毎年，特定の月や期に大きな（小さな）値を示すパターンがみられることが多い。

図 6.20 は，2015 年 1 月から 2020 年 12 月までの百貨店販売額の月次推移を示している。このデータの推移をみると，2020 年を除けば，毎年同じようなパターンを繰り返していることがわかる。12 月は，毎年，1 年で最も百貨店販売額が多くなっているが，これは，ボーナスが出ることに加えて，お歳暮・クリスマスや年末・年始に向けての消費が活発になるためである。ボーナスが出てお中元を贈る 7 月や，新年度の準備が必要な 3 月でも消費が多くなる。他方，日数が少ない 2 月や，夏休みに旅行・帰省などに出かけることで百貨店での消費が少なくなる 8 月などは，毎年，小さい値を示している。このように，毎年，同様に示される月次のパターンを**季節性**という。ただし，2020 年は新型コロナウイルス感染症拡大の影響により，例年のパターンとは異なった変動を示している。

また，GDP などの四半期データでも，同様に季節性が存在する（10-12 月期の GDP が他の期に比べて多いなど）。

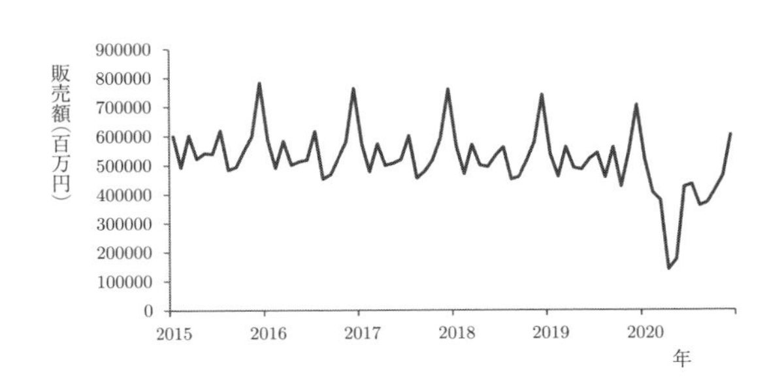

資料：経済産業省「商業動態統計調査」

図 6.20　百貨店販売額の目次推移

例題 6.16　図6.21は，財務省「国際収支」に基づく2015年12月から2018年12月までの月別の輸出額（単位：億円）の推移を年ごとに示したものである。

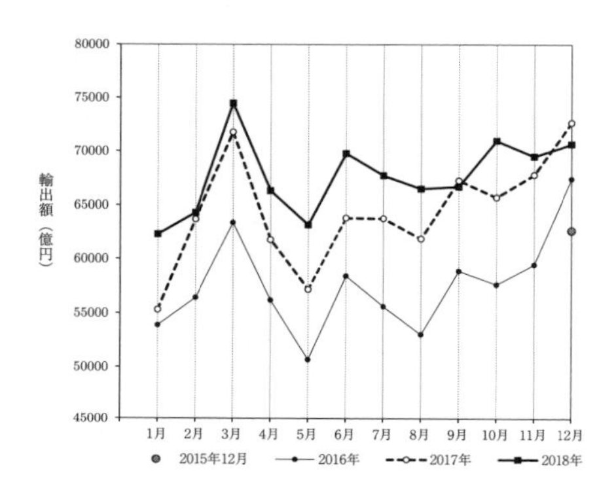

資料：財務省「国際収支」

図 6.21　月別輸出額

この図から読み取れることとして，次の文中の（ア）～（ウ）に入る最も適切な語句の組合せを，下の①～⑤のうちから一つ選びなさい。

月別に輸出額を見ていくと，2016～2018年において（ア）で前後の月より輸出額が多くなっている。一方で，同じ期間において（イ）で前後の月と比べて輸出額が少なくなっているが，これは，休日が続く，休暇が入るなどで（ウ）の生産が減少する季節的な要因のためと考えられる。

①（ア）3月と6月　　（イ）1月と5月　　（ウ）国内
②（ア）3月と6月　　（イ）1月と5月　　（ウ）国外
③（ア）6月と9月　　（イ）1月と7月　　（ウ）国内
④（ア）3月と12月　　（イ）1月と11月　　（ウ）国内
⑤（ア）6月と9月　　（イ）1月と7月　　（ウ）国外

（答）　正解は①である。

【解説】 この3年では3・6・12月などで，他の月（あるいは前後の月）に比べて多くなっている。逆に少ないのは，1・5・8月などで，前後の月に比べて減少している。したがって，（ア）について前後の月に比べて増加している月が選ばれているのは①，②，④である（9月は，2018年で8月に比べて減少している）。他方，毎年，前後の月に比べて輸出額が少ないのは，1月と5月であり，①と②があてはまる（7月は8月よりも毎年多く，11月も10月より多い）。（ウ）に関しては，国内産業で生産した商品を国外に輸出することを考えれば，国内の休日数が輸出額に影響を与える。したがって，（ウ）には国内が入る。

このように，月次・四半期で観測される経済統計データにおいては，年末・年始における消費増などの需要側による理由だけでなく，休日が多く生産が少なくなるといった供給側の影響も存在し，季節性はさまざまな要因によって生じている。

前年同月比・前年同期比

季節性がある月次・四半期データについては，対前月比・対前期比で変化率を算出することには注意が必要である。たとえば，図6.20の百貨店販売額について，12月の販売額を11月と比較した対前月変化率を算出しても，毎年12月は必ずプラスの変化率になってしまう。逆に，2月は1月と比べると，マイナスの変化率になってしまう。しかし，常に12月は景気が良く，2月が悪いわけではない。

そこで，季節性があるデータについては，前年の同じ月（四半期データであれば，前年の同じ四半期）と比べた前年同月比（四半期データであれば，前年同期比）を用いる。前年同月比は，

$$\text{前年同月比}\ (\%) = \frac{\text{ある月の観測値} - 1\ \text{年前の同じ月の観測値}}{1\ \text{年前の同じ月の観測値}} \times 100$$

と定義される（対前年同期比は，月を期に代える）。

例題 6.17　図6.22は，総務省「サービス産業動向調査」に基づく，2013年1月から2018年5月までの道路貨物運送業，不動産賃貸業・管理業，娯楽業の月次売上高の推移を示している。また，図6.23のA～Cは，道路貨物運送業，不動産賃貸業・管理業，娯楽業のいずれかの前年同月比（%）である。

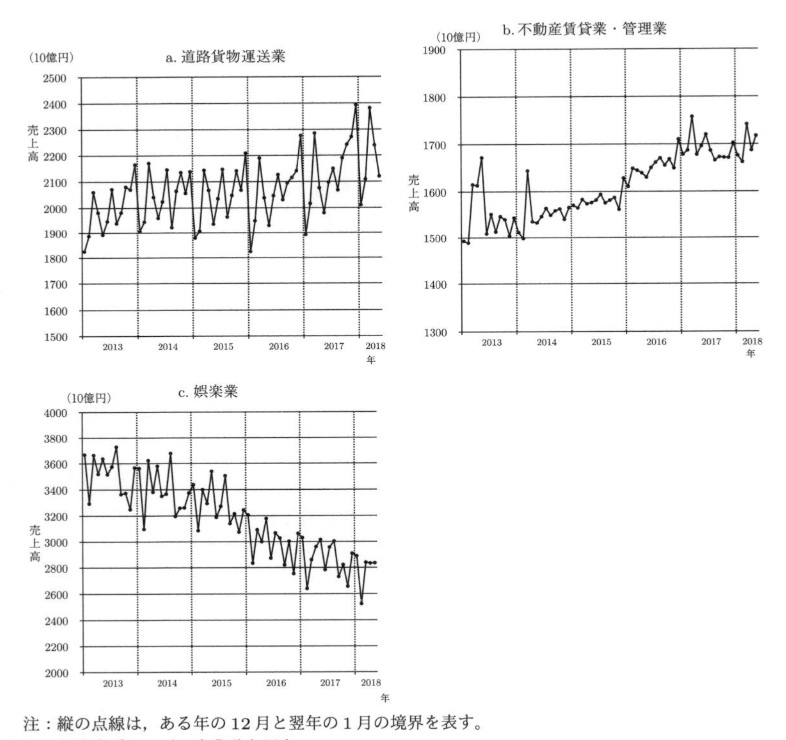

注：縦の点線は，ある年の12月と翌年の1月の境界を表す。
資料：総務省「サービス産業動向調査」

図 6.22　サービス業3業種の売上高

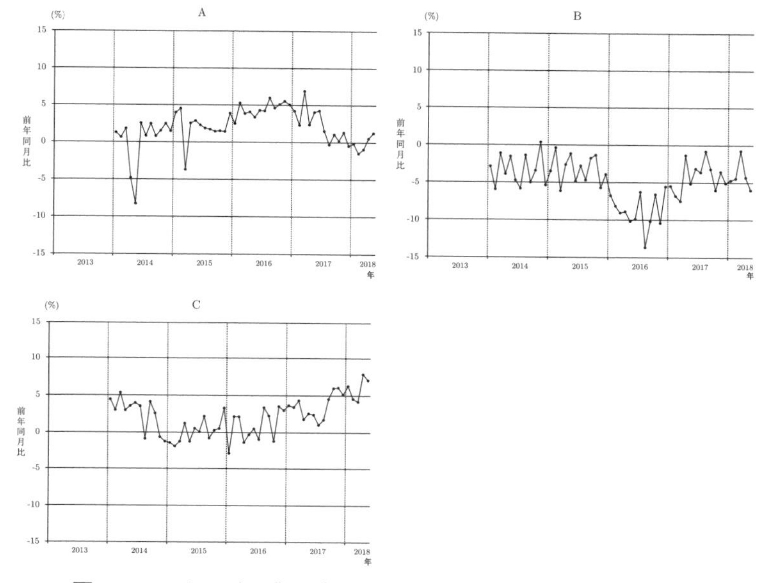

図 6.23　サービス業 3 業種の売上高のいずれかの前年同月比

〔1〕 図 6.22 について，最も適切な説明を，次の①〜⑤のうちから一つ選びなさい。

① 2013 年から 2017 年まで，道路貨物運送業では各年 1 月の売上高が他の月のそれより多い。

② 2013 年 1 月から 2018 年 5 月まで，不動産賃貸業・管理業の月次売上高が増加し続けている。

③ 2014 年から 2017 年まで，娯楽業の年間売上高は減少する傾向にある。

④ 2015 年において，不動産賃貸業・管理業の月次売上高の分散は，道路貨物運送業の分散より大きい。

⑤ これまでの趨勢が続けば，2018 年中に不動産賃貸業・管理業の売上高が娯楽業の売上高を上回る。

〔2〕 図 6.23 の A〜C にあてはまる業種として，適切な組合せを，次の①〜⑤のうちから一つ選びなさい。

① A：道路貨物運送業　B：不動産賃貸業・管理業　C：娯楽業
② A：娯楽業　B：道路貨物運送業　C：不動産賃貸業・管理業
③ A：道路貨物運送業　B：娯楽業　C：不動産賃貸業・管理業
④ A：不動産賃貸業・管理業　B：道路貨物運送業　C：娯楽業
⑤ A：不動産賃貸業・管理業　B：娯楽業　C：道路貨物運送業

（答）　正解は〔1〕③　〔2〕⑤である。

【解説】　〔1〕① 図6.22aの道路貨物運送業のグラフをみると，毎年1月は，前年12月や2月より小さくなっているので，適切でない（休日数などの影響）。② 図6.22bの不動産賃貸業・管理業（以下，不動産賃貸業）のグラフをみると増加する傾向にはあるが，「増加し続けている」という表現は適切でない。③ 図6.22cの娯楽業は，どの月の売上高も，前年の同じ月に比べて減少していることが確認できるので，減少傾向にあるとの記述は適切である。④ 2015年をみると，道路貨物運送業は1900～2200（10億円，以下同様）程度，不動産賃貸業は1570～1650程度に観測値が散らばっている。したがって，不動産賃貸業の方が狭い範囲に観測値が入っており，散らばりの尺度である分散は小さいと判断できるため，適切でない。⑤ 不動産賃貸業の売上高の増加額は5年間で200（10億円，以下同様）程度で，2018年には1700に到達し，娯楽業の減少額は5年間で800程度で，2018年には2600～2800となることが予想される。

〔2〕娯楽業の売上高は減少傾向なので，対前年同月比は多くの月で負の値を示すことからBが娯楽業である。他方，道路貨物運送業と不動産賃貸業は増加傾向にあり，前年同月比は正の値が多くなる。しかし，不動産賃貸業は，2013年から2014年の前半でやや不規則な変動を示している。とりわけ，2014年4月には消費税率が上昇し，その駆込み需要で，2014年3月には売上高が大きく増加したため，前年同月比でみると翌年（2015年）3月は低い値を示す（2014年4月は大きなマイナス）。したがって，Aが不動産賃貸業に当てはまる。

季節調整

前述のように季節性がある月次・四半期データの変化率を求める際は，対前年同月比・対前年同期比を用いることになる。しかし，1年前との比較に基づくと，その1年の間に傾向（トレンド）が転換してしまった場合や，特殊な事情で1年前の観測値が通常の傾向とは大きく外れた値をとった場合（たとえば，消費税率上昇の前後）などにおいて，経済の実態を反映しないことがある。そこで，季節性があるデータについても，対前月・対前期と比較するために，季節性を有するデータから季節性を除去するという考え方がある。これを**季節調整**といい，季節調整されたデータを季節調整済データと呼ぶ。季節調整済みデータは，季節性を取り除くことによって，トレンドなどの変動をみやすくする。

季節調整の基本になるのは，移動平均という方法である。たとえば，3か月移動平均は，1〜3月の平均を真ん中の2月におき，さらに2〜4月の平均を真ん中の3月においていく。季節性を除くためには12か月移動平均が必要となるが，1〜12月の12か月の平均は，12が偶数なので真ん中が6.5か月に位置してしまう。そこで，2月〜翌1月の平均が7.5か月に対応することを利用し，その両者（6.5か月と7.5か月）をさらに平均して，その真ん中の7月に対応させる。これを，中心化移動平均と呼び，以下同様に繰り返せば季節性を除去することができる。実際の季節調整法はより複雑であり，さまざまな方法があるが，センサス局法と呼ばれる季節調整法が，公的統計ではよく用いられている。

公的統計における季節調整済データは，四半期別GDP，鉱工業生産指数，失業者数（失業率）など，主要な系列で公表されている。したがって，変化率を算出する場合，季節性があるデータで季節調整済データが公表されていれば，その対前月比（対前期比）を用いる。他方，季節調整済データが公表されていなければ，もとのデータ（原系列）で対前年同月比（対前年同期比）を用いればよい。

例題 6.18　図6.24は，経済産業省「鉱工業生産指数」に基づく2016年1月から2020年12月までの鉱工業生産指数（2015年基準）の原指数と季節調整済指数の推移を月ごとに示したものである。原指数とは季節調整を行っていない指数である。

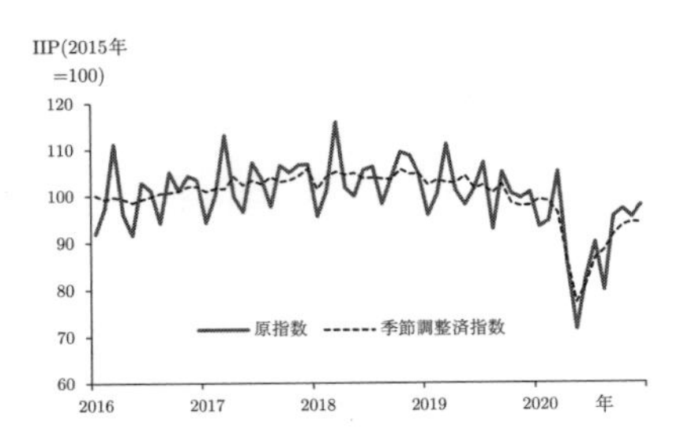

資料：経済産業省「鉱工業生産指数」

図6.24　鉱工業生産指数(IIP)の月次推移

この図について，A君，B君，C君が次のような意見を述べている。

A君　「2019年3月の原指数は，2019年2月に比べて，前月比10.8%となっているから，この時期の鉱工業生産は増加傾向にあると判断できる」

B君　「原指数の変動をみると，例年3月に指数の値が大きくなるなどの季節性があるから，季節調整済指数の前月比によって変化率を計算するのが適切である」

C君　「原指数の変動をみると，例年3月に指数の値が大きくなるなどの季節性があるから，原指数で変化率を計算するときは，前年同月比を用いた方がよい」

これらの意見について，最も適切なものを，次の①～⑤のなかから一つ選びなさい。

① A君の意見のみ適切でない。
② B君の意見のみ適切でない。
③ C君の意見のみ適切でない。
④ A君とB君とC君の意見のいずれも適切でない。
⑤ A君とB君とC君の意見のいずれも適切である。

（答）　正解は①である。

【解説】 鉱工業生産指数の原指数の変動から，例年，3月で大きく，休日の多い1月や8月で小さくなるという季節性をみることができる。したがって，A君の言うように原指数から3月の変化率を求める際に，2月の原指数と比較すると例年プラスになってしまい，正しい判断をすることができない。さらに，季節調整済指数をみれば，2019年は低下傾向にあることがわかり，A君の意見は適切でない。このような季節性のあるデータでは，変化率の計算に前年同月比を用いることが適切であり，C君の意見は適切である。また，季節調整済データでは，季節性が除去されているので，前月と比較して変化率を求めることができ，B君の意見は適切である。

ティータイム ……………… 消費税率引上げと駆込み需要

図6.25は，経済産業省「商業動態統計」に基づく，百貨店・スーパーの月ごとの販売額の時系列推移を示している（2010-2019年の10年間）。図6.25aの上の合計の販売額は毎年12月に多くなるなど，典型的な季節性が観察される。しかし，同図下の前年同月比には，極端に大きい（または小さい）月がみられる。これは，消費税の税率引上げ直前のいわゆる「駆込み需要」によるものである。消費税は，1989年4月に税率3%で導入されてから，1997年4月に5%，2014年4月に8%，2019年10月に10%へと，それぞれ税率が引き上げられた。その影響で，消費税率が引き上げられる直前に商品をある程度まとめて購入しておこうという，駆込み需要が発生する。図6.25aの上の販売額自体からは，駆込み需要の様子を読み取ることは難しいが，前年同月比にすると明確になる。前年同月比は，引上げ直前の2014年3月に+17.9%，消費税率が上がった同年4月には−5.3%と大きな変動を示している。消費税率が10%に引き上げられた2019年10月とその直前の9月も同様である。

しかし，1年後の2015年3月の前年同月比は，前年3月の駆込み需要による一時的な増加と比較するため，−17.8%となっている。同様に2015年4月も，前年4月の販売額が大きく減少したため，+10.3%と大きな値を示している。2015年3月・4月の販売額自体は，消費税率の引上げの影響も収まり，例年と同じような季節性であるにもかかわらず，その前年同月比はこのように極端な値を示す（なお，2019年の消費税率引上げの1年後の2020年は，新型コロナウイルス感染症拡大の影響で消費が例年と異なるパターンを示すため，図には示していない）。

また，図6.25bは，商品別にみた販売額の前年同月比を示している。

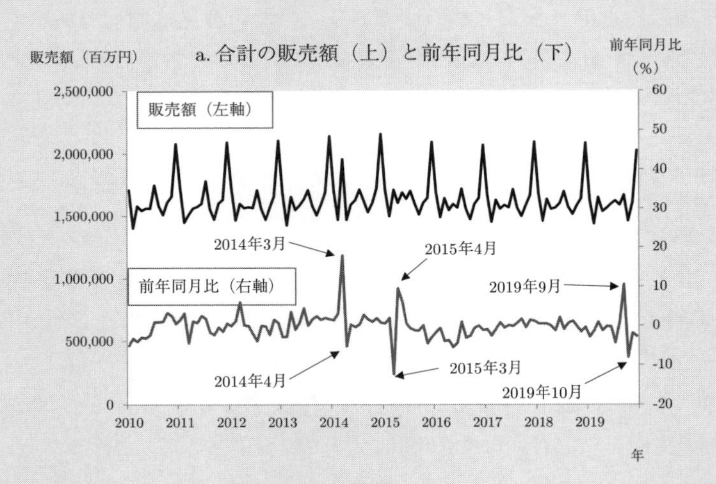

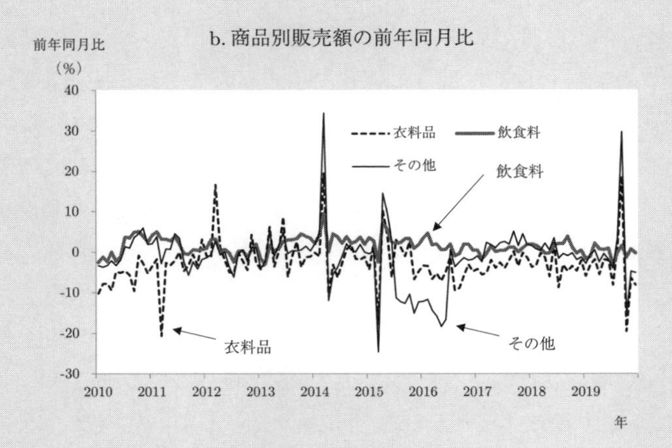

資料：経済産業省「商業動態統計」

図6.25　百貨店・スーパー（百貨店＋スーパー）の販売額

2014 年 3 月の駆込み需要や 1 年後の反動など，図 6.25a の合計の場合と同様に観察することができるが，商品によって様相は異なっている。まず飲食料は，駆込み需要やその反動はあまり大きくないことがわかる。これは，生鮮食品などの食料は買いだめがきかないためである。他方，衣料品や「その他」の商品では，駆込み需要とその反動が明確にみられ，特に「その他」でより顕著である。「その他」の商品には，高額な商品である家具や電化製品などが含まれており，消費税率引上げによる価格上昇分も大きく，そうした商品の駆込み需要が大きかったことが推測できる。このように，駆込み需要といっても，項目別でみたり，商品の構成がどうなっているかを調べる必要がある。統計データがどのように調査・作成されているのかを意識して分析することが，非常に重要である。

参考文献

・刈屋武昭・勝浦正樹 (2008)『統計学 第 2 版』東洋経済新報社
・日本統計学会編 (2020)『改訂版 日本統計学会公式認定 統計検定 3 級対応 データの分析』東京図書

統計調査士の出題範囲

●試験内容

■統計の基本

・統計の意義と役割

・統計法規

■統計調査の実際

・統計調査の基本的知識

・統計調査員の役割・業務

■公的統計の見方と利用

・統計の見方

・統計データの利活用

について出題します。詳しくは，以下の「参照基準項目表」をご参照ください。

統計調査士参照基準項目表

	大項目	中項目	小項目
A．統計の基本			
	統計の意義と役割	統計の意義と役割	① 統計の概念と歴史 ② 統計の種類 ③ 統計と社会の関わり
	統計法規	統計法の基本的内容	① 統計法の果たす役割，統計法の目的・理念 ② 統計の整備，統計調査の種類 ③ 調査結果の利用・提供 ④ 秘密の保護・守秘義務，罰則
		統計法に関連する他の法規	① 統計法に関する法規（統計法施行令，統計法施行規則，統計業務に関するガイドラインなどの内容） ② 統計と関連する他の法律
B．統計調査の実際			
	統計調査の基本的知識	統計機構と統計調査の流れ	① 我が国の統計機構（調査実施府省と総合調整機関，分散型統計機構，統計委員会） ② 統計調査の流れ（国と地方の機能分担，地方統計機構，民間事業者の活用）
		統計調査の企画から公表まで	① 統計調査の企画（目的，調査対象と調査単位，事業所の定義，世帯の定義，調査事務の管理） ② 標本設計（単純無作為抽出法，層化抽出法，多段抽出法，集落抽出法，系統抽出法など） ③ 結果の推定と調査誤差（線型推定，比推定，標本誤差と非標本誤差） ④ 調査事項（調査票の設計，調査事項の設定） ⑤ 統計基準（日本標準産業分類，日本標準職業分類など） ⑥ 調査方法（自計式・他計式，調査員調査，郵送調査，オンライン調査など） ⑦ 審査と補定（実査段階・集計段階での審査，補定） ⑧ 統計の公表（統計表の見方，公表手順，政府統計の総合窓口（e-Stat））
	統計調査員の役割・業務	統計調査員の役割・業務	① 統計調査員の使命と役割 ② 統計調査員の法的位置付け，身分，報酬，安全対策，補償など ③ 統計調査員の業務

大項目		中項目	小項目
C．公的統計の見方と利用			
	統計の見方	経済・社会統計の概要	① 経済・社会統計の概要 ② 統計の主要な事項の基本概念（調査対象と分析目的，就業・雇用の定義，結果の表章と留意点）
		各分野の統計	① 人口統計（国勢統計，人口動態統計，人口推計など） ② 労働統計（労働力統計，就業構造基本統計，毎月勤労統計，賃金構造基本統計など） ③ 国民生活・家計収支統計（国民生活基礎統計，社会生活基本統計，住宅・土地統計，家計統計，全国家計構造統計など） ④ 企業・産業統計（企業活動と統計，経済構造統計，経済構造実態調査，法人企業統計，経済産業省企業活動基本調査など） ⑤ 国民経済計算，経済指数など（国民経済計算，産業連関表，景気指標，消費者物価指数，鉱工業指数など） ⑥ 貿易統計，国際収支統計，金融統計，財政統計
	統計データの利活用	データの種類	① 質的変数と量的変数 ② 名義尺度，順序尺度，間隔尺度，比例尺度
		データの可視化	① 基本的なグラフ（棒グラフ，折れ線グラフ，円グラフ，帯グラフなど） ② その他のグラフ（レーダーチャート，地図グラフ，人口ピラミッドなど）
		度数分布とヒストグラム	① 度数分布，ヒストグラム ② ローレンツ曲線とジニ係数
		代表値と散らばりの尺度	① データの代表値（平均値，中央値，最頻値）と分布の形状 ② データの散らばり（分数，標準偏差，変動係数，四分位数）と箱ひげ図
		2変数の関係の分析	① クロス集計表 ② 散布図と相関，相関係数
		経済統計データの分析	① 名目値と実質値 ② 指数化 ③ 変化率と寄与度 ④ 季節性と季節調整

CBT 模擬問題

統計検定 統計調査士　試験概要

「統計検定 統計調査士」は，コンピュータ上で実施するCBT（Computer Based Testing）方式の試験です。株式会社オデッセイ コミュニケーションズが試験実施運営の委託を受けて実施しています。試験は，オデッセイ コミュニケーションズと提携している全国の試験会場で受験できます。

CBT方式による「統計検定 統計調査士」では，パソコンのディスプレイに問題が表示されます。ディスプレイには問題が1問ずつ表示され，マウスで選択肢を選ぶ操作やキーボードで数字を入力する操作など，簡単な操作で解答します。

次ページからの模擬問題は，CBT方式で「統計検定 統計調査士」の試験を受験する際に，解答操作に戸惑うことがないよう，CBTの試験画面に似せた形で構成されています。本試験の画面構成に慣れるためにも，繰り返し学習されることをお勧めします。

統計検定 統計調査士の試験概要

問題数	30問
出題形式	5肢選択問題
試験時間	60分
合格基準	100点満点で，70点以上
受験料	一般価格7,000円（税込）
	学割価格5,000円（税込）

受験の流れ

試験に関する詳細および，お申込みから受験までの流れについては，オデッセイコミュニケーションズのWebページをご参照ください。

オデッセイコミュニケーションズ（Odyssey CBTサイト 統計検定ページ）
https://cbt.odyssey-com.co.jp/toukei-kentei.html

統計検定　統計調査士

表示サイズ	100%▼

1 問目/全 30 問　　□あとで見直す

統計の意義と役割に関する記述として，最も適切なものを，次の①～⑤のうちから一つ選びなさい。

○	①	統計は国民のために作成されるとの考えは，欧米の民主主義国家においては第 2 次大戦後から定着している。
○	②	現代において，公的統計は行政目的による利用よりも国民や企業の利用を重視して作成されるようになった。
○	③	統計（statistics）という名称が登場してから 500 年も経っていないが，それよりはるか以前に国の統治のために人口等の調査が行われていた。
○	④	先進国の主要な統計といえども，各国がそれぞれの目的で作成しているので，各国間で統計データを比較するのは容易でない。
○	⑤	日本においても，近代化を目指して欧米における統計局の設置とほぼ同じ時期の明治 4 年に大蔵省に統計司が設置された。

前へ　　次へ

統計検定　統計調査士

表示サイズ	100%▼

2 問目/全 30 問　　□あとで見直す

次の文章は，現在の統計法（平成 19 年法律第 53 号）の第 1 条である。文中の（ア）～（ウ）には下の A～F のいずれかの文章が入る。（ア）～（ウ）に入る文章として，最も適切な組合せを，下の①～⑤のうちから一つ選びなさい。

> 第 1 条　この法律は，公的統計が国民にとって合理的な意思決定を行うための基盤となる重要な情報であることにかんがみ，公的統計の（ア）を定めることにより，公的統計の（イ）を図り，もって（ウ）を目的とする。

A　作成及び提供に関し基本となる事項
B　計画及び推進に関し必要となる事項
C　合理的かつ継続的な整備及びその有用性の確保
D　体系的かつ効率的な整備及びその有用性の確保
E　国民経済の健全な発展及び国民生活の向上に寄与すること
F　行政施策の着実な実施及び行政情報の公開に寄与すること

○	①	（ア）A　（イ）C　（ウ）E
○	②	（ア）A　（イ）D　（ウ）E
○	③	（ア）A　（イ）C　（ウ）F
○	④	（ア）B　（イ）D　（ウ）F
○	⑤	（ア）B　（イ）C　（ウ）F

前へ　次へ

統計検定　統計調査士

表示サイズ	100%▼

3 問目/全 30 問　□あとで見直す

統計法には，(1) 基幹統計調査，(2) 一般統計調査，(3) 法第 24 条および第 25 条により届出を必要とする統計調査，の 3 つの統計調査が規定されている。統計調査に関する説明として，最も適切なものを，次の①～⑤のうちから一つ選びなさい。

○	①	基幹統計調査の実施に当たっては，調査対象となる個人または法人に対して報告の義務が課される。この義務は，一般統計調査および法第 24 条および第 25 条により届出を必要とする統計調査においても同様に課されている。
○	②	基幹統計調査の事務は，政府または地方公共団体によって実施され，民間に委託することは禁止されている。
○	③	一般統計調査は，基幹統計調査と異なって，総務大臣の承認を得ることなく，行政機関が自由に実施できる。
○	④	一般統計調査の事務の一部を地方公共団体に委託して実施する場合，行政機関が地方公共団体と委託契約を締結して実施することが一般的である。
○	⑤	都道府県および指定都市が実施する統計調査は，届出を必要とする統計調査として，事前に総務大臣の承認をえる必要がある。

前へ　次へ

統計検定　統計調査士

表示サイズ	100%▼

4問目/全30問　　□あとで見直す

現在の統計法（平成19年法律第53号）において，公的統計は，行政機関，地方公共団体又は指定独立行政法人等が作成する統計である。次に示す統計調査における実施主体と統計調査の種類の対応について，（A）～（C）に入る統計調査として，適切な組合せを，下の①～⑤のうちから一つ選びなさい。なお、選択肢の中で、「届出を要する統計調査」とは、統計法第24条又は第25条に基づき、総務大臣に届出を行う必要がある統計調査のことをいう。

〈統計調査の実施主体〉　〈統計調査の種類〉

行政機関……………………………………（A）
都道府県および指定都市…………………（B）
指定独立行政法人等………………………（C）

○	①	(A)基幹統計調査　(B)一般統計調査　(C)届出を要する統計調査
○	②	(A)指定統計調査　(B)届出を要する統計調査　(C)一般統計調査
○	③	(A)基幹統計調査，一般統計調査　(B)届出を要する統計調査　(C)届出を要する統計調査
○	④	(A)指定統計調査，一般統計調査　(B)一般統計調査　(C)届出を要する統計調査
○	⑤	(A)基幹統計調査，一般統計調査　(B)届出を要する統計調査　(C)一般統計調査

前へ　次へ

統計検定　統計調査士

表示サイズ	100%▼

5 問目/全 30 問 □あとで見直す

統計法で規定されている調査票情報に関する記述として，適切でないものを，次の①～⑤のうちから，一つ選びなさい。

①	統計調査を実施するための準備名簿の作成に当たり，被調査者に対する聞き取り等により得られた記録されない情報は，調査票情報には該当しない。
②	統計調査の実施において保有することになった統計調査員に関する情報は，統計作成に用いられない場合も，調査票情報に該当する。
③	調査票に記入された内容から，氏名および住所を削除した内容であっても，調査票情報に該当する。
④	統計調査員が調査票を配布・取集する過程で知るに至った調査事項以外の情報については，統計調査員の記憶として残ることはあり得るが，調査票情報には該当しない。
⑤	調査票情報に該当しない情報であっても，調査票情報を取り扱う過程で知るに至った情報については，統計法第 41 条に規定する守秘義務の対象となる。

前へ　次へ

統計検定　統計調査士

表示サイズ	100%▼

6問目/全30問　□あとで見直す

統計調査によって集められた調査票情報は，その本来の利用目的以外に利用または提供することが原則として禁じられている。しかし，統計法などで特別の定めのある場合は，本来の利用目的以外でも利用または提供することができる。調査票情報の利用形態として統計法に定められていないものを，次の①～⑤のうちから一つ選びなさい。

	①	調査実施者による，内部での追加的集計・分析のための利用
	②	公益団体が行う統計調査の調査客体を抽出する名簿作成のための提供
	③	高度な公益性を有する研究等を行う者が統計的研究を行うための提供
	④	学術研究や教育の発展に資すると認められる場合，一般から依頼された統計作成のための利用
	⑤	学術研究や教育の発展に資すると認められる場合，一般の利用者のために，特定の個人や団体の識別ができないように加工した調査票情報の提供

前へ　次へ

統計検定　統計調査士

表示サイズ	100%▼

7 問目/全 30 問　　□あとで見直す

各国の統計機構は，分散型と集中型に区分される。分散型は，統計の機能をそれぞれの行政機関に分散させる仕組みであり，集中型は，統計の機能を一元的に１つの機関に集中させる仕組みである。

統計機構の分散型と集中型に関する説明について，最も適切なものを，次の①～⑤のうちから一つ選びなさい。

○	①	集中型の統計機構は，効率的な統計作成が可能であり，日本を含め，多くの国で採用されている。
○	②	分散型の統計機構は，組織が経済的，機能的であり，統計調査の重複が避けられるとともに，統計相互の連携が容易である。
○	③	分散型の統計機構は，行政ニーズに的確，迅速に対応することが可能であり，アメリカやフランスなどが分散型の統計機構を採用している。
○	④	分散型の統計機構の方が，統計の専門性を発揮しやすいだけではなく，各行政機関の専門性を生かし，統計の整合的な体系化を図ることができる。
○	⑤	集中型の統計機構は，統計相互の比較可能性が軽視されやすく，統計体系上の必要な統計が欠落しやすい。

前へ　　次へ

統計検定　統計調査士

表示サイズ	100%▼

8問目/全30問　□あとで見直す

公的な統計調査の実査（実際の調査活動）の流れを，次の図のように（A）から（C）の3種類に分けた。

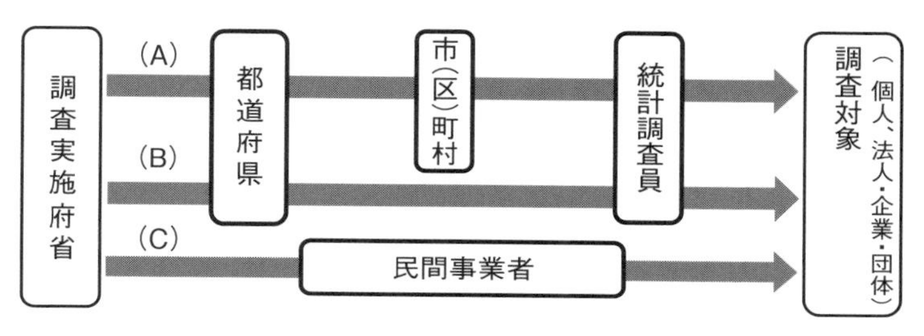

公的な統計調査の実査に関する記述として，最も適切なものを，次の①～⑤のうちから，一つ選びなさい。

○	①	消費動向調査（内閣府）は，（A）の流れで実施している。
○	②	国勢調査（総務省）は，（B）の流れで実施している。
○	③	国民生活基礎調査（厚生労働省）は，（C）の流れで実施している。
○	④	就業構造基本調査（総務省）は，（A）の流れで実施している。
○	⑤	学校基本調査（文部科学省）は，（B）の流れで実施している。

前へ　次へ

統計検定　統計調査士

表示サイズ	100%▼

9 問目/全 30 問　□あとで見直す

次の図は，統計調査の事務の流れを示したものである。図中の（A）～（D）の各段階における事務について，具体例との対応として，最も適切なものを，次の①～⑤のうちから一つ選びなさい。

○	①	（A）調査事項の決定 （C）経費の見積り	（B）事前調査・試験調査 （D）結果表の審査
○	②	（A）調査目的の明確化 （C）結果表の作成	（B）調査票の配布・回収 （D）報告書の作成
○	③	（A）調査目的の明確化 （C）調査票の配布・回収	（B）事前調査・試験調査 （D）報告書の作成
○	④	（A）事前調査・試験調査 （C）経費の見積り	（B）調査票の配布・回収 （D）結果表の審査
○	⑤	（A）調査事項の決定 （C）結果表の審査	（B）経費の見積り （D）調査結果の分析

前へ　次へ

統計検定　統計調査士

表示サイズ	100%▼

10 問目/全 30 問 □あとで見直す

公的統計調査の多くは，調査の対象となる全体から一部を抽出して調査する標本調査として実施されている。標本調査に関する説明として，適切でないものを，次の①～⑤のうちから一つ選びなさい。

①	標本調査においては，標本誤差を避けることができないが，標本が確率的に抽出されているときは，標本誤差の大きさを調査結果から推定することができる。
②	標本調査では全体から一部を抽出することによる標本誤差が生じるため，誤差の管理や誤差を抑えるための推定の工夫などが必要となる。
③	標本調査の結果には標本誤差が含まれるため，詳細な調査事項を設定するときには，全数調査の方が標本調査より望ましい。
④	標本調査では，抽出の方法を変えずに標本サイズを大きくすると，標本誤差は小さくなる。
⑤	標本調査は，全数調査に比べて集計にかかる時間が短いため，社会経済の動向を早期に把握するための調査に適している。

前へ　次へ

統計検定　統計調査士

表示サイズ	100%▼

11 問目/全 30 問　　□あとで見直す

統計調査における調査票の設計に関する説明について，適切でないものを，次の①～⑤のうちから一つ選びなさい。

○	①	1 つの調査票に 1 つの調査対象について記入するものを単記票といい，1 つの調査票に 2 つ以上の調査対象について記入するものを連記票という。どちらの方式を用いるかは，調査事項の多さ，複雑さに応じて決められる。
○	②	調査票 A と調査票 B の 2 種類の調査票があり，調査票 A には共通の調査事項のみが含まれ，調査票 B には共通の調査事項に加えてその他の調査事項が含まれる。このような 2 種類の調査票を調査対象ごとに使い分ける方式をロングフォーム・ショートフォーム方式という。
○	③	2 項択一型質問は，質問に対して「はい」または「いいえ」のいずれかを回答する方式である。これに対して，3 つ以上の回答を用意し，その中から該当するものを選ばせる方式を多項選択型質問という。
○	④	調査対象が回答しやすいように，調査対象の住所など想定される調査事項をあらかじめ調査票に印刷しておき，異なる場合にはその内容を修正して回答してもらう方式を，プレプリント方式という。
○	⑤	回答をあらかじめいくつかの選択肢に分類しておき，回答者に選ばせる方式をアフターコード型質問という。これに対し，回答を提示せず，回答者が具体的内容を自由に記入し，調査実施者の側でそれらの分類を行う方式をプリコード型質問という。

前へ　　次へ

統計検定　統計調査士

表示サイズ	100%▼

12 問目/全 30 問　□あとで見直す

日本標準産業分類では，事業所を経済活動の場所的単位として定義している。実際の統計調査における事業所の確認の説明として，最も適切なものを，次の①〜⑤のうちから一つ選びなさい。

○	①	同一のビルの中に経営主体が異なる店舗がいくつあっても，同一の場所とみて 1 つの事業所とする。
○	②	経済活動の行われる場所が一定せず，他に特定の事業所を持たない個人タクシーの場合は，本人の住居を事業所とする。
○	③	建設工事の行われている現場は，その現場を管理する事務所と離れていた場合，事務所とは別の事業所とする。
○	④	日々従業者が異なり，賃金台帳も備えられていないような詰所や派出所であっても，それらを管理する事業所と離れていた場合，1 つの事業所とする。
○	⑤	1 つの敷地内に中学校と高等学校が併設されている場合は，学校の種類ごとに別の事業所とはせず，1 つの事業所とする。

前へ　次へ

統計検定　統計調査士

表示サイズ	100%▼

13 問目/全 30 問　　□あとで見直す

統計調査の調査方法としてオンライン回答が利用されることが多くなっている。オンライン回答の長所として，適切でないものを，次の①～⑤のうちから一つ選びなさい。

○	①	24 時間いつでも都合の良い時間に回答することができる。
○	②	統計調査員に記入内容を見られることがない。
○	③	明らかな誤回答や無回答を避ける方式をとることが可能である。
○	④	ID 番号，パスワードが分かれば，他者の分も回答することができる。
○	⑤	紙の調査票よりも集計が行いやすい。

前へ　　次へ

統計検定　統計調査士

表示サイズ	100%▼

14 問目/全 30 問　□あとで見直す

公的統計の公表に関する説明として，適切でないものを，次の①～⑤のうちから一つ選びなさい。

○	①	基幹統計を作成したときは，その早期利用に資するため，インターネットなど適切な方法により速やかに公表することが求められている。
○	②	基幹統計を作成し，公表する場合，その公表期日・公表方法を定め，インターネットなど適切な方法で公表することが求められている。
○	③	基幹統計は重要な統計なので，その公表の前に，国の統計委員会に報告することが求められている。
○	④	一般統計調査の結果を公表する場合，特別の事情がある場合には，調査結果および一般統計調査に関して政令で定められた事項の全部または一部を公表しないことができる。
○	⑤	e-Stat（政府統計の総合窓口）に掲載する方法は，公的統計の公表の 1 つの手段である。

前へ　次へ

統計検定　統計調査士

表示サイズ	100%▼

15 問目/全 30 問　　□あとで見直す

統計法に規定されている統計調査員の身分に関する説明について，最も適切なものを，次の①〜⑤のうちから一つ選びなさい。

○	①	国が実施する基幹統計調査の統計調査員は，調査の都度，任命されることとなっており，身分は非常勤の国家公務員となる。
○	②	統計調査員は，公務員としての身分を有することから，任命期間中に災害に遭った場合は，公務災害補償が適用される。
○	③	国が実施する基幹統計調査を民間事業者に委託して実施する場合，民間事業者の調査員は公務員の身分を有することになる。
○	④	統計調査員は公務員の身分を有することから，営利企業の役員との兼業は禁止されている。
○	⑤	統計調査員は，統計調査の期間中に従事する公務員であり，都道府県や市区町村などの統計担当職員と同様に，営利活動を行うことが制限されている。

前へ　　次へ

統計検定　統計調査士

表示サイズ	100%▼

16 問目/全 30 問　　□あとで見直す

次の内容は，統計調査員が調査対象者を訪問し，調査への協力依頼や調査票の配布，回収等を行う際のやりとりについて，調査対象者からの質問と，質問に対する回答の形で示したものである。質問に対する回答として，適切でないものを，次の①〜⑤のうちから一つ選びなさい。

○	①	調査対象者：忙しくて，とても話を聞いている暇が無い。そこに置いておいてほしい。 統計調査員：お忙しいところ申し訳ございません。大切な調査に協力をしていただきたく，お邪魔いたしました。調査の内容と調査票への回答方法などに関して，10 分ほど御説明のお時間をいただけないでしょうか。あるいは，お忙しいようでしたら，今度の木曜日の 10 時ごろはいかがでしょうか。
○	②	調査対象者：なぜうちが調査に当たったのか。隣の家に頼んだ方が，丁寧に対応してくれるのではないか。 統計調査員：限られた経費の中で，全ての方々に調査をお願いするのは難しく，一部の方々を全体の代表として無作為に選ばせていただいて調査を行っております。そこから他のお宅に変えてしまうと，全体の縮図とならない可能性もあり，どうか，正確な統計を作成するためにも，調査への御協力をお願いいたします。
○	③	調査対象者：氏名，年齢，電話番号など，こんなプライベートな情報まで調査する必要があるのか。 統計調査員：氏名，電話番号は調査票の内容に不明な点が生じた場合に確認させていただく際に必要なものです。また，年齢，学歴，年収，職業などの項目については，その違いごとに異なる実態を正しく表す統計を作成するために必要なものです。このような点を御理解いただき，御記入をお願いします。
○	④	調査対象者：所得を回答させて，税金に関係があるのか。回答した内容が後で勧誘などに使われることはないか。 統計調査員：この統計調査により集めた個人情報は，「統計法」により保護されます。回答いただいた内容については，統計の作成以外の目的で利用されることはございませんので，税金の徴収や勧誘などに使われることは絶対にありません。安心して調査票に記入し，御提出ください。
○	⑤	調査対象者：個人情報なので，統計調査には回答したくない。 統計調査員：統計調査に従事する者の守秘義務など秘密の保護については，統計法で厳格に規定されております。個人情報は統計法によって厳格に保護され，秘密の保護の徹底が図られております。ただし，個人情報を回答いただくことに抵抗があるようでしたら，そのような調査事項は空欄にしていただいた上で，御回答をお願いします。

前へ　　次へ

統計検定　統計調査士

表示サイズ	100%▼

17 問目/全 30 問　　□あとで見直す

公的統計調査の結果を，規模，地域等の属性別に表章する際に用いられる区分・分類について，適切でないものを，次の①～⑤のうちから一つ選びなさい。

	①	従業者数階級については，令和元年に「事業所規模別表章に関する標準的な考え方」が総務省政策統括官で決定されているが，統計間で区々であるのが現状である。
	②	資本金階級については，大会社については会社法，そして中小企業については中小企業法に，対象となる会社の資本金額の水準が定義されているが，統計間で区々であるのが現状である。
	③	地域区分については，北海道・東北・北陸等の行政上の地域区分に従っており，統計間で同じである。
	④	産業分類については，日本標準産業分類が統計基準として定められており，公的統計の結果を産業別に表章する際には，これに従うこととされている。
	⑤	職業分類については，日本標準職業分類が統計基準として定められており，公的統計の結果を職業別に表章する際には，これに従うこととされている。

前へ　　次へ

統計検定　統計調査士

表示サイズ	100%▼

18 問目/全 30 問　　□あとで見直す

総務省「国勢調査」の集計結果は，全国，都道府県，市区町村といった地域区分で集計が行われ活用されている。一方，国勢調査は全数調査として，全国ですべての人・世帯を対象として調査を行っていることから，市区町村より小さな地域区分についても詳細かつ正確な統計（小地域集計）を作成することが可能である。地域区分に関する次の文中の［　　］に入る用語として，最も適切なものを，下の①～⑤のうちから一つ選びなさい。

> 昭和 30 年代の「昭和の大合併」により，市部の地域内に，農漁村的な色彩の強い地域が広範囲に含まれるようになった。その結果，統計上，「都市的地域（特に人口密度の高い地域で，広い意味での市街地を指す。）」としての特質を必ずしも明瞭に表さなくなり，統計の利用に不便が生じてきた。そのため，昭和 35(1960) 年国勢調査において，この「都市的地域」の特質を明らかにする新しい統計上の地域単位として［　　］が設定された。

○	①	町丁・字
○	②	調査区
○	③	人口集中地区
○	④	旧市区町村
○	⑤	地域メッシュ

前へ　　次へ

統計検定　統計調査士

表示サイズ	100%▼

19 問目/全 30 問　□あとで見直す

次の図 1 および図 2 はそれぞれ，労働力調査の基本集計における，就業状態の区分および従業上の地位に関する区分を示したものである。また，下の表は，就業状態の区分および従業上の地位に関する区分の組合せを示したものである。表中の組合せについて，定義上ありえないものを，下の①～⑤のうちから一つ選びなさい。

図 1　就業状態の区分

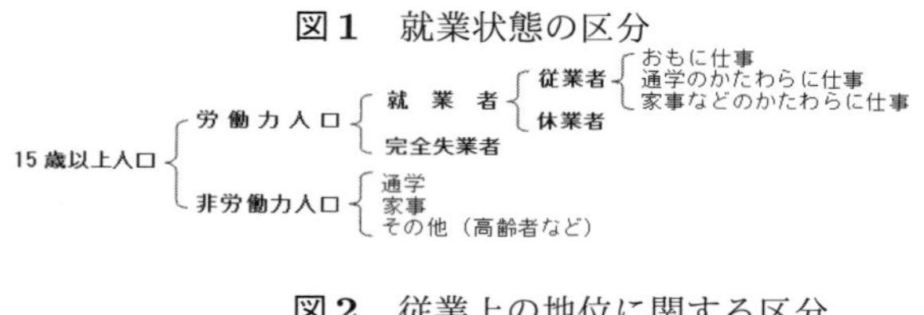

図 2　従業上の地位に関する区分

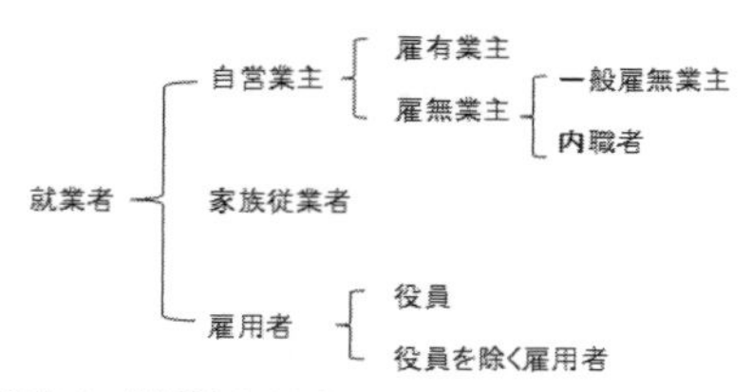

資料：総務省「労働力調査」

		就業状態		
		従業者	休業者	完全失業者
従業上の地位	自営業主	①		②
	うち雇有業主		③	
	家族従業者		④	
	雇用者	⑤		

前へ　次へ

統計検定　統計調査士

表示サイズ	100%▼

20 問目/全 30 問　□あとで見直す

総務省「家計調査」では世帯の消費支出を公表している。消費支出とは，いわゆる生活費のことであり，日常の生活を営むに当たり必要な商品やサービスを購入して実際に支払った金額である。消費支出に含まれないものを，次の①～⑤のうちから一つ選びなさい。

○	①	国内パック旅行費
○	②	交際費
○	③	自動車等関係費
○	④	社会保険料
○	⑤	保健医療サービス

前へ　次へ

統計検定　統計調査士

表示サイズ	100%▼

21 問目/全 30 問　□あとで見直す

我が国の幅広い産業における企業等の経済活動の状況を明らかにする統計調査として，経済構造実態調査が創設され，第1回調査が2019年6月1日を調査期日として総務省と経済産業省によって共同で実施された。この調査は，従来実施されていた3調査を統合・再編し，創設されたものである。次の（ア）から（オ）の調査のうち，経済構造実態調査のもととなっている調査として適切な組み合わせを，下の①～⑤のうちから一つ選びなさい。

（ア）サービス産業動向調査
（イ）個人企業経済調査
（ウ）商業統計調査
（エ）特定サービス産業実態調査
（オ）経済センサス－基礎調査

○	①	（ア）と（イ）と（エ）
○	②	（ア）と（ウ）と（エ）
○	③	（イ）と（ウ）と（エ）
○	④	（イ）と（ウ）と（オ）
○	⑤	（ウ）と（エ）と（オ）

前へ　次へ

統計検定　統計調査士

表示サイズ	100%▼

22問目/全30問　□あとで見直す

次の指数のうち，その指数の目的と作成・公表機関名で，適切なものを，次の①～⑤のうちから一つ選びなさい。

○	①	企業物価指数 この指数は，企業間で取引される財の価格変動を測定するものであり，総務省が作成・公表している。
○	②	東証株価指数 この指数は，東証市場第一部に上場する内国普通株式全銘柄の日々の変動を測定した株価指数であり，内閣府が作成・公表している。
○	③	鉱工業指数 この指数は，鉱工業製品を生産する国内の事業所における生産，出荷，在庫に係る諸活動，製造工業の設備の稼働状況，各種設備の生産能力の動向を測定するもので，経済産業省が作成・公表している。
○	④	不動産価格指数 この指数は，全国の住宅（住宅地，戸建住宅およびマンション（区分所有））に関する価格を，アンケート調査により把握した取引価格から測定したもので，法務省が作成・公表している。
○	⑤	第3次産業活動指数 この指数は，個別業種のサービスの生産活動を表す指数系列を，基準年の産業連関表による付加価値額をウェイトにして加重平均により算出したもので，第3次産業の各活動を統一的尺度でみることができる。総務省が作成・公表している。

前へ　次へ

統計検定　統計調査士

表示サイズ	100%▼

23 問目/全 30 問　　□あとで見直す

金融・財政統計についての記述について，適切なものを，次の①～⑤のうちから一つ選びなさい。

①	日本銀行は，マネーストック統計，資金循環統計等の業務統計を作成しているが，調査統計は作成していない。
②	金融・資本市場における取引データに基づいて作成される統計は，すべて日本銀行による。
③	財務省が作成する貿易統計は，世界税関機構の定めるHS（Harmonized Commodity Description and Coding System）に従って品目コードを付しており，国際的に比較できる重要な統計として基幹統計に指定されている。
④	財務省は，財政に関する財政統計，地方財政統計年報，国債統計年報を毎年作成している。
⑤	国税庁は，国税の申告，賦課，徴収等の行政記録情報に基づいて作成される国税庁統計年報の他，基幹統計調査である民間給与実態統計調査を実施している。

前へ　次へ

統計検定　統計調査士

表示サイズ	100%▼

24 問目/全 30 問　　□あとで見直す

次のａ～c は，総務省「平成 26 年経済センサス－基礎調査（甲調査）」における調査項目の一部である。これらの調査項目から得られる調査結果に関する説明として，最も適切なものを，下の①～⑤のうちから一つ選びなさい。なお，問題作成のために調査項目における記述を一部変更した。

a.　支所・支社・支店の数
国内において所有する支所，支社，支店，営業所，工場，出張所などの数を括弧内に記入してください。
国内の支所・支社・支店の数・・・(　　)事業所

b.　事業所の開設時期
現在の場所で事業を始めた時期の番号を○で囲んでください。
1　昭和 59 年以前　　2　昭和 60～平成 6 年
3　平成 7～16 年　　4　平成 17 年以降

c.　持株会社か否か
該当する番号を○で囲んでください。
1　持株会社でない　　2　事業持株会社
3　純粋持株会社

○	①	a は質的変数，b と c は量的変数である。
○	②	a は量的変数，b と c は質的変数である。
○	③	a と b は質的変数，c は量的変数である。
○	④	a と b と c はすべて量的変数である。
○	⑤	a と b と c はすべて質的変数である。

前へ　次へ

統計検定　統計調査士

表示サイズ	100%▼

25 問目/全 30 問　　　　□あとで見直す

次の図は，作物統計調査から作成した，2019 年の都道府県別耕地における田の割合の度数分布である。ただし，各階級は 30% 以上 40% 未満のように，下限値を含み、上限値を含まないものとする。なお，田の割合とは，田の面積と畑の面積の合計のうち田の面積が占める割合（%）である。

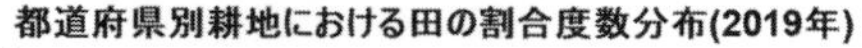

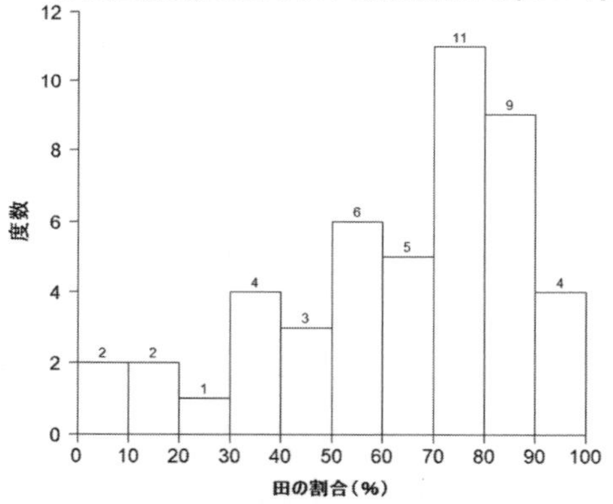

資料：　農林水産省「作物統計調査」

この度数分布の説明について，適切でないものを，次の①～⑤のうちから一つ選びなさい。

○	①	算術平均は 70% 未満である。
○	②	中央値は 70% 以上 80% 未満である。
○	③	第 3 四分位数は，80% 以上 90% 未満である。
○	④	四分位範囲は 20% ポイント未満である。
○	⑤	耕地面積における畑の割合のヒストグラムを書くと，右にスソが長い分布になる。

前へ　　次へ

統計検定　統計調査士

表示サイズ	100%▼

26問目/全30問　□あとで見直す

社会教育調査は，都道府県別に民間体育施設数を調査している。次の図は，社会教育調査に基づいて，平成30年度の日本国内における民間経営のゴルフ場，水泳プール（屋内）およびゴルフ練習場の集中度を比較するために描いたローレンツ曲線である。この図に関する説明として，最も適切なものを，下の①～⑤のうちから一つ選びなさい。

ゴルフ場，水泳プール，ゴルフ練習場のローレンツ曲線

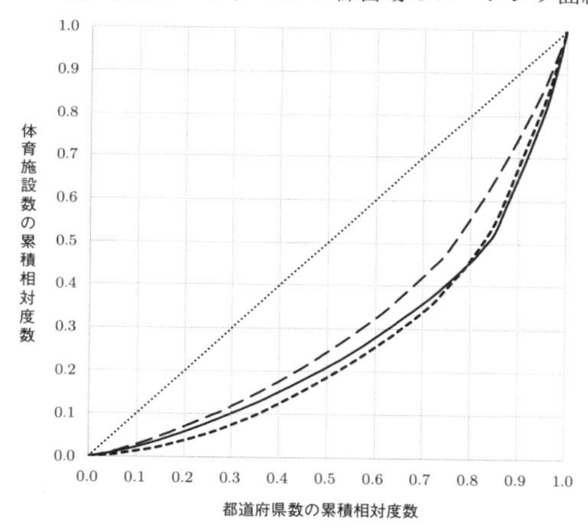

資料：文部科学省「平成30年度社会教育調査」

○	①	3種類の体育施設ともに，各体育施設数の上位10位までの都道府県で全国の施設数合計の50%を超えている。
○	②	3種類の体育施設の中では，各体育施設数の上位5位までの都道府県の割合は，ゴルフ練習場が最も高い。
○	③	ゴルフ場と水泳プールのローレンツ曲線は交差しているが，ジニ係数を用いて集中度を比較することができる。
○	④	3種類の体育施設のローレンツ曲線によって，ゴルフ練習場のジニ係数が最も大きいことが分かる。
○	⑤	3種類の体育施設のローレンツ曲線によって，都道府県別体育施設数の分散が最も大きいのは，ゴルフ練習場であることがわかる。

前へ　次へ

統計検定　統計調査士

表示サイズ	100%▼

27 問目/全 30 問　　□あとで見直す

次の図は小売物価統計調査（構造編）に基づいて，店舗形態別に描いた，豚肉，ラップおよび洗濯用洗剤の 47 の県庁所在都市（東京都は東京都区部とする）における年平均価格の箱ひげ図である（平成 30 年）。豚肉はスーパーと一般小売店，ラップと洗濯用洗剤はスーパーと量販専門店（ドラッグストアを含む。）について箱ひげ図を描いている。

なお，これらの箱ひげ図では，（第 1 四分位数－四分位範囲×1.5）以上の値をとるデータの最小値，および（第 3 四分位数＋四分位範囲×1.5）以下の値をとるデータの最大値までひげを引き，これらよりも外側の値を外れ値として「°」で示している。

豚肉，ラップ，洗濯用洗剤の県庁所在都市の年平均価格（円）の箱ひげ図（2018 年）

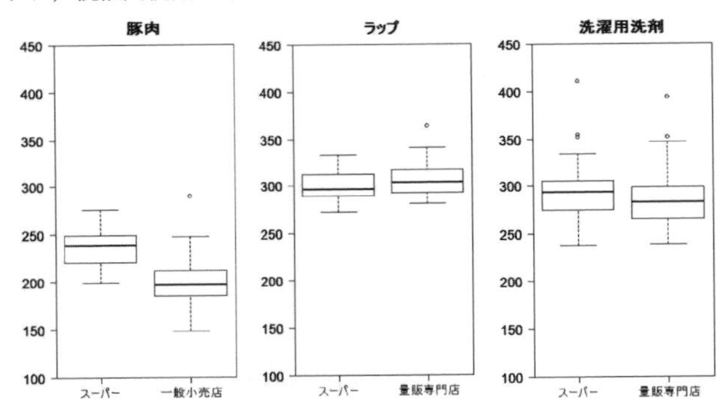

資料：総務省「平成 30 年小売物価統計調査（構造編）」

この図に関する説明として，適切でないものを，次の①～⑤のうちから一つ選びなさい。

○	①	豚肉についてみると，スーパーにおける年平均価格の最大値は，一般小売店における年平均価格の最大値より大きい。
○	②	豚肉についてみると，スーパーにおける年平均価格の最小値は，一般小売店における年平均価格の最小値よりも大きい。
○	③	ラップについてみると，スーパーにおける年平均価格の範囲は，量販専門店における年平均価格の範囲よりも小さい。
○	④	洗濯用洗剤についてみると，スーパーにおける年平均価格の中央値は，量販専門店における年平均価格の中央値よりも大きい。
○	⑤	洗濯用洗剤についてみると，スーパーにおける年平均価格の範囲は，量販専門店における年平均価格の範囲よりも大きい。

前へ　　次へ

統計検定　統計調査士

表示サイズ	100%▼

28 問目/全 30 問　　□あとで見直す

社会生活基本調査の生活行動に関する調査は，自由時間における主な活動を調査している。調査において，行動者数とは，過去1年間に該当する種類の活動を行った人の数，行動者率とは，行動者数を属性別の人口で割った割合をいう。

次の図は，都道府県別データを用いて，ウォーキングとジョギングの行動者率の散布図，ウォーキングとバスケットボールの行動者率の散布図を，それぞれ描いたものである (2016 年)。これらの図に関する説明として，最も適切なものを，下の①～⑤のうちから一つ選びなさい。

都道府県別行動者率の散布図（2016 年）

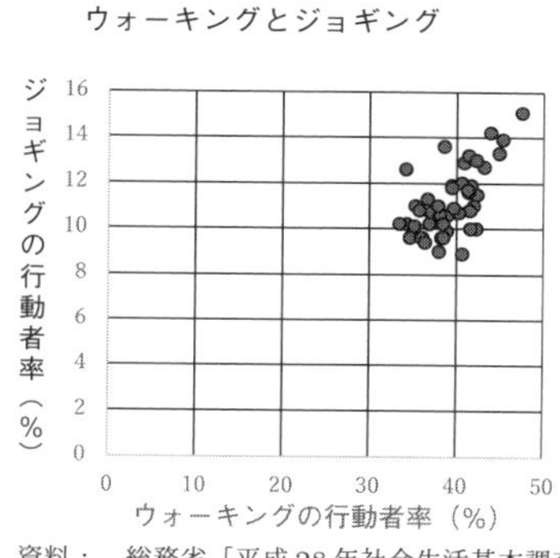

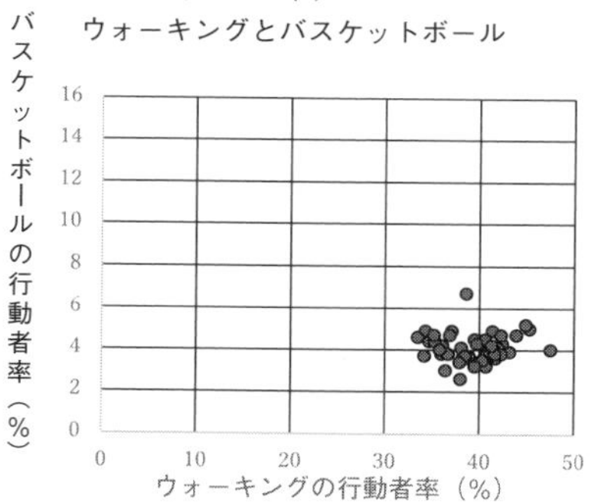

資料：　総務省「平成 28 年社会生活基本調査」

○	①	ウォーキングとジョギングの行動者率には，強い負の相関がある。
○	②	ウォーキングとバスケットボールの行動者率には，強い負の相関がある。
○	③	バスケットボールとジョギングの行動者率には，強い負の相関がある。
○	④	バスケットボールの 47 都道府県の行動者率の平均は，ジョギングのそれより大きい。
○	⑤	ウォーキングとジョギングの相関係数は，ウォーキングとバスケットボールのそれより大きい。

前へ　　次へ

統計検定　統計調査士

表示サイズ	100%▼

29 問目/全 30 問　□あとで見直す

次の表は，家計調査（二人以上の世帯）および消費者物価指数（2015 年平均＝100）に基づいて，支出金額のうち消費支出と教育ならびに消費者物価指数のうち総合指数と教育について，2019 年 2 月と 2020 年 2 月の結果を表したものである。

消費支出・教育の支出金額と消費者物価指数

年月	支出金額		消費者物価指数	
	消費支出	うち教育	総合	うち教育
2019 年 2 月	272,232 円	9,652 円	101.9	102.8
2020 年 2 月	271,735 円	8,392 円	102.4	94.7

資料：総務省「家計調査」，「消費者物価指数」

2019 年 2 月から 2020 年 2 月にかけて教育の支出金額は 9,652 円から 8,392 円に変化している。この 1 年間における教育の実質支出額の増減率として，最も適切な値を，次の①～⑤のうちから一つ選びなさい。

- ○ ① −5.6%
- ○ ② −5.2%
- ○ ③ −4.8%
- ○ ④ −4.4%
- ○ ⑤ −4.0%

前へ　次へ

統計検定　統計調査士

表示サイズ	100%▼

30 問目/全 30 問　　□あとで見直す

労働力調査は，我が国における就業および不就業の状態を明らかにするための基礎資料を得ることを目的としている。次の表は，労働力調査に基づいた，2018 年と 2019 年の失業者数の原数値・季節調整値・季節指数の月次データである。この表に関する説明として，最も適切なものを，下の①～⑤のうちから一つ選びなさい。

失業者数の原数値・季節調整値・季節指数（2018 年 1 月～2019 年 12 月）

	原数値（万人）	季節調整値（万人）	季節指数
2018 年　1 月	159	163	97.5
2 月	166	172	96.6
3 月	173	170	101.5
4 月	180	171	105.5
5 月	158	155	101.8
6 月	168	167	100.6
7 月	172	172	100.1
8 月	170	168	101.1
9 月	162	159	101.9
10 月	163	164	99.6
11 月	168	170	98.6
12 月	159	166	95.8
2019 年　1 月	166	171	97.0
2 月	156	162	96.3
3 月	174	171	102.0
4 月	176	166	105.8
5 月	165	163	101.2
6 月	162	161	100.5
7 月	156	156	100.2
8 月	157	156	100.8
9 月	168	165	101.8
10 月	164	164	100.2
11 月	151	153	98.7
12 月	145	152	95.6

資料：総務省「労働力調査」

○ ① 失業者数が増加（減少）傾向にあるかどうかは，原数値が前月に比べて増加（減少）しているかどうかによって判断すればよいので，2019 年 4 月と 2019 年 3 月を比べると，失業者数は，$176-174=2$（万人）増加していることから，この当時は失業者数が増加傾向にあったと読み取ることができる。

○ ② 季節指数をみると，両年とも 1 月～12 月のうちで 4 月の値が最も大きくなっているので，失業者数は他の月に比べて 4 月に少なくなりやすいという季節性を有している。

○ ③ 季節調整値は，原数値 $\times \frac{\text{季節指数}}{100}$ という式で求められる。

○ ④ 2019 年 7 月の失業者数の対前月比は，季節調整値を用いて，$\frac{156-161}{161}\times 100 = -3.1\%$ と計算することが適切である。

○ ⑤ 失業者数が傾向として増加しているのか減少しているのかを判断する際に，原数値から季節調整値を引いた値がよく用いられる。

前へ　次へ

解　答

CBT 模擬問題の解答

問 1・・・・・・正解　③

①：適切でない。第 2 次世界大戦後からではなく，1990 年代後半からである。

②：適切でない。公的統計は，行政目的だけではなく国民や企業の利用も考慮するが，国民や企業の利用を重視しているものではない。

④：適切でない。国際比較可能なように，国連など国際機関により国際標準分類などが作成され，それに準拠する，または変換可能なように統計を作成することとされている。

⑤：欧米における統計局の設置は 19 世紀初頭が多く，日本（明治 4 年：1871 年：19 世紀後半）とほぼ同じ時期ではない。

問 2・・・・・・正解　②

平成 19 年に全部改正が行われる前の旧統計法（昭和 22 年法律第 18 号）の第 1 条では，「この法律は，統計の真実性を確保し，統計調査の重複を除き，統計の体系を整備し，及び統計制度の改善発達を図ることを目的とする。」と定めている。これに対して，改正統計法第 1 条には，公的統計に関して「作成及び提供に関し基本となる事項を定めること，体系的かつ効率的な整備及び有用性の確保を図ること，国民経済の健全な発展及び国民生活の向上に寄与すること」が定められている。

問 3・・・・・・正解　④

①：適切でない。統計法では基幹統計調査の報告（回答）を拒むことや虚偽の報告を禁じている（統計法第 13 条）が，報告義務は一般統計調査や届出統計調査には課されていない。

②：適切でない。統計法においては，統計業務の民間委託に当たって，受託者の管理義務および守秘義務を定めており，基幹統計調査の事務を民間に委託することを禁止してはいない。

③：適切でない。統計法において，行政機関の長は，一般統計調査を実施するに当たっては，あらかじめ総務大臣の承認を得なければならない旨規定されている（統計法第 19 条）。

④：適切である。一般統計調査を実施しようとする行政機関と地方公共団体との間で，調査の実施を委託する契約を結ぶことが一般的に行われている。

⑤：適切でない。地方公共団体が統計調査を実施するときは，あらかじめ総務大臣に届け出なければならないと規定されている（統計法第 24 条）。ただし，総務大臣の承認を得ることまでは求められていない。

問 4・・・・・・正解　③

「基幹統計調査」とは基幹統計を作成するため行政機関が実施する統計調査，「一般統計調査」とは，行政機関が実施する基幹統計調査以外のすべての統計調査，「届出を要する統計調査」とは，統計法第 24 条第 1 項又は第 25 条の規定に基づき，総務大臣に届け出られた統計調査をいう。統計法で届出が求められているのは，指定された地方公共団体（第 24 条第 1 項）及び指定された独立行政法人等（第 25 条）である。「指定統計調査」とは，昭和 22 年に制定された旧統計法で定義された統計調査の種類である。したがって，（A）基幹統計調査，一般統計調査，（B）届出を要する統計調査，（C）届出を要する統計調査 となる。

問 5・・・・・・正解　②

①：適切である。記録されない調査票情報には該当しない。

②：適切でない。統計調査員に関する情報は，秘密保護の対象ではあるが，調査票情報ではない。

③：適切である。個人を特定できないように処理された情報であっても，調査票情報である。

④：適切である。記録されない情報は調査票情報に該当しない。

⑤：適切である。調査票情報そのものではないが，秘密保護の対象になる場合がある。

問 6・・・・・・正解　②

①：調査実施者による利用は第 32 条に定められている。

②：調査実施者か公的機関のときに限られており，普通の公益団体には定められていない（第 32 条、第 33 条）ので正解である。

③：第 33 条に定められている。

④：第 34 条に定められている。

⑤：第 35 条に定められている。

問 7・・・・・・正解　③

①：適切でない。集中型の統計機構が効率的であることは適切であるが，日本は分散型の統計機構を採用している。

②：適切でない。組織が経済的，機能的であること，統計調査の重複が避けられることや統計相互の連携など，説明内容が集中型の統計機構のものとなっている。

③：適切である。分散型の統計機構では，各行政機関が統計の機能を持ち，行政ニーズに的確，迅速に対応できるとされ，日本，アメリカ，フランスなどが採用している。

④：適切でない。分散型の統計機構が専門性を発揮しやすいという点は適切であるが，集中型の統計機構の方が，整合的な体系化を図ることができるとされている。

⑤：適切でない。説明内容が分散型の統計機構のものとなっている。分散型の統計機構は，それぞれの行政機関が統計の機能を持つことから，相互比較性が軽視されやすく，また，統計体系上の欠落を生じやすいという短所

がある。

問 8・・・・・・正解　④

調査票の提出については問うておらず，インターネットによる回答は考慮する必要はない。

①：適切でない。消費動向調査（内閣府）は，民間事業者に委託して実施されているので（C）の流れである。

②：適切でない。国勢調査（総務省）では，総務省から都道府県，市町村，統計調査員を経由して調査対象に調査票が配布されるので，（A）の流れである。

③：適切でない。国民生活基礎調査（厚生労働省）では，厚生労働省から都道府県，保健所，統計調査員を経由して調査対象に調査票が配布されるので，（C）ではない。

④：適切である。就業構造基本調査（総務省）では，総務省から，都道府県，市区町村，統計調査員を経由して調査対象に調査票が配布している。

⑤：適切でない。学校基本調査（文部科学省）では，文部科学省から直接または都道府県もしくは市町村を通じて，調査票が調査対象に配布されるので，（B）ではない。

問 9・・・・・・正解　②

調査の企画や設計の事務では，調査目的を明確にして，調査事項，調査対象，調査時期，調査方法の検討，経費の見積もりを行う。また，大規模調査や新規調査の場合，本調査を行う前に，企画の段階で事前調査・試験調査を行う。調査の実施では，調査票の配布・回収，回収された調査票の検査などの事務を行う。続いて，データの入力と審査，結果表の集計，他の結果などと比較した審査が行われる。最後に調査結果を分析し，概要やデータを整理した統計表を公表し，報告書にまとめる。

問 10・・・・・・正解　③

①：適切である。標本が確率的に抽出されているときは，標本誤差を推定できる。

②：適切である。たとえば，比推定などの方法が採られる場合もある。

③：適切でない。全数調査では，全ての調査対象者から協力を得やすいように，比較的簡易な調査事項を設定するのが普通である。

④：適切である。抽出方法が同じであれば、標本サイズが大きければ，標本誤差は小さくなる。

⑤：適切である。全数調査は集計に時間を要するので，早く結果を公表するときには，標本調査が望ましい。

問 11・・・・・・正解　⑤

調査票の設計に当たっては，調査票に盛り込む内容を検討した上で，調査の目的となる事項を適切に把握し，調査対象が回答しやすい方式を設定することが重要となる。

①：適切である。たとえば，国勢調査や労働力調査において，ひとつの調査票に世帯を構成する複数の者に関する回答を記入する，連記票の形式が用いられている。

②：適切である。たとえば，複数の月にわたって調査を行う際に，共通的な調査票のほかに，最終月により詳細な内容を記入する特別な調査票を配布する場合がある。

③：適切である。多項選択型質問では，回答は一つに限定することが普通であるが，質問の目的や回答の性格上，複数の回答を認める場合もある。

④：適切である。プレプリント方式を活用することで，変更点のみを回答すればよくなるため，調査に係る負担を軽減する効果があると期待される。

⑤：適切でない。回答者に回答を選ばせる方式がプリコード型質問，回答者が具体的内容を自由に記入し，調査実施者が分類を行う方式がアフターコード型質問である。

問 12・・・・・・正解　②

事業所は，経済活動の場所的単位であり，①単一の経営主体の下において一定の場所すなわち一区画を占めて行われていること，②財またはサービスの生産と供給が，人および設備を有して，継続的に行われていること，という要件を備えているものである。

①：適切でない。同一のビルにあっても，経営主体が異なれば，経営主体ごとに別の区画としてそれぞれを一事業所とする。

②：適切である。経済活動が一定の場所で行われず，他に特定の事業所を持たない行商や個人タクシーなどの場合は，本人の住居を事業所とする扱いである。

③：適切でない。建設工事が行われている現場は事業所とせず，その現場を管理する事業所（個人経営等で事務所を持たない場合は，事業主の住居）に含めて一事業所とする。

④：適切でない。日々従業者が異なり，賃金台帳も備えていないような詰所や派出所は，場所が離れていても原則としてそれらを管理する事業所に含めて一事業所とする。

⑤：適切でない。一つの敷地内に二つの学校が併設されている場合は，学校の種類ごとに別の事業所とする（この場合の学校とは，学校教育法の規定による学校とする）。

問 13・・・・・・正解　④

①：適切である。オンライン回答では，指定の URL にアクセスし，配布された ID とパスワードを用いることにより，回答期間内であればいつでも回答ができる。

②：適切である。オンライン回答では回答を直接送信するため，回答内容を調査員に見られることはない。

③：適切である。オンライン回答では，回答された符号が，範囲外・規定外であったり，記入が必須の調査事項が無回答である場合，回答者にその旨警告できるので，誤った回答，無回答を避けることができる。

④：適切でない。他者の ID とパスワードを用いて回答することは，不正な回答方法にあたることもある。

⑤：適切である。紙の調査票は，調査票を機械で読み取った上で集計を行うが，オンライン調査では，直接データとして出力することが可能なため，集計が行いやすい。

問 14・・・・・・正解　③

①：適切である。統計法第8条第1項に規定されている。

②：適切である。統計法第8条第2項に規定されている。

③：適切でない。統計委員会にはこのような権限はない。基幹統計の業務に従事していた者が，当該基幹統計を，第8条第1項の規定により定められた公表期日以前に他に漏らした場合は，罰則が適用される。

④：適切である。統計法第23条に規定されている。

⑤：適切である。「e-Stat」に掲載することは公表の1つの手段である。

問15・・・・・・正解　②

①：適切でない。国が実施する基幹統計調査の統計調査員の身分は，調査や任命権者によって異なっており，国が任命する場合には非常勤の国家公務員（国勢調査，賃金構造基本統計調査など）となり，都道府県が任命する場合には非常勤の地方公務員（労働力調査，住宅・土地統計調査など）となる。

②：適切である。統計調査員は，任命権者を問わず，公務員としての身分を有することから，任命期間中に災害に遭った場合には，公務災害が適用される。国が任命する場合には国家公務員災害補償法，都道府県知事が任命する場合には地方公務員法第69条に基づき制定された都道府県条例の適用対象となる。

③：適切でない。国が民間事業者に委託して行われる調査では，調査を受託した機関が調査員を選任・配置して調査を行い，その身分は公務員とはならない。

④：適切でない。一般職の地方公務員であっても、職務専念義務免除などの手続きを取れば，統計調査員になることはできる。

⑤：適切でない。所定の手続を経ることで一般職の地方公務員であっても統計調査員になることは可能である。

問16・・・・・・正解　⑤

調査対象となった世帯や企業には，調査の重要性について理解いただき，正確な回答をしていただくために，丁寧な応答が必要とされる。

①：適切である。多忙と言われた場合であっても，説明・回答の時間をいた

だけるよう，丁寧な説明を心がけ，調査への協力を依頼することが重要である。

②：適切である。標本調査においては，調査対象を他の世帯に単純に変更してしまうと，調査の結果が実態を正しく表さないものになることを，丁寧に説明する必要がある。

③：適切である。氏名，年齢，電話番号，年齢，学歴，年収，職業などについては，それらが調査実施後の疑義照会や，正確な統計の作成において重要である点について説明し，調査への協力が得られるようにする必要がある。

④：適切である。統計法において，調査関係者の守秘義務，調査票情報の厳重管理など，個人情報の保護に関する措置を講じていることを，丁寧に説明する必要がある。

⑤：適切でない。「そのような調査事項は空欄にしていただいてかまいません」の部分が，不適切である。

問 17・・・・・・正解　③

①：適切である。「事業所規模別表章に関する標準的な考え方」は１つの考え方に過ぎず，統計の目的に合わせて従業者規模が設定されている。

②：適切である。資本金階級は法律ごとに相違しており，統計ごとの利用目的や調査対象の違いによって，階級区分は違っている。

③：適切でない。行政上の地域区分は省ごとに所管する県が異なっていて，たとえば，北陸財務局は富山，石川，福井を所管し，北陸農政局はこれに新潟県を含めているなど，同じ北陸地域でも対象となる県は相違するので，適切ではない。

④：適切である。日本標準産業分類は，統計基準として定められていて，統計の結果表章においてこれに従うこととされている。

⑤：適切である。④と同様に，日本標準職業分類は，統計基準として定められている。

問 18・・・・・・正解　③

国勢調査は全数調査であるため，市区町村より小さな地域についても詳細かつ正確な統計（小地域統計）を作成することが可能である。そのため，総務省ではさまざまな地域区分による小地域統計を提供している。

①：適切でない。町丁・字等別集計は，平成7年（1995年）調査から，人口・世帯に関する主な事項について，丁目や字に該当する地域区分で集計を行っているものである。

②：適切でない。国勢調査の調査区から市区町村結果などが計算されるが，調査区自体は集計の地域区分としての有用性は低く，個人情報保護の観点からも適切ではない。

③：適切である。人口集中地区に関する集計は，昭和35年調査から行われている。原則として人口密度が1平方キロメートル当たり4,000人以上となる市区町村の境域内の隣接した地域，またはそれらの隣接した地域の人口が国勢調査時に5,000人以上を有する地域を「人口集中地区」としている。

④：適切でない。旧市区町村別集計は，市区町村の合併等により，市区町村の境域に変更があった場合に，集計結果の時系列比較を適切に行うために活用されるものである。

⑤：適切でない。地域メッシュ統計は，緯度・経度に基づき地域を隙間なく網の目（メッシュ）の区域に分けて，それぞれの区域に関する統計データを編成したものである。

問19……正解　②

統計作成の各段階において，調査設計者の指示と調査票情報との整合性を確認する「審査」の作業が重要な役割を果たしている。統計の審査に当たっては，さまざまな観点を考慮する必要があるが，特に調査事項の相互の関連から見て，矛盾した記入が無いか，その妥当性を点検することは，後の集計への影響を考えた場合に，非常に重要な手順となる。審査業務の知識が無くても，就業者と完全失業者が重ならないことを図から読み取れば解ける。完全失業者と就業者は排他的な関係であることから，表における完全失業者の列に入る組み合わせは存在しない。

問 20・・・・・・正解　④

総務省統計局が所管している家計調査は，国民生活における家計収支の実態を把握し，国の経済政策・社会政策の立案のための基礎資料を提供することを目的とした調査である。家計調査における「消費支出」は，いわゆる生活費のことであり，日常の生活を営むに当たり必要な商品やサービスを購入して実際に支払った金額である。「消費支出」は支出の目的により，食料，住居，光熱・水道，家具・家事用品，被服および履物，保健医療，交通・通信，教育，教養娯楽およびその他の消費支出に大別される。一方，税金や社会保険料など原則として世帯の自由にならない支出は，非消費支出にあたる。

問 21・・・・・・正解　②

経済構造実態調査の創設に当たっては，サービス産業動向調査（拡大調査），商業統計調査および特定サービス産業実態調査の 3 調査を統合・再編している。この新しい調査は，製造業およびサービス産業の付加価値等の構造を明らかにし，国民経済計算の精度向上等に資するとともに，5 年ごとに実施する「経済センサス–活動調査」の中間年の実態を把握することを目的として毎年実施（経済センサス–活動調査の実施年を除く）することとしている。このように，個人企業経済調査と経済センサス–基礎調査は，経済構造実態調査のもととはなっていない。

問 22・・・・・・正解　③

①：適切でない。企業物価指数とは，企業間で取引される財に関する物価の変動を測定するものであり，企業間で取引されるサービスの価格に焦点を当てた物価指数は，「企業向けサービス価格指数」である。両指数ともに日本銀行が作成・公表している。
②：適切でない。東証株価指数は，東京証券取引所が作成・公表している。
③：適切である。鉱工業生産指数は経済産業省が作成・公表している。
④：適切でない。不動産価格指数は，国土交通省が作成・公表している。
⑤：適切でない。第 3 次産業活動指数は経済産業省で作成・公表している。

問 23・・・・・・正解　⑤

①：適切でない。日本銀行は金融に関連する多くの業務統計を作成している

ほか，短観（短期経済観測調査）や企業物価指数と企業向けサービス価格指数の価格調査等の統計調査を行っている。

②：適切でない。市場関連統計では，東証株価指数を東京証券取引所が，債券流通利回りを相互証券が作成するなど，民間企業によって作成されているものが少なくない。

③：適切でない。貿易統計は，重要な統計であるが，基幹統計に指定されていない。

④：適切でない。地方財政統計年報は，総務省が作成している。

⑤：適切である。

問 24・・・・・・正解　②

調査項目 a：支所・支社・支店の数（以降，支所等の数と呼ぶ）は，国内の支所等の数であり，その差や比が意味をもつため，調査項目 a は量的変数である。

調査項目 b：事業所の開設時期は，4 つに区分された時期の一つを選択する。4 つの時期は順序を表すだけだから，調査項目 b は質的変数である。

調査項目 c：持株会社か否かは，3 つの区分のいずれかを選択する項目であり，質的変数である。

なお，問題作成のために調査項目における記述を一部変更した項目がある。実際の経済センサス基礎調査の調査票の調査項目 a では，国内のほかに海外の支所・支社・支店の数も同時に調べている。

問 25・・・・・・正解　④

①：適切である。各階級の下限と各階級の度数を用いて加重算術平均を計算すると，58.1 となる。また，各階級の上限と各階級の度数を用いて加重算術平均を計算すると，これよりも 10 大きくなるから 68.1 になる。したがって，算術平均は 58.1 以上 68.1 未満になる。

②：適切である。累積相対度数は 60% 以上 70% 未満の階級で 0.489，70% 以上 80% 未満の階級で 0.723 だから，累積相対度数 0.5 に対応する階級は 70% 以上 80% 未満である。

③：適切である。累積相対度数は 70% 以上 80% 未満の階級で 0.723，80%

以上 90% 未満の階級で 0.915 だから，累積相対度数 0.75 に対応する階級は 80% 以上 90% 未満である。

④：適切でない。累積相対度数は 30% 以上 40% 未満の階級で 0.191, 40% 以上 50% 未満の階級で 0.255 なので，第 1 四分位数は 40% 以上 50% 未満の階級にある。第 3 四分位数は 80% 以上 90% 未満の階級にあるので四分位範囲は 20% ポイント未満にはならない。

⑤：適切である。畑の割合の度数分布の図は，田の割合の度数分布の図を 50% の位置で反転させた形になるので，右にスソが長い分布になる。

問 26・・・・・・正解　③

①：適切でない。上位 10 位までの都道府県は都道府県数で上位 21.3% に相当するが，グラフより，上位 10 位までの都道府県が占める割合が最も高いゴルフ場数でも，全国合計の 50% に満たないことが分かる。

②：適切でない。上位 5 位までの都道府県数は上位 10.6% に相当するが，グラフより，上位 5 位までの都道府県が占める割合が最も高いのは，水泳プール（屋内）であることが分かる。

③：適切である。ローレンツ曲線が交差している場合でも，面積を用いるジニ係数は求めることができる。

④：適切でない。グラフより，ゴルフ練習場のジニ係数は最も小さいことが分かる。

⑤：適切でない。一般に，ローレンツ曲線は測定単位から独立であるという性質を持つ。このグラフからも，体育施設数に関する分散の大小を読み取ることはできない。

問 27・・・・・・正解　①

箱ひげ図の意味は問題文のとおりである。ひげの上側（下側）に外れ値がある場合は，ひげから最も離れた位置にある外れ値が最大値（最小値）になる。範囲は最大値と最小値の差である。豚肉の箱ひげ図を見ると，スーパーにおける年平均価格の最大値は，一般小売店における年平均価格の最大値より小さいことがわかる。

問 28・・・・・・正解　⑤

①：適切でない。ウォーキングとジョギングの散布図（左図）の点は，左下から右上に位置しており，正の相関がある。

②：適切でない。ウォーキングとバスケットボールの散布図（右図）は，ほぼ無相関である（少なくとも，強い負の相関にはない）。

③：適切でない。ウォーキングとジョギングは正の相関にある。他方，ウォーキングとバスケットボールはほぼ無相関である。したがって，ジョギングの行動者率が上昇しても，バスケットボールの行動者率はあまり変化せず，強い負の相関があるとは言えない。

④：適切でない。行動者率の水準を表す縦軸に注目すると，ジョギング（左図）の行動者率は 8%～16% の間にあり，バスケットボール（右図）の行動者率は 2%～7% の間にある。したがって，行動者率の平均もジョギングの方が高い。

⑤：適切である。ウォーキングとジョギングの行動者率の散布図は正の相関であることを示しており，相関係数はプラスである。ウォーキングとバスケットボールの行動者率の散布図は無相関に近いことから，相関係数は 0 に近い。

問 29・・・・・・正解　①

一般に，実質増減率は，

実質増減率＝((100＋名目増減率)÷(100＋各項目に対応する消費者物価指数の変化率)－1)×100

で計算される。この期間の教育の名目支出金額増減率は，-13.05% で，消費者物価指数の教育の変化率は -7.88% である。実質支出金額の増減率を計算すると，

$$\{[(100-13.05)\div(100-7.88)]-1\}\times 100=-5.61\%$$

問 30・・・・・・正解　④

①：適切でない。原数値には季節性が含まれており，たとえば，4 月には失業者数が毎年多くなる傾向がある（4 月の季節指数が最も大きい）。季節性

を考慮していない原数値を比べても，失業者数が傾向的に増加していると読み取ることはできない。

②：適切でない。4月の季節指数が最も大きいということは，他の月に比べて，4月の失業者数が例年多くなりやすいことを示している。

③：適切でない。季節調整値は，原数値 ÷（季節指数 ÷ 100）で算出される。

④：適切である。対前月比の計算は，季節調整値を用いて，

$$\text{対前月比} = \frac{\text{今月の季節調整値} - \text{前月の季節調整値}}{\text{前月の季節調整値}} \times 100$$

とする。なお，季節調整値がない場合は，対前年同月比が用いられることが多い。

⑤：適切でない。原数値と季節調整値を比較しても，失業者の動向を傾向的にみることはできない。

基幹統計一覧と統計法

基幹統計一覧（令和6年4月1日現在：54統計）

(1) 統計法第2条第4項第1号の規定により直接法定されている基幹統計：国勢統計
(2) 統計法第2条第4項第2号の規定により直接法定されている基幹統計：国民経済計算
(3) 統計法第2条第4項第3号の規定により総務大臣が指定する基幹統計：52統計

(3) の作成者別の内訳

【作成者：総務大臣】	
・住宅・土地統計 ・労働力統計 ・小売物価統計 ・家計統計 ・個人企業経済統計 ・科学技術研究統計	・地方公務員給与実態統計 ・就業構造基本統計 ・全国家計構造統計 ・社会生活基本統計 ・人口推計 (∗) ・サービス産業動態統計
【作成者：財務大臣】	【作成者：国税庁長官】
・法人企業統計	・民間給与実態統計
【作成者：文部科学大臣】	
・学校基本統計 ・学校保健統計	・学校教員統計 ・社会教育統計
【作成者：厚生労働大臣】	
・人口動態統計 ・毎月勤労統計 ・薬事工業生産動態統計 ・医療施設統計 ・患者統計	・賃金構造基本統計 ・国民生活基礎統計 ・生命表 (∗) ・社会保障費用統計 (∗)
【作成者：農林水産大臣】	
・農林業構造統計 ・牛乳乳製品統計 ・作物統計 ・海面漁業生産統計	・漁業構造統計 ・木材統計 ・農業経営統計
【作成者：経済産業大臣】	
・経済産業省生産動態統計 ・ガス事業生産動態統計 ・石油製品需給動態統計 ・商業動態統計	・経済産業省特定業種石油等消費統計 ・経済産業省企業活動基本統計 ・鉱工業指数 (∗)
【作成者：国土交通大臣】	
・港湾統計 ・造船造機統計 ・建築着工統計 ・鉄道車両等生産動態統計 ・建設工事統計	・船員労働統計 ・自動車輸送統計 ・内航船舶輸送統計 ・法人土地・建物基本統計
【作成者：総務大臣及び経済産業大臣】	
・経済構造統計	
【作成者：注1】	
・産業連関表 (∗)	

注1：内閣総理大臣，金融庁長官，総務大臣，財務大臣，文部科学大臣，厚生労働大臣，農林水産大臣，経済産業大臣，国土交通大臣及び環境大臣

注2：表中の統計名称の後ろに「(∗)」と付されている統計は，統計調査以外の方法により作成する統計で，それ以外の統計は，専ら統計調査の方法により作成する統計である。

統計法（平成 19 年法律第 53 号）

最終改正：令和 4 年 6 月 17 日法律第 68 号
令和 5 年 4 月 1 日施行

統計法（昭和 22 年法律第 18 号）の全部を改正する。

目次

第 1 章 総則

（目的）

第 1 条　この法律は、公的統計が国民にとって合理的な意思決定を行うための基盤となる重要な情報であることにかんがみ、公的統計の作成及び提供に関し基本となる事項を定めることにより、公的統計の体系的かつ効率的な整備及びその有用性の確保を図り、もって国民経済の健全な発展及び国民生活の向上に寄与することを目的とする。

（定義）

第 2 条　この法律において「行政機関」とは、法律の規定に基づき内閣に置かれる機関若しくは内閣の所轄の下に置かれる機関、宮内庁、内閣府設置法（平成11年法律第89号）第49条第1項若しくは第2項に規定する機関又は国家行政組織法（昭和23年法律第120号）第3条第2項に規定する機関をいう。

2　この法律において「独立行政法人等」とは、次に掲げる法人をいう。

一　独立行政法人（独立行政法人通則法（平成11年法律第103号）第2条第1項に規定する独立行政法人をいう。次号において同じ。）

二　法律により直接に設立された法人、特別の法律により特別の設立行為をもって設立された法人（独立行政法人を除く。）又は特別の法律により設立され、かつ、その設立に関し行政庁の認可を要する法人のうち、政令で定めるもの

3　この法律において「公的統計」とは、行政機関、地方公共団体又は独立行政法人等（以下「行政機関等」という。）が作成する統計をいう。

4　この法律において「基幹統計」とは、次の各号のいずれかに該当する統計をいう。

一　第5条第1項に規定する国勢統計

二　第6条第1項に規定する国民経済計算

三　行政機関が作成し、又は作成すべき統計であって、次のいずれかに該当するものとして総務大臣が指定するもの

イ　全国的な政策を企画立案し、又はこれを実施する上において特に重要な統計

ロ　民間における意思決定又は研究活動のために広く利用されると見込まれる統計

ハ　国際条約又は国際機関が作成する計画において作成が求められている統計その他国際比較を行う上において特に重要な統計

5　この法律において「統計調査」とは、行政機関等が統計の作成を目的として個人又は法人その他の団体に対し事実の報告を求めることにより行う調査をいう。ただし、次に掲げるものを除く。

一　行政機関等がその内部において行うもの

二　この法律及びこれに基づく命令以外の法律又は政令において、行政機関等に対し、報告を求めることが規定されているもの

三　政令で定める行政機関等が政令で定める事務に関して行うもの

6　この法律において「基幹統計調査」とは、基幹統計の作成を目的とする統計調査をいう。

7　この法律において「一般統計調査」とは、行政機関が行う統計調査のうち基幹統計調査以外のものをいう。

8　この法律において「事業所母集団データベース」とは、事業所に関する情報の集合物であって、それらの情報を電子計算機を用いて検索することができるように体系的に構成したものをいう。

9　この法律において「統計基準」とは、公的統計の作成に際し、その統一性又は総合性を確保するための技術的な基準をいう。

10　この法律において「行政記録情報」とは、行政機関の職員が職務上作成し、又は取得した情報であって、当該行政機関の職員が組織的に利用するものとして、当該行政機関が保有しているもののうち、行政文書（行政機関の保有する情報の公開に関する法律（平成11年法律第42号）第2条第2項に規定する行政文書をいう。）に記録されているもの（基幹統計調査及び一般統計調査に係る調査票情報、事業所母集団データベースに記録されている情報並びに匿名データを除く。）をいう。

11　この法律において「調査票情報」とは、統計調査によって集められた情報のうち、文書、図画又は電磁的記録（電子的方式、磁気的方式その他人の知覚によっては認識することができない方式で作られた記録をいう。）に記録されているものをいう。

12　この法律において「匿名データ」とは、一般の利用に供することを目的として調査票情報を特定の個人又は法人その他の団体の識別（他の情報との照合による識別を含む。）ができないように加工したものをいう。

（基本理念）

第3条　公的統計は、行政機関等における相互の協力及び適切な役割分担の下に、体系的に整備されなければならない。

2　公的統計は、適切かつ合理的な方法により、かつ、中立性及び信頼性が確保されるように作成されなければならない。

3　公的統計は、広く国民が容易に入手し、効果的に利用できるものとして提供されなければならない。

4　公的統計の作成に用いられた個人又は法人その他の団体に関する秘密は、

保護されなければならない。

（行政機関等の責務等）

第3条の2　行政機関等は、前条の基本理念にのっとり、公的統計を作成する責務を有する。

2　公的統計を作成する行政機関等は、情報の提供その他の活動を通じて、公的統計が国民にとって合理的な意思決定を行うための基盤となる重要な情報であることに関し国民の理解を深めるとともに、公的統計の作成に関し当該公的統計を作成する行政機関等以外の行政機関等その他の関係者並びにその他の個人及び法人その他の団体の協力を得るよう努めなければならない。

3　基幹統計を作成する行政機関以外の行政機関の長、地方公共団体の長その他の執行機関、独立行政法人等その他の関係者又はその他の個人若しくは法人その他の団体は、当該基幹統計を作成する行政機関の長から必要な資料の提供、調査、報告その他の協力を求められたときは、その求めに応じるよう努めなければならない。

（基本計画）

第4条　政府は、公的統計の整備に関する施策の総合的かつ計画的な推進を図るため、公的統計の整備に関する基本的な計画（以下この条において「基本計画」という。）を定めなければならない。

2　基本計画は、次に掲げる事項について定めるものとする。

一　公的統計の整備に関する施策についての基本的な方針

二　公的統計を整備するために政府が総合的かつ計画的に講ずべき施策

三　その他公的統計の整備を推進するために必要な事項

3　基本計画を定めるに当たっては、公的統計について、基幹統計に係る事項とその他の公的統計に係る事項とを区分して記載しなければならない。

4　総務大臣は、関係行政機関の長に協議するとともに、統計委員会の意見を聴いて、基本計画の案を作成し、閣議の決定を求めなければならない。

5　総務大臣は、前項の規定により基本計画の案を作成しようとするときは、あらかじめ、総務省令で定めるところにより、国民の意見を反映させるために必要な措置を講ずるものとする。

6　政府は、統計をめぐる社会経済情勢の変化を勘案し、及び公的統計の整備に関する施策の効果に関する評価を踏まえ、おおむね5年ごとに、基本計画を変更するものとする。この場合においては、前2項の規定を準用する。

7 統計委員会は、基本計画の実施状況を調査審議し、公的統計の整備に関する施策の総合的かつ計画的な推進を図るため必要があると認めるときは、総務大臣又は総務大臣を通じて関係行政機関の長に勧告することができる。

8 総務大臣又は関係行政機関の長は、前項の規定による勧告に基づき講じた施策について統計委員会に報告しなければならない。

第2章 公的統計の作成

第1節 基幹統計

（国勢統計）

第5条 総務大臣は、本邦に居住している者として政令で定める者について、人及び世帯に関する全数調査を行い、これに基づく統計（以下この条において「国勢統計」という。）を作成しなければならない。

2 総務大臣は、前項に規定する全数調査（以下「国勢調査」という。）を10年ごとに行い、国勢統計を作成しなければならない。ただし、当該国勢調査を行った年から5年目に当たる年には簡易な方法による国勢調査を行い、国勢統計を作成するものとする。

3 総務大臣は、前項に定めるもののほか、必要があると認めるときは、臨時の国勢調査を行い、国勢統計を作成することができる。

（国民経済計算）

第6条 内閣総理大臣は、国際連合の定める国民経済計算の体系に関する基準に準拠し、国民経済計算の作成基準（以下この条において単に「作成基準」という。）を定め、これに基づき、毎年少なくとも1回、国民経済計算を作成しなければならない。

2 内閣総理大臣は、作成基準を定めようとするときは、あらかじめ、統計委員会の意見を聴かなければならない。これを変更しようとするときも、同様とする。

3 内閣総理大臣は、作成基準を定めたときは、これを公示しなければならない。これを変更したときも、同様とする。

（基幹統計の指定）

第7条　総務大臣は、第2条第4項第3号の規定による指定（以下この条において単に「指定」という。）をしようとするときは、あらかじめ、当該行政機関の長に協議するとともに、統計委員会の意見を聴かなければならない。

2　総務大臣は、指定をしたときは、その旨を公示しなければならない。

3　前2項の規定は、指定の変更又は解除について準用する。

（基幹統計の公表等）

第8条　行政機関の長は、基幹統計を作成したときは、速やかに、当該基幹統計及び基幹統計に関し政令で定める事項をインターネットの利用その他の適切な方法により公表しなければならない。

2　行政機関の長は、前項の規定による公表をしようとするときは、あらかじめ、当該基幹統計の公表期日及び公表方法を定め、インターネットの利用その他の適切な方法により公表するものとする。

3　行政機関の長は、国民が基幹統計に関する情報を常に容易に入手することができるよう、当該情報の長期的かつ体系的な保存その他の適切な措置を講ずるものとする。

第2節 統計調査

第1款 基幹統計調査

（基幹統計調査の承認）

第9条　行政機関の長は、基幹統計調査を行おうとするときは、あらかじめ、総務大臣の承認を受けなければならない。

2　前項の承認を受けようとする行政機関の長は、次に掲げる事項を記載した申請書を総務大臣に提出しなければならない。

一　調査の名称及び目的

二　調査対象の範囲

三　報告を求める事項及びその基準となる期日又は期間

四　報告を求める個人又は法人その他の団体

五　報告を求めるために用いる方法

六　報告を求める期間

七　集計事項

八　調査結果の公表の方法及び期日

九　使用する統計基準その他総務省令で定める事項

3　前項の申請書には、調査票その他総務省令で定める書類を添付しなければならない。

4　総務大臣は、第1項の承認の申請があったときは、統計委員会の意見を聴かなければならない。ただし、統計委員会が軽微な事項と認めるものについては、この限りでない。

（承認の基準）

第10条　総務大臣は、前条第1項の承認の申請に係る基幹統計調査が次に掲げる要件のすべてに適合していると認めるときは、同項の承認をしなければならない。

一　前条第2項第二号から第六号までに掲げる事項が当該基幹統計の作成の目的に照らして必要かつ十分なものであること。

二　統計技術的に合理的かつ妥当なものであること。

三　他の基幹統計調査との間の重複が合理的と認められる範囲を超えていないものであること。

（基幹統計調査の変更又は中止）

第11条　行政機関の長は、第9条第1項の承認を受けた基幹統計調査を変更し、又は中止しようとするときは、あらかじめ、総務大臣の承認を受けなければならない。

2　第9条第4項の規定は前項に規定する基幹統計調査の変更及び中止の承認について、前条の規定は同項に規定する基幹統計調査の変更の承認について準用する。

（措置要求）

第12条　総務大臣は、第9条第1項の承認に基づいて行われている基幹統計調査が第10条各号に掲げる要件のいずれかに適合しなくなったと認めるときは、当該行政機関の長に対し、当該基幹統計調査の変更又は中止を求めることができる。

2　総務大臣は、前項の規定による変更又は中止の求めをしようとするときは、あらかじめ、統計委員会の意見を聴かなければならない。

（報告義務）

第13条　行政機関の長は、第9条第1項の承認に基づいて基幹統計調査を行う場合には、基幹統計の作成のために必要な事項について、個人又は法人その他の団体に対し報告を求めることができる。

2　前項の規定により報告を求められた個人又は法人その他の団体は、これを拒み、又は虚偽の報告をしてはならない。

3　第一項の規定により報告を求められた個人が、未成年者（営業に関し成年者と同一の行為能力を有する者を除く。）又は成年被後見人である場合においては、その法定代理人が本人に代わって報告する義務を負う。

（統計調査員）

第14条　行政機関の長は、その行う基幹統計調査の実施のため必要があるときは、統計調査員を置くことができる。

（立入検査等）

第15条　行政機関の長は、その行う基幹統計調査の正確な報告を求めるため必要があると認めるときは、当該基幹統計調査の報告を求められた個人又は法人その他の団体に対し、その報告に関し資料の提出を求め、又はその統計調査員その他の職員に、必要な場所に立ち入り、帳簿、書類その他の物件を検査させ、若しくは関係者に質問させることができる。

2　前項の規定により立入検査をする統計調査員その他の職員は、その身分を示す証明書を携帯し、関係者の請求があったときは、これを提示しなければならない。

3　第一項の規定による権限は、犯罪捜査のために認められたものと解釈してはならない。

（地方公共団体が処理する事務）

第16条　基幹統計調査に関する事務の一部は、政令で定めるところにより、地方公共団体の長又は教育委員会が行うこととすることができる。

（基幹統計調査と誤認させる調査の禁止）

第17条　何人も、国勢調査その他の基幹統計調査の報告の求めであると人を誤認させるような表示又は説明をすることにより、当該求めに対する報告として、個人又は法人その他の団体の情報を取得してはならない。

第18条　削除

第2款 一般統計調査

（一般統計調査の承認）

第19条　行政機関の長は、一般統計調査を行おうとするときは、あらかじめ、総務大臣の承認を受けなければならない。

2　第9条第2項及び第3項の規定は、前項の承認について準用する。

（承認の基準）

第20条　総務大臣は、前条第1項の承認の申請に係る一般統計調査が次に掲げる要件のすべてに適合していると認めるときは、同項の承認をしなければならない。

一　統計技術的に合理的かつ妥当なものであること。

二　行政機関が行う他の統計調査との間の重複が合理的と認められる範囲を超えていないものであること。

（一般統計調査の変更又は中止）

第21条　行政機関の長は、第19条第1項の承認を受けた一般統計調査を変更しようとするときは、あらかじめ、総務大臣の承認を受けなければならない。ただし、総務省令で定める軽微な変更をしようとするときは、この限りでない。

2　前条の規定は、前項に規定する一般統計調査の変更の承認について準用する。

3　行政機関の長は、第19条第1項の承認を受けた一般統計調査を中止しようとするときは、あらかじめ、総務大臣にその旨を通知しなければならない。

（一般統計調査の改善の要求）

第22条　総務大臣は、第19条第1項の承認に基づいて行われている一般統計調査が第20条各号に掲げる要件のいずれかに適合しなくなったと認めるときは、当該行政機関の長に対し、報告を求める事項の変更その他当該要件に適合するために必要な措置をとるべきことを求めることができる。

2　総務大臣は、前項の行政機関の長が同項の規定による求めに応じなかったときは、当該一般統計調査の中止を求めることができる。

（一般統計調査の結果の公表等）

第23条　行政機関の長は、一般統計調査の結果を作成したときは、速やかに、当該一般統計調査の結果及び一般統計調査に関し政令で定める事項をインターネットの利用その他の適切な方法により公表しなければならない。ただし、特別の事情があるときは、その全部又は一部を公表しないことができる。

2　第8条第3項の規定は、一般統計調査の結果に関する情報について準用する。

第3款 指定地方公共団体又は指定独立行政法人等が行う統計調査

(指定地方公共団体が行う統計調査)

第24条　地方公共団体（地方公共団体の規模を勘案して政令で定めるものに限る。以下「指定地方公共団体」という。）の長その他の執行機関は、統計調査を行おうとするときは、あらかじめ、政令で定めるところにより、次に掲げる事項を総務大臣に届け出なければならない。これを変更しようとするときも、同様とする。

一　調査の名称及び目的

二　調査対象の範囲

三　報告を求める事項及びその基準となる期日又は期間

四　報告を求める個人又は法人その他の団体

五　報告を求めるために用いる方法

六　報告を求める期間

2　総務大臣は、前項の規定による届出のあった統計調査が基幹統計調査の実施に支障を及ぼすおそれがあると認めるときは、当該指定地方公共団体の長その他の執行機関に対し、当該届出のあった統計調査の変更又は中止を求めることができる。

(指定独立行政法人等が行う統計調査)

第25条　独立行政法人等（その業務の内容その他の事情を勘案して大規模な統計調査を行うことが想定されるものとして政令で定めるものに限る。以下「指定独立行政法人等」という。）は、統計調査を行おうとするときは、あらかじめ、政令で定めるところにより、前条第1項各号に掲げる事項を総務大臣に届け出なければならない。これを変更しようとするときも、同様とする。

第3節 雑則

(基幹統計の作成方法の通知等)

第26条　行政機関の長は、統計調査以外の方法により基幹統計を作成する場合には、その作成の方法について、あらかじめ、総務大臣に通知しなければならない。当該作成の方法を変更しようとするとき（政令で定める軽微な変更をしようとするときを除く。）も、同様とする。

2　総務大臣は、前項の規定による通知があった基幹統計の作成の方法を改善する必要があると認めるときは、当該行政機関の長に意見を述べることができる。

3　総務大臣は、前項の規定により意見を述べようとするときは、あらかじめ、統計委員会の意見を聴かなければならない。

（事業所母集団データベースの整備）

第27条　総務大臣は、行政機関等による正確かつ効率的な統計の作成及び統計調査その他の統計を作成するための調査における被調査者（当該調査の報告を求められる個人又は法人その他の団体をいう。第29条第1項において同じ。）の負担の軽減に資することを目的として、基幹統計調査又は一般統計調査に係る調査票情報の利用、法人その他の団体に対する照会その他の方法により、事業所母集団データベースを整備するものとする。

2　行政機関の長、地方公共団体の長その他の執行機関又は独立行政法人等は、次に掲げる目的のため、総務大臣から事業所母集団データベースに記録されている情報の提供を受けることができる。

一　その行う事業所に関する統計調査その他の事業所に関する統計を作成するための調査の対象の抽出

二　その行う事業所に関する統計の作成

（統計基準の設定）

第28条　総務大臣は、政令で定めるところにより、統計基準を定めなければならない。

2　総務大臣は、前項の統計基準を定めようとするときは、あらかじめ、統計委員会の意見を聴かなければならない。これを変更し、又は廃止しようとするときも、同様とする。

3　総務大臣は、第1項の統計基準を定めたときは、これを公示しなければならない。これを変更し、又は廃止したときも、同様とする。

（協力の要請）

第29条　行政機関の長は、他の行政機関が保有する行政記録情報を用いることにより正確かつ効率的な統計の作成又は統計調査その他の統計を作成するための調査における被調査者の負担の軽減に相当程度寄与すると認めるときは、当該行政記録情報を保有する行政機関の長に対し、その提供を求めることができる。この場合において、行政記録情報の提供を求める行政機関の長は、当該行政記録情報を保有する行政機関の長に対し、利用目的その他の政令で定める事項を明示しなければならない。

2　行政機関の長は、前項に定めるもののほか、基幹統計調査を円滑に行うためその他基幹統計を作成するため必要があると認めるときは、他の行政機関の長に対し、必要な資料の提供、調査、報告その他の協力を求めることができる。

3　行政機関の長は、前項の規定による求めを行った場合において、他の行政機関の長の協力が得られなかったときは、総務大臣に対し、その旨を通知するものとする。

第30条　行政機関の長は、前条第1項及び第2項に定めるもののほか、基幹統計調査を円滑に行うためその他基幹統計を作成するため必要があると認めるときは、地方公共団体の長その他の執行機関、独立行政法人等その他の関係者又はその他の個人若しくは法人その他の団体（次項において「被要請者」という。）に対し、必要な資料の提供、調査、報告その他の協力を求めることができる。

2　行政機関の長は、前項の規定による求めを行った場合において、被要請者の協力を得られなかったときは、総務大臣に対し、その旨を通知するものとする。

第31条　総務大臣は、第29条第3項又は前条第2項の規定による通知があった場合において、基幹統計調査を円滑に行うためその他基幹統計を作成するため必要があると認めるときは、当該基幹統計を作成する行政機関以外の行政機関の長、地方公共団体の長その他の執行機関、独立行政法人等その他の関係者又はその他の個人若しくは法人その他の団体に対し、当該基幹統計を作成する行政機関の長への必要な資料の提供、調査、報告その他の協力を行うよう求めることができる。

2　総務大臣は、前項の規定による求めを行おうとするときは、あらかじめ、統計委員会の意見を聴かなければならない。

第3章 調査票情報等の利用及び提供

（調査票情報の二次利用）

第32条 行政機関の長又は指定独立行政法人等は、次に掲げる場合には、その行った統計調査に係る調査票情報を利用することができる。

一 統計の作成又は統計的研究（以下「統計の作成等」という。）を行う場合

二 統計調査その他の統計を作成するための調査に係る名簿を作成する場合

（調査票情報の提供）

第33条 行政機関の長又は指定独立行政法人等は、次の各号に掲げる者が当該各号に定める行為を行う場合には、総務省令で定めるところにより、これらの者からの求めに応じ、その行った統計調査に係る調査票情報をこれらの者に提供することができる。

一 行政機関等その他これに準ずる者として総務省令で定める者 統計の作成等又は統計調査その他の統計を作成するための調査に係る名簿の作成

二 前号に掲げる者が行う統計の作成等と同等の公益性を有する統計の作成等として総務省令で定めるものを行う者 当該総務省令で定める統計の作成等

2 行政機関の長又は指定独立行政法人等は、前項（第一号を除く。以下この項及び次項において同じ。）の規定により調査票情報を提供したときは、総務省令で定めるところにより、次に掲げる事項をインターネットの利用その他の適切な方法により公表しなければならない。

一 前項の規定により調査票情報の提供を受けた者の氏名又は名称

二 前項の規定により提供した調査票情報に係る統計調査の名称

三 前二号に掲げるもののほか、総務省令で定める事項

3 第1項の規定により調査票情報の提供を受けた者は、当該調査票情報を利用して統計の作成等を行ったときは、総務省令で定めるところにより、遅滞なく、作成した統計又は行った統計的研究の成果を当該調査票情報を提供した行政機関の長又は指定独立行政法人等に提出しなければなら

ない。

4　行政機関の長又は指定独立行政法人等は、前項の規定により統計又は統計的研究の成果が提出されたときは、総務省令で定めるところにより、次に掲げる事項をインターネットの利用その他の適切な方法により公表するものとする。

一　第2項第一号及び第二号に掲げる事項

二　前項の規定により提出された統計若しくは統計的研究の成果又はその概要

三　前二号に掲げるもののほか、総務省令で定める事項

第33条の2 行政機関の長又は指定独立行政法人等は、前条第1項に定めるもののほか、総務省令で定めるところにより、一般からの求めに応じ、その行った統計調査に係る調査票情報を学術研究の発展に資する統計の作成等その他の行政機関の長又は指定独立行政法人等が行った統計調査に係る調査票情報の提供を受けて行うことについて相当の公益性を有する統計の作成等として総務省令で定めるものを行う者に提供することができる。

2　前条第2項及び第4項の規定は前項の規定により調査票情報を提供した行政機関の長又は指定独立行政法人等について、同条第3項の規定は前項の規定により調査票情報の提供を受けた者について、それぞれ準用する。この場合において、同条第2項中「前項（第一号を除く。以下この項及び次項において同じ。）」とあり、同項第一号及び第二号中「前項」とあり、並びに同条第3項中「第1項」とあるのは、「次条第1項」と読み替えるものとする。

（委託による統計の作成等）

第34条　行政機関の長又は指定独立行政法人等は、その業務の遂行に支障のない範囲内において、総務省令で定めるところにより、一般からの委託に応じ、その行った統計調査に係る調査票情報を利用して、学術研究の発展に資する統計の作成等その他の行政機関の長又は指定独立行政法人等が行った統計調査に係る調査票情報を利用して行うことについて相当の公益性を有する統計の作成等として総務省令で定めるものを行うことができる。

2　行政機関の長又は指定独立行政法人等は、前項の規定により統計の作成

等を行うこととしたときは、総務省令で定めるところにより、次に掲げる事項をインターネットの利用その他の適切な方法により公表するものとする。

一　前項の規定により統計の作成等の委託をした者の氏名又は名称

二　前項の規定により統計の作成等に利用する調査票情報に係る統計調査の名称

三　前二号に掲げるもののほか、総務省令で定める事項

3　行政機関の長又は指定独立行政法人等は、第１項の規定により統計の作成等を行ったときは、総務省令で定めるところにより、次に掲げる事項をインターネットの利用その他の適切な方法により公表するものとする。

一　前項第一号及び第二号に掲げる事項

二　第１項の規定により作成した統計若しくは行った統計的研究の成果又はその概要

三　前二号に掲げるもののほか、総務省令で定める事項

（匿名データの作成）

第35条　行政機関の長又は指定独立行政法人等は、その行った統計調査に係る調査票情報を加工して、匿名データを作成することができる。

2　行政機関の長は、前項の規定により基幹統計調査に係る匿名データを作成しようとするときは、あらかじめ、統計委員会の意見を聴かなければならない。

（匿名データの提供）

第36条　行政機関の長又は指定独立行政法人等は、総務省令で定めるところにより、一般からの求めに応じ、前条第１項の規定により作成した匿名データを学術研究の発展に資する統計の作成等その他の匿名データの提供を受けて行うことについて相当の公益性を有する統計の作成等として総務省令で定めるものを行う者に提供することができる。

2　第33条第２項及び第４項の規定は前項の規定により匿名データを提供した行政機関の長又は指定独立行政法人等について、同条第３項の規定は前項の規定により匿名データの提供を受けた者について、それぞれ準用する。この場合において、同条第２項中「前項（第一号を除く。以下この項及び次項において同じ。）」とあり、同項第一号及び第二号中「前項」とあ

り、並びに同条第3項中「第1項」とあるのは「第36条第1項」と、同条第2項及び第3項中「調査票情報」とあるのは「匿名データ」と読み替えるものとする。

（事務の委託）

第37条　行政機関の長又は指定独立行政法人等は、その行った統計調査に係る調査票情報に関し第33条の2第1項、第34条第1項又は前条第1項の規定に基づき行う事務の全部を委託するときは、独立行政法人統計センターに委託しなければならない。

（手数料）

第38条　第33条の2第1項の規定により行政機関の長が行った統計調査に係る調査票情報の提供を受ける者、第34条第1項の規定により行政機関の長に委託をする者又は第36条第1項の規定により行政機関の長が作成した匿名データの提供を受ける者は、実費を勘案して政令で定める額の手数料を国（独立行政法人統計センターが第33条の2第1項、第34条第1項又は第36条第1項の規定に基づき行政機関の長が行う事務の全部を行う場合にあっては、独立行政法人統計センター）に納めなければならない。

2　前項の規定により独立行政法人統計センターに納められた手数料は、独立行政法人統計センターの収入とする。

3　第33条の2第1項の規定により指定独立行政法人等が行った統計調査に係る調査票情報の提供を受ける者、第34条第1項の規定により指定独立行政法人等に委託をする者又は第36条第1項の規定により指定独立行政法人等が作成した匿名データの提供を受ける者は、実費を勘案して、かつ、第1項の手数料の額を参酌して指定独立行政法人等が定める額の手数料を当該指定独立行政法人等に納めなければならない。

4　指定独立行政法人等は、前項の規定による手数料の額の定めを一般の閲覧に供しなければならない。

第4章 調査票情報等の保護

（調査票情報等の適正な管理）

第39条　次の各号に掲げる者は、当該各号に定める情報を適正に管理するために必要な措置として総務省令で定めるものを講じなければならない。

一　行政機関の長　当該行政機関が行った統計調査に係る調査票情報、第

27条第1項の規定により利用する基幹統計調査又は一般統計調査に係る調査票情報、事業所母集団データベースに記録されている情報（当該情報の取扱いに関する業務の委託を受けた場合その他の当該委託に係る業務を受託した場合における当該業務に係るものを除く。）、第29条第1項の規定により他の行政機関から提供を受けた行政記録情報及び第35条第1項の規定により作成した匿名データ

二　指定地方公共団体の長その他の執行機関　当該指定地方公共団体が行った統計調査に係る調査票情報及び第27条第2項の規定により総務大臣から提供を受けた事業所母集団データベースに記録されている情報

三　地方公共団体の長その他の執行機関（前号に掲げる者を除く。）　第27条第2項の規定により総務大臣から提供を受けた事業所母集団データベースに記録されている情報

四　指定独立行政法人等　当該指定独立行政法人等が行った統計調査に係る調査票情報、第27条第2項の規定により総務大臣から提供を受けた事業所母集団データベースに記録されている情報及び第35条第1項の規定により作成した匿名データ

五　独立行政法人等（前号に掲げる者を除く。）　第27条第2項の規定により総務大臣から提供を受けた事業所母集団データベースに記録されている情報

2　前項の規定は、同項各号に掲げる者から当該各号に定める情報の取扱いに関する業務の委託を受けた者その他の当該委託に係る業務を受託した者について準用する。

（調査票情報等の利用制限）

第40条　行政機関の長、指定地方公共団体の長その他の執行機関又は指定独立行政法人等は、この法律（指定地方公共団体の長その他の執行機関にあっては、この法律又は当該指定地方公共団体の条例）に特別の定めがある場合を除き、その行った統計調査の目的以外の目的のために、当該統計調査に係る調査票情報を自ら利用し、又は提供してはならない。

2　第27条第2項の規定により総務大臣から事業所母集団データベースに記録されている情報の提供を受けた行政機関の長、地方公共団体の長その他の執行機関又は独立行政法人等は、同項各号に掲げる目的以外の目的のた

めに、当該事業所母集団データベースに記録されている情報を自ら利用し、又は提供してはならない。

3　第29条第1項の規定により行政記録情報の提供を受けた行政機関の長は、当該行政記録情報を同項の規定により明示した利用目的以外の目的のために自ら利用し、又は提供してはならない。

（守秘義務）

第41条　次の各号に掲げる者は、当該各号に定める業務に関して知り得た個人又は法人その他の団体の秘密を漏らしてはならない。

一　第39条第1項第一号に定める情報の取扱いに従事する行政機関の職員又は職員であった者　当該情報を取り扱う業務

二　第39条第1項第二号又は第三号に定める情報の取扱いに従事する地方公共団体の職員又は職員であった者　当該情報を取り扱う業務

三　第39条第1項第四号又は第五号に定める情報の取扱いに従事する独立行政法人等の役員若しくは職員又はこれらの職にあった者　当該情報を取り扱う業務

四　行政機関等から前3号の情報の取扱いに関する業務の委託を受けた者その他の当該委託に係る業務に従事する者又は従事していた者　当該委託に係る業務

五　地方公共団体が第16条の規定により基幹統計調査に関する事務の一部を行うこととされた場合において、基幹統計調査に係る調査票情報、事業所母集団データベースに記録されている情報及び第29条第1項の規定により他の行政機関から提供を受けた行政記録情報の取扱いに従事する当該地方公共団体の職員又は職員であった者　当該情報を取り扱う業務

六　前号に規定する地方公共団体から同号の情報の取扱いに関する業務の委託を受けた者その他の当該委託に係る業務に従事する者又は従事していた者　当該委託に係る業務

（調査票情報等の提供を受けた者による適正な管理）

第42条　次の各号に掲げる者は、当該各号に定める情報を適正に管理するために必要な措置として総務省令で定めるものを講じなければならない。

一　第33条第1項又は第33条の2第1項の規定により調査票情報の提供

を受けた者　当該調査票情報

二　第36条第1項の規定により匿名データの提供を受けた者　当該匿名データ

2　前項の規定は、同項各号に掲げる者から当該各号に定める情報の取扱いに関する業務の委託を受けた者その他の当該委託に係る業務を受託した者について準用する。

（調査票情報の提供を受けた者の守秘義務等）

第43条　次の各号に掲げる者は、当該各号に定める業務に関して知り得た個人又は法人その他の団体の秘密を漏らしてはならない。

一　前条第1項第一号に掲げる者であって、同号に定める調査票情報の取扱いに従事する者又は従事していた者　当該調査票情報を取り扱う業務

二　前条第1項第一号に掲げる者から同号に定める調査票情報の取扱いに関する業務の委託を受けた者その他の当該委託に係る業務に従事する者又は従事していた者　当該委託に係る業務

2　第33条第1項若しくは第33条の2第1項の規定により調査票情報の提供を受けた者若しくは第36条第1項の規定により匿名データの提供を受けた者又はこれらの者から当該調査票情報若しくは当該匿名データの取扱いに関する業務の委託を受けた者その他の当該委託に係る業務に従事する者若しくは従事していた者は、当該調査票情報又は当該匿名データをその提供を受けた目的以外の目的のために自ら利用し、又は提供してはならない。

第5章 統計委員会

（設置）

第44条　総務省に、統計委員会（以下「委員会」という。）を置く。

（所掌事務）

第45条　委員会は、次に掲げる事務をつかさどる。

一　総務大臣の諮問に応じて統計及び統計制度の発達及び改善に関する基本的事項を調査審議すること。

二　前号に掲げる事項に関し、総務大臣に意見を述べること。

三　第4条第4項（同条第6項において準用する場合を含む。）、第7条第1項（同条第3項において準用する場合を含む。）、第9条第4項（第11

条第２項において準用する場合を含む。)、第12条第２項、第26条第３項、第28条第２項、第31条第２項、次条又は第55条第３項の規定により総務大臣に意見を述べること。

四　第４条第７項の規定により総務大臣又は総務大臣を通じて関係行政機関の長に勧告すること。

五　第６条第２項の規定により内閣総理大臣に意見を述べること。

六　第35条第２項の規定により行政機関の長に意見を述べること。

七　第55条第３項の規定により関係行政機関の長に意見を述べること。

八　前各号に定めるもののほか、この法律の規定によりその権限に属させられた事項を処理すること。

（委員会の意見の聴取）

第45条の２　総務大臣は、次に掲げる場合には、あらかじめ、委員会の意見を聴かなければならない。ただし、委員会が軽微な事項と認めるものについては、この限りでない。

一　第２条第２項第二号若しくは第５項第三号、第５条第１項、第８条第１項、第23条第１項、第24条第１項、第25条又は第29条第１項の政令の制定又は改廃の立案をしようとするとき。

二　第４条第５項、第33条第１項、第33条の２第１項、第34条第１項、第36条第１項、第39条第１項又は第42条第１項の総務省令を制定し、又は改廃しようとするとき。

（組織）

第46条　委員会は、委員13人以内で組織する。

2　委員会に、特別の事項を調査審議させるため必要があるときは、臨時委員を置くことができる。

3　委員会に、専門の事項を調査させるため必要があるときは、専門委員を置くことができる。

（委員等の任命）

第47条　委員及び臨時委員は、学識経験のある者のうちから、内閣総理大臣が任命する。

2　専門委員は、当該専門の事項に関し学識経験のある者のうちから、内閣総理大臣が任命する。

（委員の任期等）

第48条　委員の任期は、2年とする。ただし、補欠の委員の任期は、前任者の残任期間とする。

2　委員は、再任されることができる。

3　臨時委員は、その者の任命に係る当該特別の事項に関する調査審議が終了したときは、解任されるものとする。

4　専門委員は、その者の任命に係る当該専門の事項に関する調査が終了したときは、解任されるものとする。

5　委員、臨時委員及び専門委員は、非常勤とする。

（委員長）

第49条　委員会に、委員長を置き、委員の互選により選任する。

2　委員長は、会務を総理し、委員会を代表する。

3　委員長に事故があるときは、あらかじめその指名する委員が、その職務を代理する。

（幹事）

第49条の2　委員会に、幹事を置く。

2　幹事は、総務省及び関係行政機関の職員のうちから、内閣総理大臣が任命する。

3　幹事は、委員会の所掌事務について、委員、臨時委員及び専門委員を補佐する。

4　幹事は、非常勤とする。

（資料の提出等の要求）

第50条　委員会は、その所掌事務を遂行するため必要があると認めるときは、総務大臣又は関係行政機関の長に対し、資料の提出、意見の開陳、説明その他必要な協力を求めることができる。

（政令への委任）

第51条　この法律に規定するもののほか、委員会に関し必要な事項は、政令で定める。

第6章 雑則

（個人情報の保護に関する法律の適用除外）

第52条　個人情報（個人情報の保護に関する法律（平成15年法律第57号）

第2条第1項に規定する個人情報をいう。以下この条において同じ。）であって、次に掲げるものについては、同法第5章の規定は、適用しない。

一　基幹統計調査及び一般統計調査に係る調査票情報に含まれる個人情報

二　地方公共団体（指定地方公共団体以外の地方公共団体にあっては、当該地方公共団体の統計調査条例（地方公共団体が行う統計調査の実施及び結果の利用に関し必要な事項を定める当該地方公共団体の条例をいう。以下この号及び次号において同じ。）に第39条第1項（第2号に係る部分に限る。）及び第2項、第40条第1項、第41条（第2号及び第4号に係る部分に限る。）、第57条第1項（第2号に係る部分に限る。）並びに第59条第1項の規定に相当する規定を設けているものに限る。）が行った統計調査に係る調査票情報（当該地方公共団体の統計調査条例の規定により当該地方公共団体以外の者に提供されたものを除く。）に含まれる個人情報

三　地方公共団体（当該地方公共団体の統計調査条例に第42条第1項（第1号に係る部分に限る。）及び第2項、第43条、第57条第1項（第3号に係る部分に限る。）並びに第59条第2項の規定に相当する規定を設けているものに限る。）が行った統計調査に係る調査票情報（当該地方公共団体の統計調査条例の規定により当該地方公共団体以外の者に提供されたものに限る。）に含まれる個人情報

四　指定独立行政法人等であって、個人情報の保護に関する法律第2条第9項に規定する独立行政法人等に該当するものが行った統計調査に係る調査票情報に含まれる個人情報

五　事業所母集団データベースに記録されている情報に含まれる個人情報

六　第29条第1項の規定により他の行政機関から提供を受けた行政記録情報に含まれる個人情報

（公的統計の作成方法に関する調査研究の推進等）

第53条　国及び地方公共団体は、公的統計の作成方法に関する調査、研究及び開発を推進するとともに、統計調査員その他の公的統計の作成に従事する職員の人材の確保及び資質の向上のために必要な研修その他の措置を講じなければならない。

（公的統計の所在情報の提供）

第54条　総務大臣は、公的統計を利用しようとする者の利便を図るため、

インターネットの利用を通じて迅速に公的統計の所在に関する情報を提供できるよう必要な措置を講ずるものとする。

（施行の状況の公表等）

第55条　総務大臣は、行政機関の長、地方公共団体の長その他の執行機関又は独立行政法人等に対し、この法律の施行の状況について報告を求めることができる。

2　総務大臣は、毎年度、前項の報告を取りまとめ、その概要を公表するとともに、委員会に報告しなければならない。

3　委員会は、前項の規定による報告があったときは、この法律の施行に関し、総務大臣又は関係行政機関の長に対し、意見を述べることができる。

（資料の提出及び説明の要求）

第56条　総務大臣は、前条第1項に定めるもののほか、この法律を施行するため必要があると認めるときは、関係行政機関の長、地方公共団体の長その他の執行機関、独立行政法人等その他の関係者又はその他の個人若しくは法人その他の団体に対し、資料の提出及び説明を求めることができる。

（命令への委任）

第56条の2　この法律に定めるもののほか、この法律の実施のために必要な事項は、命令で定める。

第7章 罰則

第57条　次の各号のいずれかに該当する者は、2年以下の懲役又は100万円以下の罰金に処する。

一　第17条の規定に違反して、国勢調査その他の基幹統計調査の報告の求めであると人を誤認させるような表示又は説明をすることにより、当該求めに対する報告として、個人又は法人その他の団体の情報を取得した者

二　第41条の規定に違反して、その業務に関して知り得た個人又は法人その他の団体の秘密を漏らした者

三　第43条第1項の規定に違反して、その業務に関して知り得た個人又は法人その他の団体の秘密を漏らした者

2　前項第一号の罪の未遂は、罰する。

第58条　基幹統計の業務に従事する者又は従事していた者が、当該基幹統

計を第8条第2項の規定により定められた公表期日以前に、他に漏らし、又は盗用したときは、1年以下の懲役又は100万円以下の罰金に処する。

第59条　第41条各号に掲げる者が、その取り扱う同条各号に規定する情報を自己又は第三者の不正な利益を図る目的で提供し、又は盗用したときは、1年以下の懲役又は50万円以下の罰金に処する。

2　第43条第1項各号に掲げる者が、その取扱い又は利用に係る調査票情報を自己又は第三者の不正な利益を図る目的で提供し、又は盗用したときも前項と同様とする。

第60条　次の各号のいずれかに該当する者は、6月以下の懲役又は50万円以下の罰金に処する。

一　第13条に規定する基幹統計調査の報告を求められた個人又は法人その他の団体の報告を妨げた者

二　基幹統計の作成に従事する者で基幹統計をして真実に反するものたらしめる行為をした者

第61条　次の各号のいずれかに該当する者は、50万円以下の罰金に処する。

一　第13条の規定に違反して、基幹統計調査の報告を拒み、又は虚偽の報告をした個人又は法人その他の団体（法人その他の団体にあっては、その役職員又は構成員として当該行為をした者）

二　第15条第1項の規定による資料の提出をせず、若しくは虚偽の資料を提出し、又は同項の規定による検査を拒み、妨げ、若しくは忌避し、若しくは同項の規定による質問に対して答弁をせず、若しくは虚偽の答弁をした者

三　第36条第1項の規定により匿名データの提供を受けた者又は当該匿名データの取扱いに関する業務の委託を受けた者その他の当該委託に係る業務に従事する者若しくは従事していた者で、当該匿名データを自己又は第三者の不正な利益を図る目的で提供し、又は盗用した者

第62条　第57条第1項第二号及び第三号、第58条、第59条並びに前条第三号の罪は、日本国外においてこれらの罪を犯した者にも適用する。

附則（略）

（参考）

以上は、令和６年４月１日現在である。なお、令和４年法律第68号（刑法等の一部を改正する法律の施行に伴う関係法律の整理等に関する法律）による改訂で、統計法第57条～第60条の罰則に関して、「懲役」が「拘禁刑」に変更されたが，この変更の施行日は令和７年６月１日である。

索　引

■サ行———

■タ行———

■ナ行———

■ハ行———

■マ行

■ヤ行

■ラ行

■ 日本統計学会　The Japan Statistical Society

（執筆）

會田雅人　滋賀大学データサイエンス・AI イノベーション研究推進センター特任教授
稲葉由之　青山学院大学経営学部教授
勝浦正樹　名城大学経済学部教授
高部 勲　立正大学データサイエンス学部教授
舟岡史雄　信州大学名誉教授

（責任編集）

會田雅人　滋賀大学データサイエンス・AI イノベーション研究推進センター特任教授
舟岡史雄　信州大学名誉教授
美添泰人　青山学院大学名誉教授

（肩書は改訂版執筆当時のものです）

日本統計学会ホームページ　https://www.jss.gr.jp/
統計検定ホームページ　https://www.toukei-kentei.jp/

装丁（カバー・表紙）　高橋 敦 (LONGSCALE)

改訂版　日本統計学会公式認定　統計検定統計調査士対応
経済統計の実際

2022年4月25日　初　版第1刷発行
2024年4月25日　改訂版第1刷発行

編　集　日本統計学会
発行所　東京図書株式会社

〒102－0072 東京都千代田区飯田橋3－11－19
振替 00140－4－13803 電話 03(3288)9461
http://www.tokyo-tosho.co.jp

ISBN 978－4－489－02426－9

本書の印税はすべて一般財団法人 統計質保証推進協会を通じて統計教育に役立てられます。